GUANJIAN XINXI JICHU SHESHI GUZHANG JISHU SHOUCE

DIYICE:JIFANG (TAIZHAN) BUFEN

关键信息基础设施故障技术手册
第一册：机房（台站）部分

赵希峰　谭　琳　主编

副主编（按姓氏笔画排序）

王其英　刘甲春　汤钟才　李根群

编　委（按姓氏笔画排序）

王　磊　刘玥彤　安业强　孙　烁

孙治鑫　李京江　肖　鑫　张圣楠

武向辉　孟庆华　袁克明　候　杰

程　鑫

电子科技大学出版社
University of Electronic Science and Technology of China Press

图书在版编目（CIP）数据

关键信息基础设施故障技术手册. 第一册，机房（台站）部分 / 赵希峰，谭琳主编. -- 成都：电子科技大学出版社，2020.1

ISBN 978-7-5647-7582-7

Ⅰ. ①关… Ⅱ. ①赵… ②谭… Ⅲ. ①机房管理—基础设施建设—故障诊断—技术手册 ②机房管理—基础设施建设—故障修复—技术手册 Ⅳ. ①TP306 –62

中国版本图书馆 CIP 数据核字（2019）第 284970 号

关键信息基础设施故障技术手册　第一册：机房（台站）部分

赵希峰　谭　琳　主编

策划编辑　谭炜麟
责任编辑　谭炜麟

出版发行　电子科技大学出版社
　　　　　成都市一环路东一段 159 号电子信息产业大厦九楼　邮编 610051
主　　页　www. uestcp. com. cn
服务电话　028-83203399
邮购电话　028-83201495

印　　刷　河南省环发印务有限公司
成品尺寸　185mm×260mm
印　　张　20
字　　数　437 千字
版　　次　2020 年 1 月第一版
印　　次　2020 年 1 月第一次印刷
书　　号　ISBN 978-7-5647-7582-7
定　　价　160.00 元

前言

《关键信息基础设施故障技术手册》共分为两册,本书是第一册。第一册主要内容有三部分,第一部分:供电配电篇;第二部分:空气调节篇;第三部分:建设运维篇。

本书汇集了数据中心基础设施在规划设计、建设施工、竣工验收、运行维护、检测评估以及技术培训等方面的问题。这些问题的提出全部来自实践,都是一些行业内的热点、难点和疑点问题。

针对涉及的每一个问题,我们首先阐述了问题的表现形式和产生的危害,然后进行详细的理论分析,并在此基础上提出了可行的解决办法或整改方案,给出了依据的规范标准。同时,还列举了相应的案例,进一步给予说明。因此,本书具有很强的针对性和实用性,适用于各个行业数据中心基础设施方面的领导管理干部、规划设计工程师、工程项目经理、运行维护人员和第三方机房专业检测单位的技术工程师们的学习、参考与查阅。

本书因编写时间仓促,以及作者水平有限,难免出现疏漏和差错之处,敬请各位专家和广大读者批评指正。

编写组

2019 年 12 月 10 日

目录

第一部分　供电配电篇

第二部分 空气调节篇

第三部分　建设运维篇

第十一章　装饰装修

第十二章 供配电系统

第十三章 柴油发电机系统

第十四章 蓄电池

第一部分

供电配电篇

第一部分

城市设计概念

第一章　有关电源的基本概念

本章主要介绍的是供配电中的一些基本概念,这些概念在后面的讨论中都会应用到,因此,为了后面叙述的方便在这里将有关知识做一个简单的复习。

一、电源的种类和稳压形式

电源有两种基本类型,即电压源和电流源,根据用途的不同有时也称稳压源和稳流源。由于这两种电路在今后的电路问题中都要用得到,因此,下面就将这两种方式做一简单介绍。

1. 电压源的原理及特点

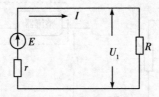

图 1.1　电压源原理结构图

图 1.1 是一个电源的原理结构图。其中 E 是电动势,r 是电源的内阻,R 是电源的负载,U_1 是负载两端的电压,这个电压的表达为

$$U_1 = E - I(R + r) = E\left(1 - \frac{r}{R+r}\right) \tag{1.1}$$

由式(1.1)可以看出 R 是一个变量,因为在大多数情况下负载 R 不是固定的,导致电流 I 也不固定,因此 U_1 也不固定,也就失去了稳压功能。因此,若想稳压就必须将 R 固定或 r 忽略不计,即如果式(1.1)中

$$\frac{r}{R+r} = 0 \tag{1.2}$$

那么,在任何时候都可以实现 $U_1 = E$,这就表示稳压了。

因此,电压源(稳压源)的任务和特点就是努力实现电源内阻 $r = 0$。我们日常用的各种电源大都属于这一类。

2. 电流源的原理及特点

电流源也称稳流或恒流源。由图 1.1 可以看出回路电流:

$$I = \frac{E}{R+r} \tag{1.3}$$

在大多数情况下负载 R 不是固定的,当然也会导致电流 I 不固定。但如果将电源的固定内阻 r 做成无穷大,即 $r = \infty$,那么 R 在任何时候都会远远小于 r,即 R

在任何时候被忽略不计。所以电源的输出电流永远是：

$$I = \frac{E}{R+r} = \frac{E}{r} \tag{1.4}$$

因此,电流源(稳流源)的任务和特点就是努力实现电源内阻 $r = \infty$。这种稳流源一般用于特殊场合,比如固定磁场或其他不允许电流变动的地方。

3.电源的稳压形式及特点

一般来说,电源的输出电压在不加负载时是稳定的,但加上负载后由于传输线的分布电阻和电源本身的内阻作用等使输出电压偏离了稳定值。为了稳定输出电压,就需要对不稳定因素进行调整,目前调整的方法有串联调整、并联调整和串并联调整三种电路结构形式。

(1)串联调整电路的结构原理和特点

所谓串联电路,是指电源的输入输出一直到负载的电流是同一支电流,如图 1.2 所示：

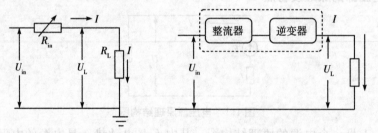

(a)串联调整电路的结构原理图　　　　(b)串联稳压器主电路

图 1.2　串联调整电路的结构原理和属于该范畴的设备举例

从图 1.2(a)中可以看出其输入电压 U_{in} 被 R_{in} 和负载 R_L 分压,但负载 R_L 是不确定的,这就使得输出电压不能永远是一个定值,即稳压值。不过从图中可以看出,R_{in} 也是一个可变的电阻,这样一来,随着 R_L 的变化,R_{in} 也在变化,在输入电压 U_{in} 保持稳定的情况下,R_{in} 和 R_L 就保持了一个固定的比例,即输出电压 U_L 是稳定的。

如果输入电压 U_{in} 变化了,但 R_{in} 和 R_L 之间的比例关系不变化,那么负载电压 U_L 仍会不稳定,这时,仍然通过 R_{in} 的变化把 U_L 调整到预定值。

在实际应用中,R_{in} 往往就是一个电路的内阻值。图 1.2(b)就是一种传统式 UPS 主电路,其中点划线框内的电路就是图 1.2(a)中的 R_{in}。当前的工频机 UPS、一些高频机 UPS 和一些稳压电源就是这种串联调整式的电路。

(2)并联调整电路的结构原理和特点

并联调整电路在一般稳压器中用得较少。如图 1.3(a)所示,这里的稳压机构就是一只稳压管 D_W,图 1.3(b)就是稳压管的特性曲线。稳压管有一个击穿点 A,击穿后就进入稳压区,理想的稳压区是一个 90° 的拐点,如黑实线所示,但实际中拐点在虚线所示的点上。而进入稳压区后其稳压精度也不太固定,这和器件的质量有关。从特性曲线可以看出,进入稳压区后电流的变化基本和电压无关了。但实际应用中都在稳压管的支路中串联一只电阻R_{in}进行限流,原因是稳压管的功率有限,不能无限制地增大电流。这就限制了它的应用范围,所以用它作为基准点压的较多,用其他方式的电路结构作为并联应用者也有,不过比较少见,本书中就有这种例子。

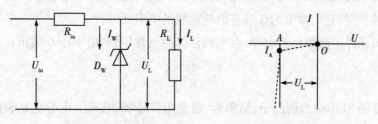

(a)并联调整电路的结构原理图　　(b)稳压管D_W的特性曲线

图 1.3　并联调整电路的结构原理和稳压管特性

(3)串并联调整电路的结构原理和特点

在电源电路中也有将串并联同时应用于设备的例子,图 1.4(a)就是这种复合电路的电原理图。这种电路原理设备早在 20 世纪后期就已经用于美国的电网调节中,图 1.4(a)就是这种电路的结构应用,在 UPS 中称为 Delta 变换,这在后面将会介绍到。

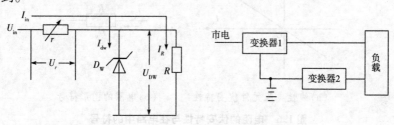

(a)串并联电路电原理图　　　(b)UPS 串并联电路主电路方框图

图 1.4　串并联电路原理图和实际设备例

二、无源电子元器件

无源电子元器件的类型只有三种:电阻、电容和电感。

1. 电阻器

电阻器是具有一定电阻值的元器件,形式有多种,其功能就是在电路中用于控制电流、电压和放大了的信号等。电阻器通常叫作电阻,在电路图中用字母"R"或"r"表示,电路图中常用电阻器的符号如图 1.5 所示。

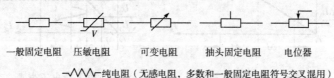

一般固定电阻　压敏电阻　可变电阻　抽头固定电阻　电位器

〜〜〜纯电阻(无感电阻,多数和一般固定电阻符号交叉混用)

图 1.5　各种电阻在电路中的符号

电阻器的 SI（国际单位制）单位是欧姆，简称欧，通常用符号"Ω"表示，常用的单位还有"kΩ"和"MΩ"等，它们的换算关系如下：

$$1M\Omega = 10^3 k\Omega = 10^6 \Omega$$

电阻元件是从实际电阻器抽象出来的理想化模型，是代表电路中消耗电能这一物理现象的理想二端元件，如电灯泡、电炉、电烙铁等实际电阻器。当忽略电感等作用时，可将它们抽象为仅具有消耗电能的电阻元件。

电阻元件的倒数称为电导，在电路计算时也常用到，用字母 G 表示：

$$G = \frac{1}{R} \tag{1.5}$$

电导的 SI 单位为西门子，简称西，通常用符号"S"表示。电导也是表征电阻元件特性的参数，反映的是电阻元件的导电能力。

电阻元件的伏安特性，可以用电流为横坐标，电压为纵坐标的直角坐标平面上的曲线来表示。该曲线称为电阻元件的伏安特性曲线。如果伏安特性曲线是一条过原点的直线，如图 1.6(a)所示，这样的电阻元件称为线性电阻元件，在电路图中用图 1.6(b)所示的图形符号表示。

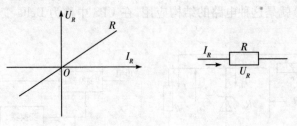

（a）线性电阻元件伏安特性　　　（b）电阻的图形符号

图 1.6　电阻的伏安特性与在电路中的符号

从图 1.6 可以看出，电阻在伏安特性上是一条直线，所以称为线性负载。而电阻是典型的线性负载。线性负载有如下特点：一是电压和电流成固定比例，如图 1.7(a)所示。另一个是输入输出波形不失真，如图 1.7(b)所示。通俗地说，就是线性负载是一个固定不变的负载，起码在一个时段内是不变的，所以电流、电压不会突变。

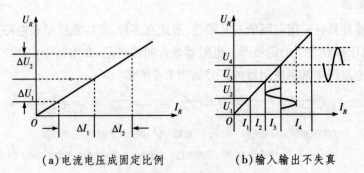

（a）电流电压成固定比例　　　　（b）输入输出不失真

图 1.7　线性负载的特点

$$R = \frac{\Delta U_1}{\Delta I_1} = \frac{\Delta U_2}{\Delta I_2} = \cdots \tag{1.6}$$

2. 电容器

（1）电容器的符号与单位

实际电容器是由两片金属极板中间充满的电介质（如空气、云母、绝缘纸、塑料薄膜、陶瓷等）构成的。在电路中多用来滤波、隔直流、交流耦合、交流旁路及与电感元件组成振荡回路等。电容器又名储电器,在电路图中用字母"C"表示,常用电容器的符号如图 1.8 所示。

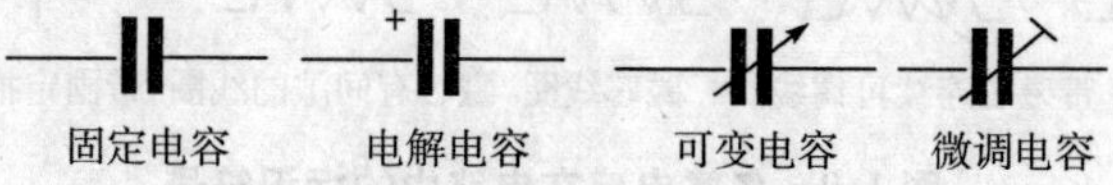

固定电容　　电解电容　　可变电容　　微调电容

图 1.8　电容器的图形符号与含义

电容器的 SI 单位是法拉,简称法,通常用符号"F"表示,常用的单位还有"μF""pF",它们的换算关系如下：

$$1F = 10^6 \mu F = 10^{12} pF \tag{1.7}$$

电容元件是由实际电容器抽象出来的理想化模型,是代表电路中储存电能这一物理现象的理想二端元件。当忽略实际电容器的漏电电阻和引线电感时,可将它们抽象为仅能储存电场能量的电容元件。

（2）电容元件的特性

在电路分析中,电容元件的电压与电流的关系是十分重要的。当电容元件两端的电压发生变化时,极板上聚集的电荷也相应地发生变化,这时电容元件所在的电路中就存在电荷的定向移动,形成了电流。当电容元件两端的电压不变时,极板上的电荷也不变化,电路中便没有电流。

当电压和电流为关联参考方向时,线性电容元件的特性方程为

$$i = C \frac{du}{dt} \tag{1.8}$$

式（1.8）表明电容元件中的电流与其端钮间电压对时间的变化率成正比。比例常数 C 称为电容,是表征电容元件特性的参数。当 u 的单位为伏特（V）,i 的单位为安培（A）时,C 的单位为法拉,简称法（F）。习惯上我们把电容元件简称为电容,所以"电容"这个名词,既表示电路元件,又表示元件的参数。

电容也属于线性复载范畴,因为它的数值也是固定不变的,起码在一个时段内是不变的,这从容抗的计算公式就可以证明得到。电容的容抗 X_C 的计算式为

$$X_C = \frac{1}{2\pi f C} \tag{1.9}$$

式（1.9）中 2 是一个不变的常数;π = 3.1416,也是一个不变的常数;f 是加到电容上的工作频率,频率选定了也就再不变化;C 是选定的电容量,其容量起码在一个时段内是不变的。所以容抗也是一个不变的线性负载。

电容虽然属于线性负载范畴,但和电阻负载的最大区别是它是惯性器件:电容

上的电流可以突变,但其两端的电压不能突变。

3.电感器件的特点

（1）电感元件的图形、文字符号

实际电感线圈是用漆包线或纱包线或裸导线一圈靠一圈地绕在绝缘管上或铁芯上而又彼此绝缘的一种元件。在电路中多用米对交流信号进行隔离、滤波或组成谐振电路等。电感线圈简称线圈,在电路图中用字母"L"表示,中常用线圈的符号如图1.9所示。

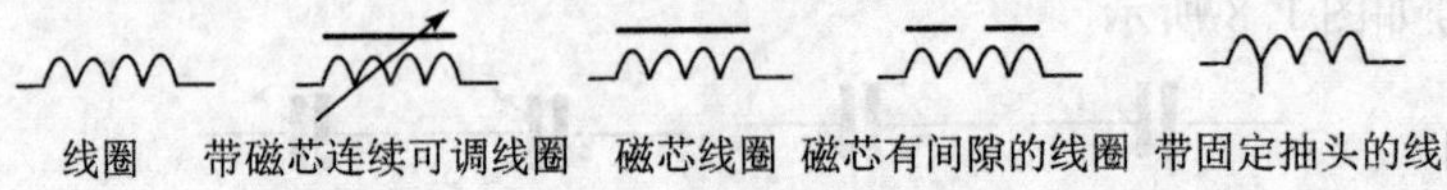

線圈　帶磁芯連續可調線圈　磁芯線圈　磁芯有間隙的線圈　帶固定抽頭的線圈

图1.9　各类电感在电路中的标识符号

电感线圈是利用电磁感应作用的器件。在一个线圈中,通过一定数量的变化电流,线圈产生感应电动势大小的能力就称为线圈的电感量,简称电感。电感也用字母"L"表示。

电感的 SI 单位是亨利,简称亨,通常用符号"H"表示,常用单位还有"μH""mH",它们的换算关系如下:

$$1H = 10^3 mH = 10^6 \mu H \tag{1.10}$$

电感元件是从实际线圈抽象出来的理想化模型,是代表电路中储存磁场能量这一物理现象的理想二端元件。当忽略实际线圈的导线电阻及线圈匝与匝之间的分布电容时,可将其抽象为仅能储存磁场能量的电感元件。

（2）电感元件的特性

任何导体当有电流通过时,在导体周围就会产生磁场。如果电流发生变化,磁场也随着变化,而磁场的变化又引起感应电动势的产生。这种感应电动势是由于导体本身的电流变化引起的,称为自感。

自感电动势的方向,可由楞次定律确定。即当线圈中的电流增大时,自感电动势的方向和线圈中的电流方向相反,以阻止电流的增大;当线圈中的电流减小时,自感电动势的方向和线圈中的电流方向相同,以阻止电流的减小。总之当线圈中的电流发生变化时,自感电动势总是阻止电流的变化。

自感电动势的大小,一方面取决于导体中电流变化的快慢,另一方面与线圈的形状、尺寸、线圈匝数以及线圈中的介质情况有关。

当电压、电流为关联参考方向时,线性电感元件的特性方程为

$$u = L \frac{di}{dt} \tag{1.11}$$

式(1.11)表明电感元件端钮间的电压与它的电流对时间的变化率成正比。比例常数 L 称为电感,是表征电感元件特性的参数。当 u 的单位为伏特(V),i 的单位为安培(A)时,L 的单位为亨利,简称亨(H)。习惯上我们常把电感元件简称为电感,所以"电感"这个名词,既表示电路元件,又表示元件的参数。

但电感性负载的伏安特性不是线性的,如图 1.10(a)(b)所示。在图 1.10(a)中,在电流达到一定值时铁心达到了饱和状态,使得电压随着电流的增大而稳定下来,特性线开始向平直弯曲,这时电压和电流的比例(称为感抗,一般用 X_L 表示)就不是一个常数了,即

$$X_L = \frac{\Delta U_1}{\Delta I_1} \neq \frac{\Delta U_2}{\Delta I_2} \neq \cdots \tag{1.12}$$

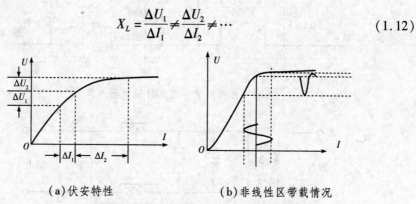

(a)伏安特性　　　　　　(b)非线性区带载情况

图 1.10　非线性负载的伏安特性与非线性区带载情况

从图 1.10(b)可以看出,在非线性区的输出波形产生了很大的失真,这就是非线性负载的特点。

电感也是一个惯性器件:电感两端的电压可以突变,但电流却不能突变,即电感具有反抗电流突变的功能。

4.电容和电感之间的关系

如前所述,无源电子元器件中只有电阻是消耗功率的,而电感和电容是以不同形式储存功率的:感性负载是以磁场的形式储存功率,而容性负载是以电场的形式储存功率,二者储存的都是无功功率。而且在电感负载上的电流滞后电压 90°,电容负载上的电流超前电压 90°,如图 1.11(a)(b)所示,即二者的电流在相位上正好相差 180°,就是说电感和电容的电流方向正好相反,这就使得电感和电容具有了互补的功能。这一特点给用户带来了极大的好处。比如在交流市电传输和应用中,由于电子电路的作用和外来的一些干扰使得正弦波的电压产生了失真,从而产生无功功率。无功电流在电缆中也产生压降,使得进入用户的输入电压降低,因此一些大用户在市电入口处都配置一个电容补偿柜,将用户设备工作中产生的电感性无功功率补偿掉,由于消除了电缆中的无功电流,沿路压降减小了,所以用户端的输入市电电压就回升了。

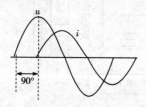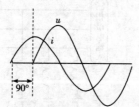

(a)感性负载电流、电压波形的关系　　(b)容性负载电流、电压波形的关系

图 1.11　电感和电容性负载上的电流、电压波形的关系

由于电容与电感的惯性特点，在很多场合下它们就构成了各式各样的有源和无源滤波器，如图 1.12(a)所示就是一种两级复合式 EMI 无源滤波器电路。

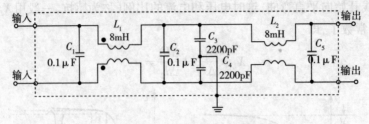

（a）一种两级复合式 EMI 滤波器电路

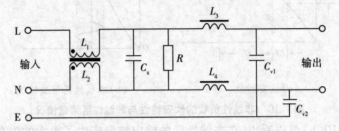

（b）一种带有抗共模干扰的无源低通滤波器电路

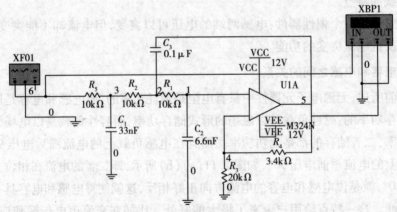

（c）一种有源信号滤波器电路

图 1.12 利用电感和电容器构成的一些滤波器的电路例子

当然，利用电感和电容构成的各式各样的 *LC* 振荡器，其应用场合也很普遍，在此仅就电源方面的一个 *LC* 滤波器作一讨论。图 1.13 就是一台带有三相谐波滤波器的工频机 UPS。

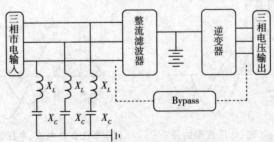

图 1.13 一个带有三相谐波滤波器的工频机 UPS 电路

图 1.13 中,由于工频机 UPS 可控硅输入整流器的整流滤波作用对市电的正弦波形具有破坏作用,产生了高次谐波,从而降低了输入功率因数和对外干扰,破坏了电网的电压质量。其谐波次数 N 与整流相数 H 的关系为

$$N = 2H \pm 1 \tag{1.13}$$

比如 3 相(俗称 6 脉冲)整流的高次谐波的次数就是 3、5、7、……;6 相(俗称 12 脉冲)整流的高次谐波的次数就是 11、13、15、……。一般都是消除离基波近的高次谐波,因为离基波越近的谐波能量越大。消除谐波最简单的方法就是将谐波短路到地,图 1.13 中的 LC 串联环节就是用来消除谐波的。

从前面的介绍可知,如果这个串联环节中 LC 的电抗 X_L 和 X_C 相等,即 $X_L = X_C$,那么二者的电压关系就是 $U_C - U_L = 0$,短路的作用就达到了。

LC 的值可通过以下公式计算得出:

$$X_L = 2\pi f L \tag{1.14}$$

$$X_C = \frac{1}{2\pi f C} \tag{1.15}$$

也就是

$$2\pi f L = \frac{1}{2\pi f C} \tag{1.16}$$

将上式整理得

$$(2\pi f)^2 LC = 1 \tag{1.17}$$

$$LC = \frac{1}{(2\pi f)^2} \tag{1.18}$$

电感的单位是亨利(H),电容的单位是法拉(F)。由上式算出的是 LC 的乘积值,这就比较灵活了,即可以根据实际条件将二者灵活搭配。比如按照式(1.18)算出 50Hz 的 5 次谐波情况下的 $LC410-9$,可以按如下方式搭配:

$$LC410-9 = 2\text{mH} \cdot 2\text{F} = 0.2\text{mH} \cdot 20\text{F} = 0.02\text{mH} \cdot 200\text{F} = \cdots$$

当然,这只是一个原理性的介绍,实际中尚需加一些辅助环节和进行调试等工作。这是一个 LC 串联谐振的例子,其并联电路多用于前后无功功率互补的场合。图 1.14 就是普遍采用的 LC 并联谐振补偿环节,图中电源可以是市电,X_C 是用户方的电容补偿柜,也可以是发电机或 UPS,X_C 也是电源输出端的并联电容器。X_C 和负载端的 X_L 构成了并联电路。

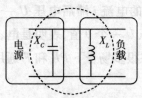

图 1.14 LC 并联谐振补偿环节

如图 1.14 中环形点划线内的情形。如果在系统中满足了 $X_L = X_C$ 的条件,X_C 和负载端的 X_L 构成的并联谐振电路,在此条件下回路阻抗为零,回路电流达到了最大值,而 X_C 和 X_L 两端的阻抗最大,在谐振情况下 X_C 和 X_L 之间的电流只限于在

它们之间流动。这就是全补偿,所谓补偿就是抵消。

三、功率因数

在电路或系统设计中有的人员往往不知道功率因数的重要性,甚至不知道功率因数是什么,或者不知道功率因数有什么用,因此他们设计好的系统有时会出现不足甚至漏洞。

1. 功率因数的含义

功率因数是表征负载性质的一个参数,对于一个电路和一个成型的设备来说,这个参数是唯一的,就像一个人的身份证号也是唯一的。功率因数和负载是不可分割的。如图 1.15(a)所示:电路 1 是前面的负载,电路 2 是电路 1 的负载,电路 3 是电路 2 的负载,以此类推。每一个电路的输入功率因数就决定了这个电路的性质。任何电路都不存在所谓的什么"输出功率因数"。

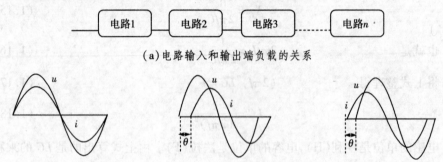

(a)电路输入和输出端负载的关系

(b)电阻负载上的电流、电压波形　(c)电感负载上的电流、电压波形　(d)电容负载上的电流、电压波形

图 1.15　电路的功率因数和电路性质的关系

2. 功率因数的大小和性质

负载性质不同,其功率因数也不同。它的表示式是

$$PF = \cos\theta \tag{1.19}$$

式中:θ——负载上电流 i 和电压 U 的相移值。

从图 1.15(b)可以看出电流 i 和电压 U 同相位,即 $\theta = 0$。换言之,$PF = \cos 0 = 1$,表明是线性负载;图 1.15(c)的电流 i 滞后电压 U 一个 θ 值,表明是电感性负载;图 1.15(d)的电流 i 超前电压 U 一个 θ 值,表明是电容性负载。为了计算方便,有时也用 F 表示功率因数,即在很多场合下 PF 和 F 通用。

3. 功率因数的正负号

在功率因数表上往往显示" + "" - "号,代表什么意思呢? 为了区别电感性和电容性负载,人们就做了如图 1.16 的规定:横轴为电压 u,纵轴为电流 i,按顺时针旋转,电流 i 滞后电压 u 的在仪表上显示为" - "号,电流 i 超前电压 u 的在仪表上显示为" + "号。但" + "" - "号并不代表是线性或非线性负载。

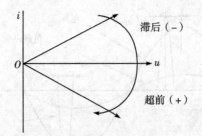

图 1.16 功率因数符号的定义

4. 功率因数的作用

功率因数的作用是告诉人们该负载具备向前面电路索取有功功率的能力。比如功率因数 $PF = 1$ 的负载向前面电路索取得全部是有功功率;$PF \neq 1$ 的负载向前面电路索取的既有有功功率也有无功功率。PF 越大,索取的有功功率就越多。

5. 有功功率 P 和无功功率 Q 的关系

为了说明有功功率和无功功率的关系,首先引出视在功率 S 的概念:

视在功率 $\qquad S = 电压(V) \times 电流(A) = VA(伏安)$ $\qquad$ (1.20)

有功功率 $\qquad P = S \times 功率因数 F = W(瓦特)$ $\qquad$ (1.21)

无功功率 $\qquad Q = S \times (1 - F^2)^{1/2} = var(乏)$ $\qquad$ (1.22)

图 1.17 各功率之间的关系矢量图

视在功率 S、有功功率 P 和无功功率 Q 之间的关系如图 1.17 所示,是直角三角形勾股弦的关系,其表达式为

$$S = \sqrt{P^2 + Q^2} \qquad (1.23)$$

如果一个 100kVA 的负载,功率因数 $F = 0.8$,那么向前面电路索要的有功功率和无功功率根据式(1.21)和(1.22)就是 80kW 和 60kvar。有人就认为 80kW 是80%,60kvar 就是 60%,假如再将二者错误地直接相加就是 140,若用百分数表示就是 140%,而不是 100% 了,所以以功率因数不能用百分数表示。

6. 在数据中心电源和 IT 负载的功率因数的计算

由于在数据中心不论是 UPS 还是 IT 的输入电流波形都不是正弦的,电流波形由于整流和滤波的关系都是脉冲波,所以计算功率因数就不能用正弦波计算式了,就得改用电流脉冲波的计算式。图 1.18 给出了脉冲波的图形,式(1.24)至式(1.26)就是这种情况下的计算式。

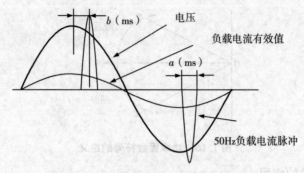

图1.18　整流滤波电压和负载电流波形

$$PF = F(a) \cdot g(b) \tag{1.24}$$

$$F(a) = (1/f) \cdot (0.5T/a)^{1/2} \cdot \{1/[(1/a^2) - 0.01]\} \cdot [\cos(a\pi/T)/(a\pi/T)] \tag{1.25}$$

$$g(b) = \cos(b\pi/0.5T) \tag{1.26}$$

式中：$F(a)$——脉宽因子，大小取决于脉冲的宽度；

　　　$g(b)$——脉冲的位移因子，大小取决于脉冲相对于正弦波电压半波中心的位移；

　　　a——脉冲的底部宽度，单位为ms；

　　　b——电流脉冲中心相对于正弦波电压半波中心的位移，单位为ms；

　　　T——正弦波电压周期，单位为ms，对50Hz而言就是20ms；

　　　f——交流电压工作频率，单位为Hz，在这里是50Hz。

在50Hz的情况下，上述两个因子又可写成

$$F(a) = (1/50) \cdot (10/a)^{1/2} \cdot \{1/[(1/a^2) - 0.01]\} \cdot [\cos(a\pi/20)/(a\pi/20)] \tag{1.27}$$

$$g(b) = \cos(b\pi/10) \tag{1.28}$$

为了让我们有一个量的概念，不妨代入具体数字。对于单相整流来说，其电流脉冲的宽度在3ms左右，就取3ms，电源工作频率为50Hz，当然周期就是20ms，将这些数字代入式(1.25)，得出

$$F(a) = 0.690$$

若位移$b = 0$ms，则$g(b) = \cos(b\pi/10) = 1$，于是输入功率因数$PF = F(a) \cdot g(b) = 0.69 \times 1 = 0.690$。

若位移$b = 1$ms，则$g(b) = \cos(b\pi/10) = 0.95$，于是输入功率因数$PF = F(a) \cdot g(b) = 0.69 \times 0.95 = 0.650$。

若$a = 4$ms，则$F(a) = 0.81$，在位移$b = 0$ms和$b = 1$ms的情况下，功率因数PF分别为0.81和0.77。

从上面的分析可以看出，功率因数（在UPS中都是等效值PF，一般仍以F表示）不仅表现出波形失真的一面，也表现出所带负载性质的一面，所以功率因数一

值在 UPS 产品中是不可缺少的。如果没有了这个值,用户就不知道这台 UPS 的适用对象是什么。比如某 UPS 的负载功率因数是 0.7,就表明可以带单相输入 220V 输入的设备;某 UPS 的负载功率因数是 0.9,就表明可以带线性负载的设备;当然负载功率因数是 0.7 的 UPS 也可带线性负载,但对 UPS 的带载能力就要大打折扣了。只有带匹配负载时,UPS 才能发挥出它的最大效能。

四、可靠性与可用性

1. 可靠性

可靠性是表达设备或目标物体的正常使用程度的一个参数,一般用可靠度表示,在计算中多用字母 R 表示,可靠度和故障率(α)的关系如下:

$$\alpha = 1 - R \tag{1.29}$$

如果可靠度 $R = 0.99$,那么故障率 $\alpha = (1 - R)\% = 1\%$,但一般都用平均无故障间隔时间 $MTBF$(Mean Time Between Failures)表示,即在规定时间 T 内出了 n 次故障,那么

$$MTBF = \frac{T}{n} \tag{1.30}$$

比如,在一年 8760h 中设备出了 5 次故障,那么平均无故障时间就是 8760h/5 = 1752h。但这样估计是非常不准确的,因为没有计入修复时间。如果修复时间占去 5000h,那么平均无故障时间就是(8760 − 5000)h/5 = 752h。因此只有在修复时间是零的情况下,平均无故障时间才是 1752h,但这是不可能的,所以又引入了平均修复时间 $MTTR$(Mean Time to Repair)的概念。

比如,在 8760h 中出的故障次数 $n = 5$,这 5 次的修复时间分别是:18h,36h,48h,12h 和 56h。那么平均修复时间为

$$MTTR = \frac{\sum_1^k n}{n} = \frac{(18 + 36 + 48 + 12 + 56)h}{5} = \frac{170h}{5} = 34h \tag{1.31}$$

所以平均无故障间隔时间 $MTBF$ 应该是

$$MTBF = \frac{T - \sum_1^k n}{n} \tag{1.32}$$

有时某些设备出现故障后几个月都修复不了,而 $MTBF$ 却只有 200 000h,所以 $MTBF$ 仅仅作为参考而已。当然可靠性和 $MTBF$ 的真正计算是很复杂的,这里只是简单化了而已。

2. 可用性

从上面的讨论中可以看出,用平均无故障间隔时间 $MTBF$ 来衡量设备的可靠工作时间是不确切的,于是又引出了可用性 A(Availaity),其含义是在规定时间 T 内设备正常工作时间占整个规定时间的比例,一般有几个"9",就是百分之几个

"9"。通常情况下,在要求可靠性比较高的地方都要求 5 个"9",即 99.999%。其表达式为

$$A = \frac{MTBF}{MTBF + MTTR} \qquad (1.33)$$

3. 根据可用性指标计算允许设备故障的时间 t

可用性指标和时间 t 之间的关系为

$$t = 规定的运行时间段 \times (1 - A) \qquad (1.34)$$

比如在要求 5 个"9"的情况下,以一年 365 天来计算允许设备故障的时间 t:

$$t = 365 \, 天 \times 24h \times (1 - 0.99999) = 0.0876h = 5.256min \qquad (1.35)$$

结果表明在 5 分钟的时间限制内不允许设备出故障。

五、电子设备的寿命与外界环境的关系

1. 电子设备和温度的关系

高温是电子设备的天敌。根据阿雷纳斯定律可知:温度每升高 10℃,设备寿命减半。按照 25℃ 设计寿命为 10 年的设备,其在 35℃ 时寿命就缩短为 5 年,在 45℃ 时寿命就缩短为 2.5 年,依此类推。换言之,温度按 10℃ 以算术级数升高,设备寿命也按几何级数 $1/2^n$ 缩短。电池也具有这样的性质,其原因是随着温度的升高,电子由于获得了能量,活动能力加强。这种活动能力加强一般是不可控的,会导致一些不良后果。有关资料给出了表 1.1 和表 1.2 的实验结果。

表 1.1 PN 结正向伏安特性曲线($I = 50\mu A$, $U = 483mV$ 时)

		0.25	0.275	0.3	0.325	0.35	0.375	0.4	0.425	0.45
室温	电压(V)／电流(μA)	0.5	0.9	1.6	3	5.4	9.3	15.2	23.1	33.3
40°	电流(μA)	1.6	2.8	4.9	8.2	13.3	20.8	30.2	41.1	53.9

绘制成曲线如下:

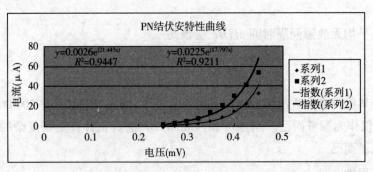

注:系列 2 为 40℃ 时的伏安特性曲线;系列 1 为室温 25.1℃ 时的伏安特性曲线。

从表 1.1 中可以看出,随着温度的上升,PN 结的漏电流加大,导致器件的不可控,从而导致故障。

表 1.2　恒流条件下 PN 结正向电压随温度变化的关系曲线（$I=50\mu A$，$U=483mV$，室温 25.1℃时）

温度（℃）	40	45	50	55	60	65	70	75	80	85
电压（mV）	443	415	406	391	373	356	344	334	319	308

计算机绘图如下：

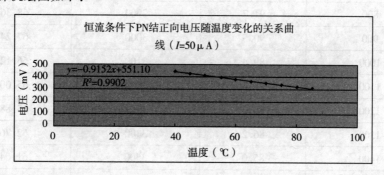

从表 1.2 中可以看出，随着温度的上升，PN 结的电压下降。PN 结电压的下降，给电子的跨越创造了有利条件，其结果也是导致器件的不可控，从而导致故障。器件在正常 PN 结电压下不应该开启，但由于高温导致电压降低，器件开启，比如可控硅（晶闸管）在温度高到一定值后，其漏电流就可以将它打开，导致误导通。

电池也具有以上性质，随着温度的上升，其漏电流加大，绝缘电阻减小，导致服务寿命缩短，所以应时常对机房进行降温。

2. 电子设备和海拔高度的关系

电子器件在工作中 PN 结发热，其功率是 $P_j=IU_j$，U_j 是 PN 结电压，I 是通过 PN 结的电流。器件上的发热量必须及时散掉，这就需要及时用气流把热量吹走。在海拔高度低的地方空气密度大，带走热量的能力强，但随着高度的增加，空气慢慢变得稀薄了，带走热量的能力也就越来越弱。比如在海拔高度为零的地方，在设定的风机下能带走器件 100% 的发热量，但到海拔 1000m 的高原地区，在同样的风机下只能带走器件 80% 的发热量，那 20% 的热量持续积聚在 PN 结上，将 PN 结烧毁。因此，随着海拔高度的增加，器件和设备要降额使用。表 1.3 给出了某一海拔高度下平均大气压的对应值。一般电子产品降额使用的海拔高度是 1000m。

表 1.3　海拔高度与平均大气压的对应值

海拔高度（m）	气压（kPa）	海拔高度（m）	气压（kPa）
0	101.3	2100	77.9
100	100.1	2200	76.20
200	98.8	2300	75.08
300	97.6	2400	73.96
400	96.4	2500	72.84
500	95.2	2600	71.72

海拔高度(m)	气压(kPa)	海拔高度(m)	气压(kPa)
600	94.0	2700	70.60
700	92.8	2800	69.48
800	91.7	2900	68.36
900	90.5	3000	67.24
1000	89.4	3100	66.12
1100	88.3	3200	65.00
1200	87.2	3300	63.88
1300	86.2	3400	62.76
1400	85.0	3500	61.64
1500	84.0	3600	60.52
1600	82.9	3700	59.40
1700	81.9	3800	58.28
1800	80.9	3900	57.16
1900	79.7	4000	56.04
2000	78.9		

3. 电子设备和干湿度的关系

一般电子产品或数据中心机房对工作环境的干湿度都有要求。湿度太低容易起静电，会把 MOS 管击穿；湿度太大在不同金属接触面上的电化学反应又会导致电子设备锈蚀或霉烂，一般湿度保持在 40%～60% 比较好。有的电子设备也可以适应 90%～95% 的相对湿度，但条件是无凝露，就是说不能凝成水珠。此外，海边和海上的盐雾对电路和设备的腐蚀最严重。

4. 电子设备和运输的关系

无论任何设备在做出后几乎都需要运到用户手中，运输中少不了颠簸，尤其是车载和船载设备在路上的冲击和震动，都会导致设备或电路连接处松动或断裂。某些船载设备为了防震，就在底部垫上了弹簧，但这其实更危险，因为往往会出现弹簧与螺旋桨共振的现象，从而将设备振坏。

5. 电子设备和参观人群的关系

现在数据中心机房按照重要性的不同提出了相应的要求，有的分成 A 级、B 级和 C 级，还有的分成 TI、T2、T3 和 T4 等。为了机房系统运行的可靠，除对供电、制冷、消防和监控等提出要求外，还对机房环境的洁净度提出了要求，比如每立方分米空气中所含 0.5μm 的颗粒不能多于 18 000 粒。为了保持这个环境，就要求机房为正压。参观人群如果频繁打开机房门，机房正压就难以保持，这无形中加大了新风机的负担和供电损耗。此外,参观人群的活动也会产生静电等。因此数据中心机房大都用玻璃将其和行人走廊隔开,如图 1.19 所示。

图 1.19　用玻璃隔开的机房走廊

六、IGBT

1. IGBT 性能的特点

现在的 UPS 中普遍都采用了 IGBT(Insulated Gate Bipolar Transistor),称作绝缘门极双极晶体管。它是综合了功率场效应管 MOSFET 和达林顿晶体管 GTR 优点的一种器件。由表 1.4 就可以看出们之间的区别。

表 1.4　GTR、MOSFET 与 IGBT 的特性比较(1200V 级)

特性　器件名称	GTR	MOSFET	IGBT
开关速度(μs)	10	0.3	1～2
安全工作区	小	大	大
额定电流密度(A/cm²)	20～30	5～10	50～100
驱动功率	大	小	小
驱动方式	电流	电压	电压
高压化	容易	难	容易
大电流化	容易	难	容易
高速化	难	极容易	容易
饱和压降	极低	高	低
并联使用	较易	容易	容易
其他	有二次击穿限制了 SOA	无二次击穿现象	有擎住现象限制了 SOA

注:SOA(Safe Operating Area)为安全工作区。

从表 1.4 中可以看出,IGBT 的性能处于 MOSFET 和 GTR 之间,并且集中了二者的优点。比如，GTR 是电流驱动，因此驱动效率低和驱动电路复杂，而 MOSFET 是电压驱动，因此驱动效率特别高，驱动电路也简单，于是 IGBT 就采用了电压驱动方式；器件打开后，MOSFET 的饱和压降高，造成功耗大和效率低，而 GTR 的饱和压降极低，因此其功耗小和效率高，故 IGBT 就采用了 GTR 的这个优点；等等。因此，IGBT 一问世就得到了广泛的使用。据东芝公司的报道，1200V/100A 等级 IGBT 的导通电阻是同一耐压规格功率 MOSFET 的1/10；开关时间是同规格 GTR 的 1/10。一般 GTR 的工作频率在 5kHz 以下，MOSFET在 30kHz 以上，而 IGBT 的工作频率在 10 ~ 30kHz 之间，所以现代的高频机 UPS 几乎都采用该器件。

2. IGBT 的简单工作原理

上述的那些优点 IGBT 是如何实现的呢？我们可用图 1. 20（a）的简化等效电路来说明。IGBT 相当于一个由 MOSFET 驱动的厚基区 GTR，图中电阻 R_{dr} 是厚基区 GTR 基区内的调制电阻。它有三个极，分别称作：漏极 D（Drain）、源极 S（Source）和栅极 G（Gate），有的也将栅极称为门极。由这个等效电路图也可以看出，IGBT 是以 GTR 为主导的器件，MOSFET 只是一个驱动器件。图中的 GTR 是由 PNP 管构成的达林顿管，MOSFET 为 N 沟道器件。因此这种结构称为 N - IGBT，或称 N 沟道IGBT。

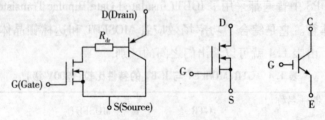

（a）IGBT 的简化等效电路　　（b）N - IGBT 在电路中的图形符号

图 1.20　IGBT 的等效电路与图形符号

IGBT 的电路符号有两种，如图 1. 20（b）所示。图 1. 20（b）左面表示的是 N - IGBT的一种图形符号，它和 MOSFET 的图形符号基本相似，不同的是在漏极增加了一个向内的箭头，其含义就是注入孔穴。至于 P - IGBT 的图形符号也基本相似，只要把原来的箭头方向反转180°。图 1. 20（b）右面表示的是 N - IGBT 的另一种图形符号，在这里漏极和源极的名称被集电极 C（Collector）和发射极 E（Emitter）所代替。

IGBT 的开通与关断是由门极电压来控制的。门极加上正向电压时，MOSFET 内形成沟道，并为 PNP 晶体管提供基极电流通路，从而打开 IGBT，使其进入导通状态。此时，从 P 区注入 N 区的空穴（少数载流子）对 N 区进行电导调制，以减小 N 区的电阻 R_{dr}，使 R_{dr} 耐压的 IGBT 也具有通态电压特性。在门极上施加反向电压后，MOSFET 的沟道消失，PNP 晶体管的基极电流通道被切断，从而导致 IGBT 被关断。由此可见，IGBT 的驱动原理与 MOSFET 基本相同。

3.IGBT 的擎住效应与安全工作区

(1)IGBT 的擎住效应

IGBT 在 UPS 中应用颇广,尤其在高频机中,整流器和逆变器已应用很久,成为 UPS 的主导器件。虽然 IGBT 已被广泛应用于功率电子设备中,但它和其他器件一样也不是十全十美,也有一定的局限性。擎住效应与安全工作区的限制就规定了它的使用范围和存在的问题。为了简单起见,曾用图 1.20(a)的等效电路来说明它的工作原理,但是 IGBT 更复杂的现象需用图 1.21 的等效电路来解释。从这个等效电路中可以看出,IGBT 复合器件内存在着一个寄生可控硅,它由 PNP 和 NPN 两个晶体管构成,这也正是可控硅的等效电路的组成部分。NPN 晶体管的基极与发射极之间由于器件 PN 结结构的原因形成了一个并联的体区电阻 R_{br},在该电阻上 P 型体区的横向空穴流会产生一个压降。对于 J_3 结来说,相当于加上了一个正向偏置电压,在规定的漏极电流范围内,这个正向偏压值并不大,对 NPN 晶体管不起作用。当漏极电流增大到一定程度时,该正偏置电压就足以使 NPN 晶体管开通。NPN 晶体管的开通,为 PNP 晶体管的基极电流提供了通路,进而使 PNP 晶体管也开启,而 PNP 晶体管的开通又为 NPN 提供了足够的基极电流,这样一个死循环雪崩式的正回馈过程使寄生晶闸管完全开通,这时即使在门极上施加负偏压也不能控制其关断,这就是所谓的擎住效应。IGBT 出现擎住效应后,漏极电流因已不受控而进一步增大,最后导致器件损坏。由此可知,漏极电流有一个临界值 I_{DM},大于此值的电流就会导致擎住效应。为此,器件制造厂必须规定漏极的电流最大值 I_{DM},以及与此相对应的门源电压最大值。漏极通态电流的连续值超过 I_{DM} 时产生的擎住效应称为静态擎住现象。

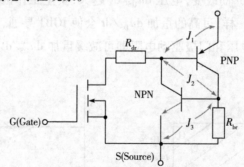

图 1.21 IGBT 的等效电路

此外,IGBT 在关断的动态过程中也会产生擎住效应。动态擎住效应所允许的漏极电流比静态时小,因此,制造厂家所规定的 I_{DM} 值一般是按动态擎住效应所允许的最大漏极电流确定的。IGBT 关断时,MOSFET 的关断十分迅速,IGBT 的总电流也很快减小为零。与此相对应的是,J_2 结上的反向电压也在迅速建立,此电压建立的快慢与 IGBT 所能承受的重加电压变化率 du_{DS}/dt 有关。du_{DS}/dt 越大,J_2 结上的反向电压就建立得越快,同时 du_{DS}/dt 在 J_2 结上引起的位移电流 $C_{J_2}\dfrac{du_{DS}}{dt}$ 也越大,此位移电流为空穴电流，也称作 du_{DS}/dt 电流。

当 du_{DS}/dt 电流流过体区扩展电阻 R_{br} 时，就会产生使 NPN 晶体管开通的正向偏置电压，从而满足寄生晶闸管开通掣住的条件。由此可知，动态过程中掣住现象的产生主要由 du_{DS}/dt 决定。除此之外，当温度过高时，PNP 和 NPN 晶体管的泄漏电流也会使寄生晶闸管产生导通掣住的现象。

从上述讨论可以看出，当采用 IGBT 进行高频整流时，也会出现与可控硅同样的情况。因此，IGBT 的输入电压范围也不会比晶闸管宽，一旦掣住现象发生，也将面临和晶闸管同样的命运，因此在设计时要充分考虑到这一点。

为了避免 IGBT 出现掣住现象，在设计电路时应保证 IGBT 中的电流不要超过 I_{DM}；或者用加大门极电阻 R_G 的办法延长 IGBT 的关断时间，或减小重加电压变化率 du_{DS}/dt。

（2）IGBT 的安全工作区（SOA）

任何元器件都存在一个安全工作区，IGBT 也不例外，它在开通与关断时也有安全区。在前面讲到的 N-IGBT 中，开通时为正向偏置，其安全区称为正向偏置安全工作区，简写为 FBSOA，如图 1.22（a）所示。FBSOA 与导通时间 t 密切相关，导通时间很短时，FBSOA 为矩形区域，随着导通时间的加长，安全区的范围也逐渐缩小，直流（DC）工作时的范围最小。这是因为导通时间越长，发热现象越严重。这种情况与 MOSFET 相似。

IGBT 关断时的门极电压为反向偏置，其安全区称为反向偏置安全工作区，简写为 RBSOA，如图 1.22（b）所示。RBSOA 和 FBSOA 稍有不同，RBSOA 随着 IGBT 关断时的重加 du_{DS}/dt 而改变，电压 du_{DS}/dt 越大，安全工作区越小。RBSOA 与晶闸管和 GTO 等器件一样，过高的重加 du_{DS}/dt 会使 IGBT 导通，产生掣住效应，一般通过适当选择门源电压和门极驱动电阻即可减缓重加 du_{DS}/dt，以防止掣住效应的发生。

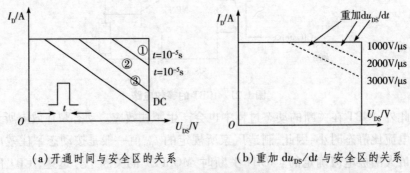

（a）开通时间与安全区的关系　　（b）重加 du_{DS}/dt 与安全区的关系

图 1.22　IGBT 的安全工作区

最大漏极电流 I_{DM} 是为避免动态掣住效应而确定的，还确定了最大门源电压 V_{GSM}，只要不超过这个值，外电路发生故障时，IGBT 从饱和导通状态进入放大状态，漏极电流与漏源电压无关，基本保持恒定值。这种特性有利于通过控制门极电压使漏极电流不再增加,进而避免掣住效应的发生。在这种状态下应尽快关断IG-BT,以免因过度发热而导致器件损坏。比如当门源电压 $V_{GS}=10\sim15V$ 时,漏极电流可在 $5\sim10\mu s$ 内超过额定电流 $4\sim10$ 倍,在这种情况下仍能用反向偏置的 V_{GS} 进行关断,但若超过这个界限,IGBT就有损坏的危险。

IGBT所允许的最大漏源电压 V_{DSM} 是由该器件中PNP晶体管的击穿电压确定的,目前已有耐压1200V以上的器件。对于IGBT的最高允许结温,一般商用器件为150℃。功率MOSFET的通态压降随着结温的升高而显著增加,而IGBT的通态压降 $V_{DS(on)}$ 则在室温和最高结温之间变化甚小,其原因是IGBT中MOSFET部分的压降为正温度系数,而PNP晶体管部分的压降是负温度系数,两者相结合使器件获得了良好的温度特性。现以东芝公司MG25N2S1型25A/1000V的IGBT模块为例说明IGBT的具体特性和参数。表1.5给出了该模块的最大额定值,表1.6给出了各种电气特性。在这里IGBT的电极采用图1.20(b)右图所示的符号,即漏极改为集电极,源极改为发射极。

表1.5中的集电极 – 发射极电压(即源漏电压) V_{CES} 可以是600V、1000V或1200V等,但其门极 – 发射极电压 V_{GES} 是不可以最大额定值的,同样结温和紧固力矩也是不可以超过的。

表 1.5　东芝 MG25N2S1 的最大额定值($TC=25$)

项目		符号	额定值	单位
集电极 – 发射极电压		V_{CE}	1000	V
门极 – 发射极电压		V_{GES}	±20	V
集电极电流	DC	I_C	25	A
	1ms	I_{CP}	50	A
集电极损耗		P_C	200	W
结温		T_J	125	℃
储存温度		T_{STG}	140 ~ 125	℃
绝缘耐压		V_{ISOL}	2500(AC,1min)	V
紧固力矩			20/30	kg/cm

表 1.6　东芝 MG25N2S1 的电气特性($TC=25$℃)

项目	符号	测试条件	最小	标准	最大	单位
门极漏电流	I_{CEI}	$V_{GE}=±20V,V_{CE}=0$	—	—	±500	nA
集电极漏电流	I_{CEI}	$V_{CE}=1000V,V_{GE}=0$	—	—	1	mA
集电极 – 发射极电压	V_{CE}	$I_C=10mA,V_{GE}=0$	1000	—	—	V
门极 – 发射极电压	$V_{GES(off)}$	$V_{CE}=5V,I_C=25mA$	3	—	6	V
集电极 – 发射极饱和电压	V_{CES}	$I_C=25A,V_{GE}=15V$	—	3	5	V

项目		符号	测试条件	最小	标准	最大	单位
输入电容		C_{ies}	$V_{CE}=10V, V_{GE}=15V$ $f=1MHz$	—	3000	—	pF
开关时间	上升时间	t_r	$V_{CE}=\pm15V$	—	0.3	1	μs
	开通时间	t_{on}	$RG=51\Omega$	—	0.4	1	μs
	下降时间	t_f	$V_{CC}=600V$	—	0.6	1	μs
	关断时间	t_{rff}	负载电阻24Ω	—	1	2	μs
反向恢复时间		t_{rr}	$I_F=25A, V_{CE}=-10V$ $di/dt=100A/\mu s$	—	0.2	0.5	μs
热阻	晶体管部分	$R_{th(J-C)}$		—	—	0.625	℃/W
	二极管部分	$R_{th(J-C)}$		—	—	1	℃/W

4. IGBT 对市电电压正弦波形的影响

当今 UPS 技术的发展已经到了数字时代和高频时代,UPS 的输入电路也已经进入 IGBT 高频整流时代,但由于各制造商技术水平的不同和一些用户的习惯,再加之守旧制造商的宣传,制造商总是不敢采用这种 IGBT 整流新技术。图 1.23 为 6 脉冲可控硅整流的主电路原理图,输入电压 U_{in} 的波形一般为比较好的正弦波,当后面的负载是线性设备,比如电炉子、电暖器、热风机等时,就可以在负载端测出此时电压 U 的输入功率因数是 1,电压波形仍然是完好的正弦波。但如果接入 6 脉冲可控硅整流的 UPS 时,其输入功率因数马上就降到了 0.8 以下,波形也会出现失真,就是说 6 脉冲可控硅整流器会破坏输入电压波形。由此可知,UPS 输入功率因数的下降并不是电网导致的。众所周知,市电电缆不是超导体,是有阻抗的,因此电流经过电缆时要在电缆阻抗上产生一个电压降 U_L,如图 1.23 所示。

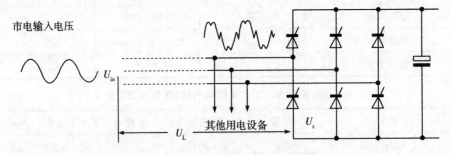

图 1.23　6 脉冲可控硅整流的主电路原理图

5. IGBT 高频整流和可控硅工频整流的波形的不同之处

由前面可知,6 脉冲可控硅整流器由于后面的滤波作用使整流电流变为平均电流数倍的脉冲波,这就在电网的输电线上产生一个相应的电压降 U_L,于是在

UPS 输入端的电压 U_r 为

$$U_r = U_{in} - U_L \qquad (1.36)$$

其波形如图 1.24 所示,这种波形被破坏时还伴随着噪声,如果此时有其他设备用电就会受到干扰。图 1.24 为输入电压失真情况和几种整流方式的关系。从该图可以看出,12 脉冲整流可以减轻对输入电压波形的破坏,使功率因数提高,理论上 12 脉冲整流可使输入功率因数提高到 0.9。但将 6 脉冲整流增加到 12 脉冲整流,除了增加一套 6 脉冲整流器外,还需要增加一个移相变压器。比如某一流国外品牌的 300kVA 工频机 UPS 产品,原重量为 1.6t,增加到 12 脉冲整流后变成了 2.2t,而产品的实际效果与理论值相差甚远,用十几台该产品对某几个数据中心进行测量,其输入功率因数都低于 0.85。

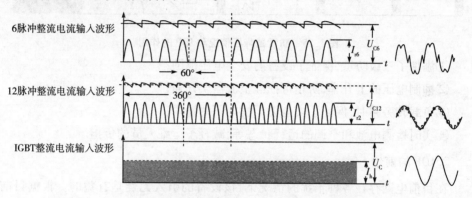

图 1.24　输入电压失真情况和几种整流方式的关系

但可控硅整流器只能工作在市电频率,增加整流脉冲只能按照 6 的倍数增加可供硅器件和移相变压器,也就是说用可控硅整流器来提高输入功率因数的做法代价太大。而 IGBT 整流器则不然,它可以在几万赫兹下工作,可以将输入的工频正弦波进行高频切割,把工频波形变成高频波形来处理。这样做的结果是把半周内的一个幅度很大、宽度很窄的脉冲电流变成数量很多的小脉冲电流,并使其分布在整个半周中,就好像电阻负载上的电流和电压是同相位,如图 1.24 中最下面的波形所示。这一项改变,不但极大地改善了整流器的性能,而且还节约了器材,降低了功率。目前大功率 UPS 中,IGBT 早已将可控硅逆变器取代,逆变器可以,整流器也可以,比如目前已有 1200kVA 的全 IGBT 化成熟的 UPS 单机在市场上销售。

七、动环 (IDP)

1. IDP 的作用

目前的工频机 UPS 输入功率因数比较低,其原因是 6 脉冲可控硅整流滤波器对市电电压波形有破坏作用。为了改善这种情况,有的制造商将 6 脉冲可控硅整流滤冲器升级为 12 脉冲可控硅整流滤波器,就是在原 6 脉冲可控硅整流滤波器的基础上再加一个 6 脉冲可控硅整流器和一个移相变压器;有的制造商在前面加一级有源滤波器;有的制造商为了节约造价,再加一级无源滤波器。以上这三种情况有一个共同的缺点:这些另加的部分一旦发生故障,市电就无法供电了。但 IDP 的加入情况就不同了,第一,提高输入功率因数,即使它本身发生故障,也不会影响市电正常供电,原因是它和设备是并联的;第二,可动态监测、评估用电情况。由于该设备的加入,增加了以下好处,如图 1.25:

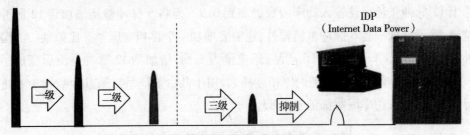

图 1.25　防雷器降压情况和 IDP 的作用

①添加了三级防雷,保证了设备的安全电压范围;
②抑制电压的上升率,防止可控硅整流器误开通;
③负载转旁路时,保证了安全无干扰电压的输入;
④实时检测电池和空调的运行状态等,减轻了运维人员的负担。

2. IDP 的前景

在目前电网存在各种干扰的情况下,该设备的引入无疑是有益的。根据目前供电设备技术的发展情况来看,数据中心各类 UPS 的功能将被设备电源本身所替代,这时就需要保持电网电压的清洁,但来自各方的干扰依然存在,这时的 IDP 就有用武之地了。

第二章 当前数据中心供电电源的主要种类

一、当前数据中心主要 UPS 供电设备

现代数据中心几乎都是用 UPS 直接向 IT 设备供电,那么当前常用的 UPS 有哪些呢?

图 2.1 给出了旋转发电机飞轮储能式和静止变换式两类 UPS。这两类又可分为几种,如图中所注,以下作简单介绍。

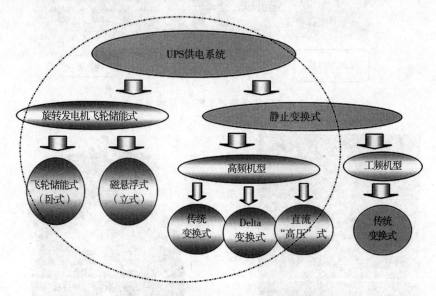

图 2.1 当前数据中心供电电源的主要种类

二、旋转发电机飞轮储能式 UPS 的种类

目前旋转发电机飞轮储能式 UPS 最常见的有两种,一种是立式的,一种是卧式的。

1. 立式飞轮储能式 UPS 的组成和各环节的功能

如图 2.2(a) 所示的是立式飞轮储能式 UPS 的结构原理图,其中包括自动切换开关,它的作用是将市电输入和发电机输入在需要的时候交替送入主机柜,即市电正常时将市电输入主机柜,市电异常时开关倒向发电机,将发电机的输出电压输入主机柜。监控环节的功能是理解并分析相关事件,提供负载及阶段数据,分析根本原因。GenSTART 是增强型发电机启动模块,功能是在需要时使发电机快速而可靠地启动。柴油发电机是备用电源,在市电发生故障时代替市电供电。

图 2.2(b)所示的是主机柜的外形,机柜内的主要环节就是图 2.2(c)所示的飞轮储能环节和对市电的加工环节,在市电正常时飞轮做高速旋转进行储能,以备需要时将能量放出;对市电的加工环节也是为了输出高质量电压给后面负载。

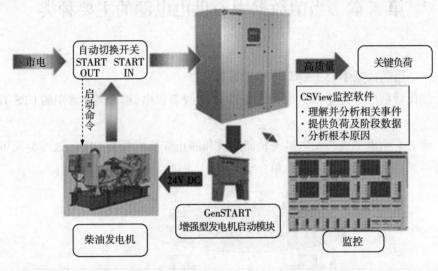

(a)立式飞轮储能式 UPS 的结构原理图

(b)立式飞轮储能式 UPS 的柜式外形　　　(c)立式飞轮储能式 UPS 的储能环节

图 2.2　立式飞轮储能式 UPS 的结构原理、外形与储能环节

(1)立式飞轮储能式 UPS 的工作原理

立式飞轮储能式 UPS 的工作原理如图 2.3 所示。从图中可以看出,当市电正常供电时,断路器 S_1 接通市电,静态开关 STS_1 导通,断路器 S_4 闭合,市电经 L_1 铝箔后送往负载。市电异常时 S_1 和 STS_1 断开,由飞轮储能环节送出交流电,经整流(AC/DC)、逆变(DC/AC)和 L_2 滤波后送往负载。储能支路还负责在市电供电时将不规则的正弦波补偿完整,但由于飞轮的储能有限,只能维持全负荷 15s,时间不够时可多机并联,在此期间必须使燃油发电机启动并正常运行。断路器 S_3 是维修旁路,S_2 和 STS_2 是自动旁路。

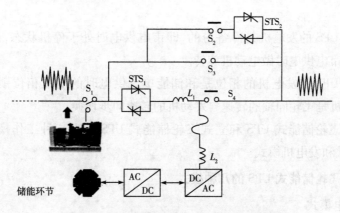

图2.3　立式飞轮储能式 UPS 的工作原理图

（2）市电停电时立式飞轮储能式 UPS 的工作流程

图2.4 给出了立式飞轮储能式 UPS 的工作流程图。从图中可清楚地看出,市电在 $t=5s$ 时发生故障或异常,飞轮储能单元不能继续向负载供电,此时为了确认市电是否真的发生故障,先让系统延迟 $2 \sim 3s$,之后再发出启动柴油发电机的信号,一般 5s 左右发电机就可达到和 UPS 相应的稳定转速,再经 1.5s 左右与 UPS 锁相成功,开始接替飞轮的工作而直接向负载供电。整个过程大约 15s。

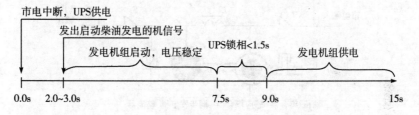

图2.4　立式飞轮储能式 UPS 的工作流程图

2. 卧式飞轮储能式 UPS 和立式飞轮储能式 UPS 的结构的异同点

图2.5 为卧式飞轮储能式 UPS 的外形。卧式飞轮储能式 UPS 和立式飞轮储能式 UPS 的结构大致有以下异同点。

①立式 UPS 的发电机是独立的,而卧式 UPS 的发电机是连体的。

图2.5　卧式飞轮储能式 UPS 的外形图

②立式 UPS 的储能机构是可以直接发电的,而卧式 UPS 的储能机构不能直接发电。

③立式 UPS 的发电机是冷备份的,即市电供电时处于停机状态,而卧式 UPS 的发电机在市电供电时做电动机旋转。

④立式 UPS 的发电机的相位是和储能单元供电时的电压相位锁相,而卧式 UPS 的发电机是飞轮同轴的转速与发动机的转速同步切换。

⑤卧式飞轮储能式 UPS 和立式飞轮储能式 UPS 都有三种工作模式:市电模式、切换模式和发电机模式。

3. 卧式飞轮储能式 UPS 的几种模式

（1）市电模式

图 2.6 是市电模式的工作原理图。在此模式下输入断路器 S_1 和输出断路器 S_2 闭合,旁路断路器断开。市电经 S_1 输入,经 L 和此时做电动机旋转的同步发电机滤波送到负载。由于是市电供电,燃油发动机处于灭火状态,离合器没有啮合。市电输入后的另一支路电流向感应耦合器的储能飞轮流去,由整流器流出的直流电流也送到感应耦合器,使储能飞轮做高速旋转,在需要时释放能量。此时维修旁路开关 S_3 处于断开状态。

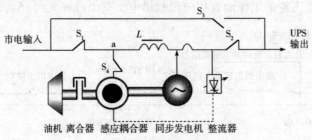

油机 离合器 感应耦合器 同步发电机 整流器

图 2.6 市电模式的工作原理图

（2）切换模式

一旦市电发生故障,输入开关 S_1 和感应耦合器支路开关 S_4 断开,如图 2.7 所示。感应耦合器中的飞轮由于惯性,储能开始释放,使其继续旋转并带动同轴上做电动机旋转的同步发电机开始发电,使负载不间断地继续工作。在此期间,油机发动机开始启动。待油机发动机的转数和发电机同轴上的转数相等时,离合器马上啮合,这个过程要小于 15s。切换过程到此完成。

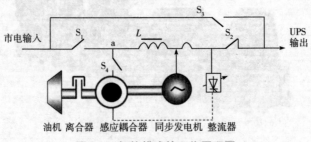

油机 离合器 感应耦合器 同步发电机 整流器

图 2.7 切换模式的工作原理图

（3）发电机模式

切换过程完成后,储能飞轮的任务到此结束。接下来就是燃油发动机直接带动同步发电机旋转。此时,感应耦合器由于又得到了能量,因而重新高速旋转储能,此时的储能为发电机模式向市电模式切换时的间隔过程提供能量,即当市电恢复正常供电时,发电机模式要回切到市电模式,如图2.8所示。此时的回切就需要和市电频率同步,而且还要锁相。切换完成后发动机开关 S_1 和 S_4 重新闭合。

维修旁路开关 S_2 仅在市电供电时 UPS 发生故障的情况下闭合,以保障负载能不间断地继续正常工作下去。

该机的效率 η:在 a 点左边(S_1)测得 $\eta \leqslant 90\%$,在 a 点右边(S_2)测得 $\eta \leqslant 98\%$。

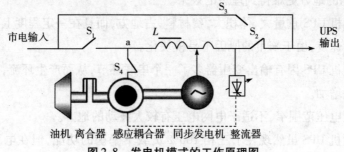

图2.8　发电机模式的工作原理图

三、静止变换式 UPS 的种类

当代静止变换式 UPS 是相对于飞轮储能式 UPS 而言的,分为工频机 UPS、高频机 UPS 和直流 UPS。

1. 静止变换式 UPS

静止变换式 UPS 指的是发电部分不像飞轮储能式 UPS 依靠发电机旋转式的动态电枢,而是利用电子器件构成的电路来实现,所以没有发动机那样的轰鸣声,是安静的。

飞轮储能式 UPS 的负载切换间隙是靠飞轮储能的释放来填补的;而静止变换式 UPS 的负载切换间隙是由电的储能填补的。

2. 静止变换式 UPS 有啸叫声的原因

由于目前的 UPS 中还有电感器或变压器,而 UPS 逆变器的工作频率又在人的听觉范围内,因此电感器或变压器的磁致伸缩效应产生的震动就发出了啸叫声。这种啸叫声在工频机 UPS 中更为明显一些。

四、工频机 UPS

1. 工频机 UPS 的含义

主电路的功率部分只要有一个工作在 50Hz 的工业频率下,就认为该 UPS 是工频机。尽管 IGBT 逆变器工作在数倍 50Hz 的频率下,但其可控硅整流器仍工作在 50Hz 的工业频率。为了区别于高频机 UPS,就将工作频率为 50Hz 的 UPS 定义为工频机 UPS。

2. 工频机 UPS 和高频机 UPS 划分的标准

顾名思义,工频机 UPS 和高频机 UPS 是以频率来划分的。工频机 UPS 就是拿掉变压器,如果仍是可控硅整流,它依然是工频机;对于高频机 UPS,即使在输出端串联一个变压器,它仍然是高频机。这个变压器只是高频机 UPS 的一个负载罢了。

3. 工频机 UPS 被淘汰的原因

①工频机 UPS 输入功率因数小,对外有干扰——不环保。

②工频机 UPS 效率低,损耗大,使可靠性变低——不节能,影响 PUE,尤其是在 $2n$ 供电结构的地方更难得到理想的效果。

③工频机 UPS 重量大、体积大,费材料,占地方,而且在一定程度上延缓了数据中心的建设速度,由于笨重的原因不易模块化。

④工频机 UPS 因有输出变压器多了一个串联环节,从而产生环流,也使可靠性变低和功耗增加。

⑤输入电压范围窄,不适于电网电压有较大波动的地方。

⑥工频机 UPS 虽然现在了三相 100% 负载不平衡的功能,但在电路结构中影响三相负载平衡的因素仍然存在,所以在用户中普遍存在三相负载均分的要求。

4. 工频机 UPS 的主电路结构

如图 2.9 所示是一般工频机三相全桥 UPS 的主电路结构原理。从图中可以看出逆变器的输出有一个所谓的输出隔离变压器。该变压器是由于全桥逆变器 abc 三相输出是三根火线,而用户需要的是 220V/380V 的三相四线制电压,为了满足用户的要求而加入的,并不像人们所说的为了隔离干扰。

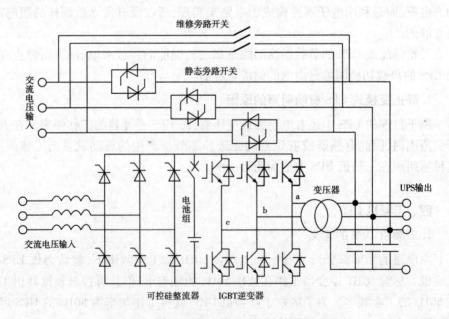

图 2.9　工频机三相全桥 UPS 的主电路原理图

5. 有的 UPS 没有维修旁路开关

原来一般 10kVA 容量以上的 UPS 都有维修旁路开关。但随着数据中心建设的发展和使用，我们发现：在 UPS 多机并联时如果需要换机，即使有维修旁路开关，在不停电的情况下也不能将故障机器换掉。于是有些系统设计者就在外边的配电柜上加入了如图 2.10 虚线框所示的维修旁路开关。很多系统设计者采用了上述做法，也在外边配电柜上加入了如图 2.10 虚线框所示的维修旁路开关。这样一来 UPS 机内的旁路开关就成了多余的了，因此好多 UPS 制造商将该开关去掉了。

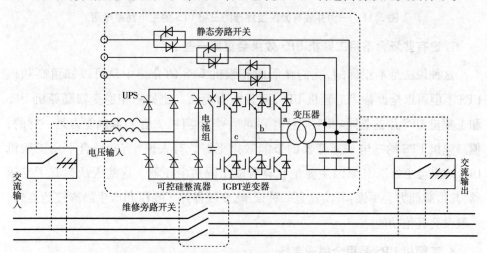

图 2.10　无维修旁路的工三相 UPS 的主电路原理图

6. 有的用户不要旁路(Bypass)带接触器的 UPS

在早期进口的大功率 UPS 中大都是给 Bypass 的静态开关(STS)并联一只接触器 JC，如图 2.11 所示。原因是 STS 的开启速度虽然很快，但器件两端的压降较大，所以功耗较大，因此需要较大的散热器来散热。利用 STS 开启快的特点先接通 STS，而后接触器 JC 闭合，将 STS 短路，就可以使 Bypass 的功耗为零。这是一个极佳的配合，有的人却误认为 Bypass 就是一只接触器。要知道接触器的动作时间是几百毫秒，是无法应用的。但是后来由于市场的竞争，有些 UPS 制造商为了降低造价，就将这只具有节能作用的接触器拿掉了，将负担全部加到了 STS 上，保险没有了，因此 Bypass 被烧毁的案例经常发生。不过有的 UPS 制造商仍然保留了接触器，因此选这种结构的 UPS 是正确的。

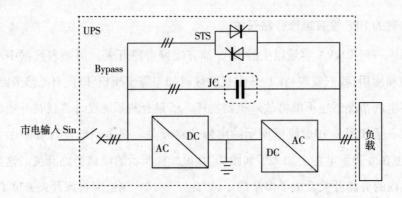

图 2.11　一种并联有旁路接触器的三相 UPS 的主电路原理图

7. 说有些场合下用工频机 UPS 效果会更好一些

这种说法是不正确的，我们在后面高频机 UPS 的介绍中就可以知道高频机 UPS 不但可以全面替代工频机 UPS，而且能力更强。比如三相逆变器高频机 UPS 和工频机 UPS 用的是同功率、同桥臂和同型号的器件，二者的带载能力是一样的，但高频机 UPS 的三电平逆变器的节能效果更好。有人说"有些场合下用工频机 UPS 效果会更好"，其原因主要是它具有输出隔离变压器。这些人认为有了变压器，其带载能力会更强，其实这是一种误解，变压器除了变压和产生隔离接地点外，一般没有其他功能。

8. 工频机 UPS 要用全桥逆变器

因工频机 UPS 问世较早，那时的技术还不完善，因此在当时全桥逆变器已是很先进的电路了。这种电路采用的逆变器功率器件随着技术的发展而变化，比如最早期用的是可控硅（SCR），后来是功率三极管 – FET – VMOS – IGBT 等，工作频率在逐步地提高。但电路结构却没有变，一直到今天仍在沿用。为了简单说明，首先用单相全桥逆变器电路结构来介绍它的工作原理。

图 2.12 所示就是单相全桥逆变器电路结构图。目前的工频机小功率 UPS 采用的就是这种电路，它和半桥电路的不同之处在于其桥臂都是由具有开关功能的功率管构成，如图 2.12(a) 中的 BG_1、BG_2、BG_3 和 BG_4，这样一来就赋予了电路更大的输出功率能力。在半桥电路中无论哪一只功率管开通，流过它的电流都要通过电容器。随着电容器电荷量的增加，电容器上的电压也在逐渐升高，这时的电流也会随着电容器电压的增高而减小，就导致了输出功率的减小。为了使输出功率不随时间而变化，就必须增加电容器的容量或减小功率管的开通时间。但电容量的增加会造成设备体积的增大和寄生参量的增大，频率的提高又会对功率管有更高的要求，因此限制了电路功率的提高。

而在全桥电路中就顺利地解决了上述问题。因为在全桥时功率管开通是成对的,如图2.12(a)所示,BG$_1$、BG$_4$和BG$_2$、BG$_3$是成对导通的。当BG$_1$、BG$_4$被触发而导通时,电流I的流经途径是:由E的"+"极出发→BG$_1$集电极−发射极→变压器初级绕组AB→BG$_4$集电极−发射极→回到E的"−"极,形成如图2.12(b)所示的正半波。

同样当BG$_2$和BG$_3$被触发开通时,电流I的流经途径是:由E的"+"极出发→BG$_2$集电极发射极→反向通过变压器初级绕组BA→BG$_3$集电极−发射极→回到E的"−"极,形成如图2.12(b)所示的负半波。

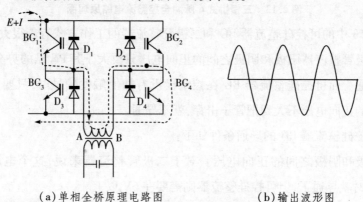

(a)单相全桥原理电路图　　　　　　　　(b)输出波形图

图2.12　单相全桥逆变器电路结构图

由这个简单的过程可以看出,不论哪一对功率管开通,电流I的路径上都没有任何使其变化的因素,只要触发信号足够强,电流就可以一直维持下去,输出功率也就得到了保证。

从上面的叙述可以看出:

①每半波电压功率管的导通是成对的,即一个正弦波的形成必须是两个桥臂、四只管,这是全桥逆变器的工作特点;

②因为输出的两条线是火线,为了安全起见,有的加了隔离变压器;

③如果输出的两条火线之间的电压是220V,不加隔离变压器也可直接应用。但为了某种目的,在无变压器的情况下若将一条线接地就有可能失去电路原来的性质或烧毁管子。

9.三相输出的工频机UPS的输入功率因数很低

由于工频机UPS的输入整流滤波器工作在50Hz的工业频率,导致输入正弦波电压的失真。三相输出的UPS中都用可控硅整流器(简称可控硅)来代替二极管整流器,如图2.13所示。

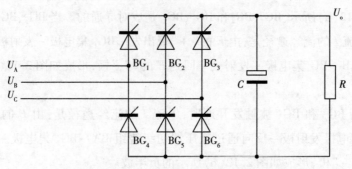

图 2.13 三相桥式 6 脉冲全控整流电路原理图

图 2.13 中的可控硅整流器 BG 和二极管整流器的工作方式有着很大的区别。

①二极管整流器阳极和阴极之间的正向电压只要大于其 PN 结的势垒电压，二极管就导通。而可控硅整流器 BG 在控制极没有加上触发信号时，只要其阳极和阴极之间的正向电压不大到把管子击穿，就不导通。

②可控硅整流器 BG 的导通条件如下：

a. 阳极和阴极之间的正向电压。对于二极管整流器来说，这个电压只要在 0.7V 左右时就导通了，但可控硅整流器则需要在 6V 以上。

b. 控制极触发信号电压。可控硅整流器 BG 一般都用脉冲触发，因此要求这个电压脉冲要有一定的幅度和宽度，即要有一定的能量。因为没有一定的幅度就不能抵消 PN 结的势垒电压，没有一定的宽度就不能有足够的时间使导通由一点扩散到整个 PN 结。一般要求幅度为 3 ~ 5V，宽度为 4 ~ 10μs，触发电流为 5 ~ 300mA。

c. 维持电流。指在管子打开后可以维持可控硅整流器继续导通的最小电流，一般小于 20mA。

d. 擎住电流。指可控硅被打开而控制极触发信号电压消失后，可以继续维持导通的最小电流。这个电流一般是维持电流的若干倍。

e. 控制角 α 与导通角 θ。为了表征可控硅对交流电压的控制行为而引出 α 和 θ 这两个参量。图 2.14（a）所示就是控制角 α 与导通角 θ 的位置关系，它们的数学关系是

$$\alpha + \theta = 180° \tag{2.1}$$

控制角 α。当交流正半波加到可控硅整流器 BG 上时，就具有了使可控硅整流器 BG 导通的基础条件，那么什么时候给可控硅整流器 BG 控制极加触发信号使其开通呢？从交流正弦波过 0 开始，一直到可控硅被触发导通（时间 b）的这段时间 $0 ~ b$，称为控制角，用 α 表示。由于可控硅开启很快，一般小于 1μs，故认为加触发信号的时间就是可控硅整流器 BG 被打开的时间，一般都把开启时间忽略不计。

导通角 θ。由于可控硅的开启是一个正反馈过程，故打开后就不能自动关断，

这个导通过程要一直延续到电压过0。从开启到截止的这段时间称为导通角,用 θ 表示。

UPS 中的输入整流器就是通过控制 α 和 θ 来实现稳压的,一般称这种控制为"相控"。此外,整流滤波在滤波电容器上形成一个直流电压 U_{ab},如图2.14(b)所示。

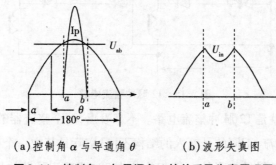

(a)控制角 α 与导通角 θ (b)波形失真图

图2.14   控制角 α 与导通角 θ 的关系及失真原理图

U_{ab} 的形成为输入电压的失真奠定了基础,因为输入电压低于 U_{ab} 的很长时间整流器是反压,没有电流。输入电压只有高于 U_{ab} 这段短暂的时间,ab 才允许输入电流。如果整个半波的平均电流能量是 $100A \times 10ms$,即 $1000Ams$,允许电流输入的时间是2ms,那么在这段时间内要输入的电流 I 为

$$I = \frac{1000\,\text{Ams}}{2\,\text{ms}} = 500\text{A} \tag{2.2}$$

如此大的电流在电源内阻上的压降使得输入的正弦波电压产生凹陷,如图2.14(b)所示,这就是失真。波形的失真按富利叶级数展开出现了高次谐波,从而出现了无功功率,进而导致输入功率因数下降。一般二极管整流滤波电路的输入功率因数对单相而言是 $0.6 \sim 0.7$,三相二极管整流滤波电路的输入功率因数为0.8 左右,若是可控硅整流(俗称流脉冲整流)滤波,就小于0.8了,若加上无源滤波器,可以使输入功率因数提高一些。

10. 提高三相输出的工频机 UPS 的输入功率因数的方法

在一些 UPS 中为了提高输入功率因数或者提高功率容量,可采用 6 相全波整流(俗称 12 脉冲整流)。实际上,在一般 UPS 中都是采用 3 相全波相控整流,也就是通常所说的 6 脉冲整流。若为了提高输入功率因数,采用了 12 脉冲,说明了两个问题:一个是采用了 12 只可控硅,一个是有 6 相输入电源。

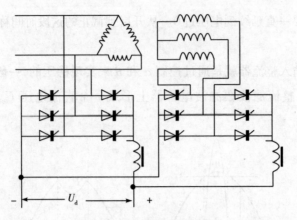

图 2.15　12 脉冲整流电路

图 2.15 所示就是 12 脉冲整流电路。不难看出，两个整流器的结构一模一样，都是三相 6 脉冲整流，不同的是输入的结构不同，实际是其中一个整流器外加了一个移相变压器，其结果是二者的电压相位差为 3°，即整流脉动的最大宽度是 30°。由此得出多相整流时的最大脉动宽度（即可控硅导通时间 θ）的表达式为

$$\theta_{max} = 2\pi/P \tag{2.3}$$

其中 P 为控制脉冲数，比如 6 脉冲时是 60°，12 脉冲时是 30°，18 脉冲时是 20°，24 脉冲时是 15°。脉动周期越小，其整流输出电压越高，越接近交流电压峰值，其表达式为

$$U_d = \frac{P}{2\pi} \int \sqrt{2} U_A \cos \omega t\, d(\omega t) \tag{2.4}$$

$$= \sqrt{2} U_A (P/\pi) \sin(\pi/P) \times \cos \alpha \tag{2.5}$$

对于 12 脉冲半波整流来说，当 $\alpha = 0$ 时，

$$U_d = 1.414 \times 220 \times (P/\pi) \sin 15° \times \cos 0° = 309\text{V} \tag{2.6}$$

这是 220V 相电压的峰值。若是 12 脉冲全波整流，其值为

$$U_d = 2\sqrt{2} U_A \times (P/\pi) \sin(\pi/P) \times \cos \alpha \tag{2.7}$$

当 $\alpha = 0$ 时，其整流电压 $U_d = 618\text{V}$。

图 2.15 中两个整流器的输出是通过各自的扼流圈进行并联的，目的是使二者的输出电流均衡。因为两个整流器虽然一样，但它们的内阻不一样，这样就会造成输出的电流不均衡。因此，扼流圈的阻抗要远远大于整流器的内阻，即整流器的内阻和扼流圈的阻抗相比可以忽略不计。

由此可知，整流相数越多，其整流输出电压的脉动频率就越高，脉动幅度就越小，脉动系数也就越小，而且输出纹波也就越低，纹波系数也就越小。图 2.16(a) 是 12 脉冲整流时输出波形的波动情况，图 2.16(b) 为多相半波整流时平均值接近峰值的情况。

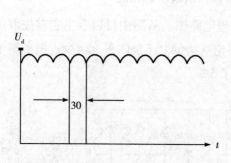
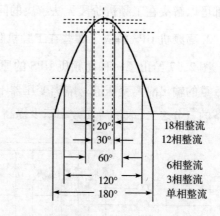

（a）12脉冲整流时输出波形的波动情况　（b）多相半波整流时平均值接近峰值的情况

图 2.16　多相整流时的波形图和导通角图

脉动系数和纹波系数的表达式为

脉动系数：
$$\gamma' = 2/(P^2 - 1) \tag{2.8}$$

纹波系数：
$$\gamma = 2^{1/2}/(P^2 - 1) \tag{2.9}$$

表 2.1 给出了脉动系数 γ'、纹波系数 γ 和整流相数 P 的关系。从表中可以看出：三相全波（半波 6 相）整流比单相全波（半波 2 相）整流时的脉动系数 γ' 和纹波系数 γ 要小得多，比后者的 1/10 还小，当然加在后面的滤波电容也就小得多，这也是当 UPS 的容量达到一定值时，都尽量采用三相全波整流的原因。为了提高效率和功率因数，大都采用 6 相全波整流，虽然都是 6 只整流管，但三相全波整流的输出变压器比 6 相半波整流的简单一些。

表 2.1　半波整流输出电压的脉动系数、纹波系数和整流相数的关系

整流相数 P	2	3	4	6	8	9	12	18	24
脉动系数 γ'	0.667	0.25	0.133	0.057	0.032	0.025	0.014	0.006	0.0035
纹波系数 γ	0.471	0.064	0.064	0.042	0.0266	0.0177	0.0099	0.0042	0.0024

此外，也可采用输入有源滤波的方案。由于 12 脉冲整流和有源滤波的造价会高一些，有的制造商就选用无源滤波。虽然造价降低了，也有了一定的效果，但由于滤波效果和负载大小有关，所以效果不太理想。

五、高频机 UPS

1. 高频机 UPS 的出现

UPS 是伴随着计算机的问世而出现的。作为计算机的孪生兄弟，UPS 多年来为计算机的工作立下了汗马功劳。但由于以前的技术、材料和器件水平的限制，该设备不可避免地存在一些缺点。然而随着各项技术的进步，从技术、材料和器件方面都可以解决在工频机阶段无法解决的问题,这就是高频机 UPS 出现的基础。

2. 高频机 UPS 解决了哪些在工频机阶段无法解决的问题

图 2.17 给出了一种高频机 UPS 的原理电路图。从图中可以看出它首先取消了笨重的输出隔离变压器。隔离变压器不论从重量上还是体积上至少占据了整个设备的三分之二,取消后其效率至少提高了 5%。

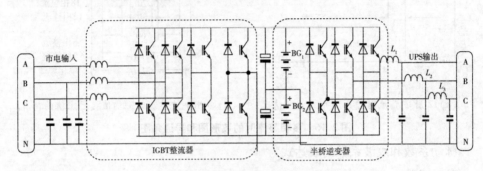

图 2.17　一种高频机 UPS 的原理电路图

3. 高频机 UPS 是如何取消隔离变压器的

前面已经介绍过工频机 UPS 有一个输出隔离变压器,是因为采用了全桥逆变器电路,而三相电路输出是三根火线,不能满足用户对三相四线制(220V/380V)的要求,因此随着技术的发展半桥逆变器电路问世了。从图 2.17 可以看出,半桥逆变器的输出本身就是三相四线,用户可以直接使用,因此就不需要通过变压器来转换了。

在工频机 UPS 向高频机 UPS 转变的过渡时期,人们对此也会出现一些误解,有的就认为在高频机 UPS 输出端再加装一只隔离变压器就是工频机 UPS 了,带载能力就强了。其实不然,加上这只变压器后,高频机 UPS 的能力不但不会加强,反而负担会更重。

4. 半桥逆变器的工作原理

为了简化说明仍以单相半桥为例。所谓半桥逆变器,实际上是电路的结构形式也是桥式的,只是两个桥臂上的器件不同。图 2.18 所示是半桥逆变器电原理图及输出波形图,图 2.18(a)是电原理图,图 2.18(b)是输出波形图。从图中可知,电桥的左边由电容器(或电池)构成,右边由功率管构成,输出端就设在二电容器连接点和二功率管连接点之间。

假设电路已处于工作的准备状态,即电容 C_1 和 C_2 已充满电。在时间 $t=0$ 时功率管 BG_1 被打开,电流 I_1 由电容器 C_1 的正极出发,如空心箭头所示,流经功率管 BG_1、变压器 T_r、初级绕组 N_1 的 BA 两端回到 C_1 的负极,一直到 $t=t_1$ 时形成正半波,如图 2.18(b)所示。在 $t=t_1$ 时,BG_1 由于正触发信号的消失而截止,此时正

触发信号加到了 BG_2 的控制极，使其开通，电流 I_2 由电容器 C_2 的正极出发，流经变压器 T_r、初级绕组 N_1 的 AB，如图 2.18 中的实心箭头所示，可以看出这时的电流方向是相反的，电流 I_2 通过变压器后流经功率管 BG_2 的集电极－发射极回到电容器 C_2 的负极，一直到 $t = t_2$ 由于触发信号消失而截止，这一过程形成了负半波，如图 2.18(b)所示。之后继续重复上面的过程，于是就形成了一系列连续不断的正弦波。

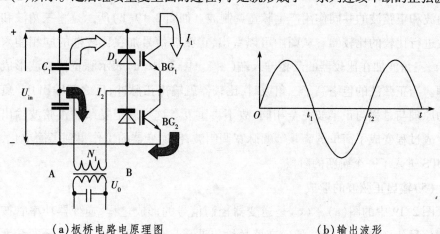

(a)板桥电路电原理图　　　　　　　　　(b)输出波形

图2.18　半桥逆变器电原理图及输出波形图

上面简单地介绍了交流输出电压形成的过程，但并未介绍正弦波是如何产生的。为了使读者有一个整体的概念，下面对正弦波的形成原理作一简单介绍。

早期的 UPS 逆变器由于功率、器件和技术的限制，只能产生方波或准方波，之后再利用庞大的滤波器将它们滤成正弦波。为了减小滤波器的体积和重量，制造商从电路上采取了多个方波叠加成阶梯波的方法，虽然减小了滤波器的体积或重量，但却增加了逆变器的数量，UPS 的体积和重量仍然很大，同时也导致噪声大和效率低等问题。然而高频大功率器件的出现使 UPS 发生了根本性的变化，脉宽调制(PWM)技术就是在这样的条件下产生的。图2.19 是脉宽调制波(PWM)产生的机理过程简图。正弦波输出电压的产生要经过几个阶段。

(1)产生方波

UPS 本身有一个本地振荡器，目的是使 UPS 的电路工作节奏有一个统一的标准。一般的原始振荡器多是张弛振荡器，所产生的波形都是方波。

(2)产生三角波

该波形是脉宽调制技术所需要的，利用积分电路将方波转换成三角波，如图 2.19(a)所示。图中显示出方波(细线)和三角波(粗线)的关系。

(3)产生正弦波

UPS 的输出电压波形除有特殊说明外一般都是正弦波，在以往的 UPS 中，正弦波的产生有几种方法，有的采用复合电路，后来又出现了专门的集成电路，这样就省去了组成电路的麻烦，还有的利用软件产生的正弦波。

（4）产生脉宽调制波

在 UPS 中影响其价格的主要是效率和体积。转换效率低就必须采用复杂的散热措施，工作频率低就必须采用大滤波系数的滤波器，滤波器用的扼流圈和电容器非常笨重且造价高。而脉宽调制技术的高频工作能有效地解决上述问题，如利用三角波和正弦波的共同作用产生脉宽调制波。如图2.19(b)所示是将三角波和正弦波进行比较的比较器。从图中可以看出，正弦波信号加在比较器的同相输入端（＋），三角波加在比较器的反相输入端（－）。图2.19(c)表示脉宽调制波形成的原理。当正弦波的包络高于三角波时，比较器就输出正脉冲，反之就输出0。负半波的原理与过程与正半波完全相同，故不再重复。这样就把复杂的正弦波输出电压生成过程变成了简单的高频等幅脉宽调制波，使逆变器的工作得到了简单化，从此 UPS 进入了一个崭新的阶段。

（5）输出正弦波的形成

图2.19中的图(a)～(c)是逆变器控制信号的形成过程，逆变器功率管按照控制信号的规律进行工作，使逆变器的输出波形呈现出图2.19(d)所示的脉宽调制波的形状。该脉宽调制波的解调也很简单，由于工作频率很高，只需在输出端接一个适当容量的滤波电容就可以了。其滤波后的波形如图2.19(d)中的正弦波所示。

（6）输出电压的稳定

前面介绍了正弦输出电压波形的产生，其要求为输出电压稳定。然而如何在脉宽调制波中实现输出电压稳定呢？从图2.19(c)可以看出，脉宽调制波的产生是三角波和正弦波比较后的结果，二者中任何一个幅度变化都可导致输出脉宽调制波宽度的变化。但在比较器中为了保证比较波形的质量，一般不主张变化波形，而是采用改变比较波形基准电压的方法来实现稳定电压的调整。

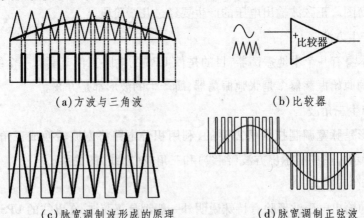

（a）方波与三角波　　　　　　　　　　（b）比较器

（c）脉宽调制波形成的原理　　　　　　（d）脉宽调制正弦波

图2.19　脉宽调制波（PWM）产生的机理过程简图

图 2.20 所示是稳定输出电压的波形调整原理图,采用的是变化三角波基准电压的方法。下面对该方法进行简单的讨论。

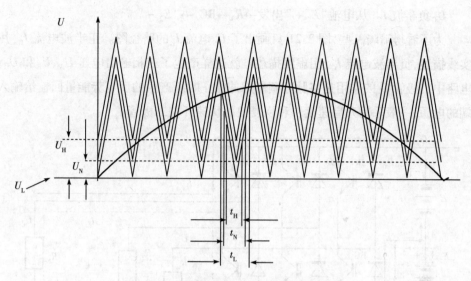

图 2.20   稳定输出电压的波形调整原理图

为了讨论方便,只看一个脉宽调制波的情况。如图 2.20 所示,假设在额定输出电压时,三角波的基准电压是 U_N,即三角波形叠加在一个直流电压 U_N 上。因为稳定调节需要反馈信号,于是将电压 U_N 作为 UPS 输出额定电压时的反馈信号,一个脉宽调制波宽度为 t_N。当输出电压升高时,设负反馈信号电压 U_N 升高到 U_H,使三角波电压有一个上升量:

$$\Delta U = U_H - U_N \qquad (2.10)$$

在比较器的输入端正弦波保持不变的情况下,三角波向上平移了 ΔU,导致在这一点上正弦波高出三角波的区域减小,使脉宽调制波的宽度由 t_N 减小到 t_H,经过几个过程后使已升高的电压返回到正常值,如图 2.20 所示。当输出电压降低时,三角波的基准电压降低,使正弦波高出三角波的区域变大,使脉宽调制波的宽度由 t_N 增大到 t_L,同样经过几个过程后使已降低的电压返回到正常值。

5. 三相输出的半桥逆变器的工作原理

三相输出的半桥逆变器的主电路结构看上去和工频机 UPS 的三相全桥逆变器差不多,如图 2.21 所示也是三个桥臂,每个桥臂有上下两只(组)功率管,不过用了两组直流电源 E_1 和 E_2。E_1 为正半波供电,E_2 为负半波供电。以下为 U_A、U_B 和 U_C 正负半波电流 I 的路径情况:

U_A 正半波 I_{A+} 从电池" $E_1 +$ "出发→BG_1→R_1→" $E_1 -$ ";

U_A 负半波 I_{A-} 从电池" $E_2 +$ "出发→R_1→BG_4→" $E_2 -$ "。

U_B 正半波 I_{B+} 从电池" $E_1 +$ "出发→BG_2→R_2→" $E_1 -$ ";

U_B 负半波 I_{B-} 从电池"E_2 +"出发→R_2→BG_5→"E_2 −"。

U_C 正半波 I_{C+} 从电池"E_1 +"出发→BG_3→R_3→"E_1 −"；

U_C 负半波 I_{C-} 从电池"E_2 +"出发→R_3→BG_4→"E_2 −"。

为了看得清晰一些，图 2.21 只画出了 U_C 电流 I_C 的路径图。正半波电流 I_{C+} 用实线描述，负半波电流 I_{C-} 用虚线描述。就这样产生了三相输出电压 U_A、U_B 和 U_C。电路中二极管 D 的作用是将脉宽调制脉冲截止时所产生的反电势能量回输给输入端的电源，一般采用开启速度快和恢复快的快速开关二极管。

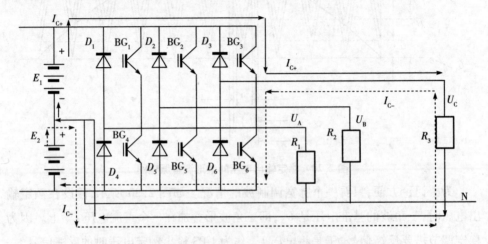

图 2.21　一般高频机三相输出 UPS 半桥逆变器原理电路图

6. 高频机 UPS 的半桥逆变器一定要用两个直流电源吗

最初的半桥逆变器采用的是图 2.21 所示的双直流电源。但随着技术的发展，已经将双电源简化成如图 2.22 所示的单直流输入电源。其区别是单直流输入电源在三桥臂的基础上增加了一个零桥臂 BG_7 和 BG_8。现在就以 U_C 为例介绍它的工作原理。

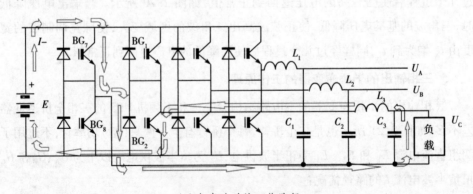

(a) 负半波时的工作路径

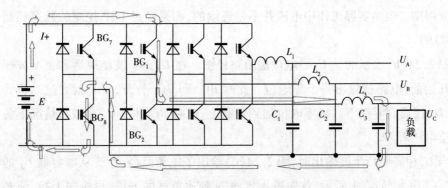

（b）负半波时的工作路径

图2.22　改进型半桥式原理电路图

U_C 正半波时电流"$I+$"的路径是："$E+$"→BG_1→L_3→负载→BG_8→"$E-$"；

U_C 负半波时电流"$I-$"的路径是："$E+$"→BG_7→负载→L_3→BG_2→"$E-$"。

其他两相电压的电流路径也是类似的过程，只加了一个桥臂省了一组电池，三相电压就这样简单地形成了。

7. 三电平半桥逆变器

为了提高效率，制造商又推出了三电平和四电平甚至更多电平的电路结构。图2.23显示出两电平波形图和三电平波形图的区别。从图2.23（a）可以看出正弦波的调制频率电平是两个：$+E$ 和 $-E$；而图2.23（b）所示的电平是三个：$2E$、E 和0。三电平比两电平多了一个0电平，不但使调制波更接近正弦，而且也提高了频率，相应地减小了滤波器件的体积，也就降低了功耗、提高了效率。

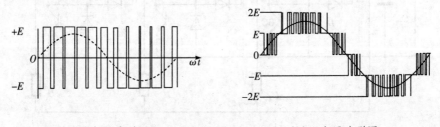

（a）两电平波形图　　　　　　　（b）三电平波形图

图2.23　两电平波形图和三电平波形图

8. 三电平半桥逆变器的工作过程

图2.24（a）~（c）给出了三电平半桥逆变器的电原理图，可以看出三相输出的UPS虽然也是三个桥臂，但它的功率器件比两电平的电路在数量上多了一倍。

这里简单讨论一下三电平二极管嵌位电路的工作原理，实际上和半桥逆变器的工作原理一样。在这里仍以 U_A 相为例。当 U_A 相需要正半波输出时，图2.24（a）给出了电流路径：电流从电容器 C_1 的正端"$+$"出发，如箭头所示，流经 BG_1 和 BG_2，进入负载，再由负载的下端返回电容器 C_1 的负端，于是就完成了正半波输出的半个周期。当然实际工作中电流并不是连续的，而是经过 DSP 控制的脉宽调制（PWM）的。

图2.24（b）表示的是 U_A 零电位输出路径图。在 U_A 正半波结束后和负半波还没有开始前，电路就输出一个零电位。此时 BG_2 和 BG_3 打开，于是就通过二极管 D_1 和 D_2 接通到零线 N。将零电位加到负载上，此时 BG_1 和 BG_4 在截止情况下各自承担电压 $E_d/2$。

当 U_A 相需要负半波输出时，图2.24（c）给出了电流路径：电流从电容器 C_2 的正端"＋"出发，如箭头所示，首先进入零线 N 到达负载的下端，再折向上行，流经 BG_3 和 BG_4，回到电容器 C_2 的下端（负极），于是就完成了负半波输出的半个周期。当然实际工作中电流也不是连续的，是经过 DSP 控制的脉宽调制（PWM）的。

从正负半波的工作路径可以看出，不论是 BG_1 和 BG_2 导通，还是 BG_3 和 BG_4 导通，加在每一只功率管上的电压都是 $E_d/2$，这就保证了功率管的安全性。

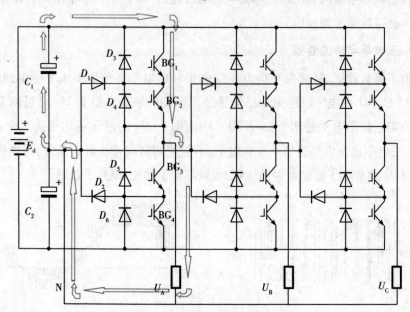

（a）U_A 正半波输出电流路径

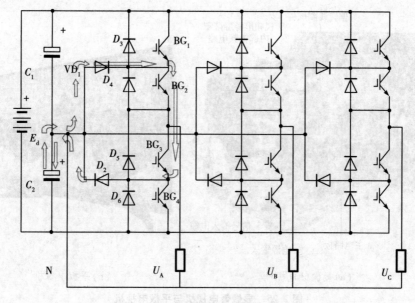

(b)U_A零电位输出路径图

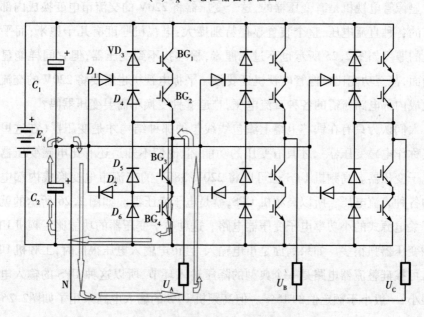

(c)U_A负半波输出电流路径图

图2.24　三相三电平半桥逆变器电原理图

9.高频机UPS有变压器吗

关于高频机UPS的电路结构有多种说法,一个普遍的说法就是高频机UPS没有变压器。这种说法未免太绝对了,换言之,就是不准确。图2.25所示是显像管电视机与平板电视机。

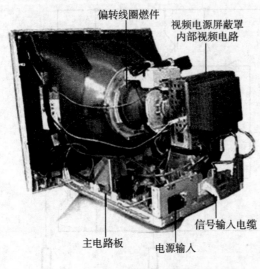

偏转线圈燃件
视频电源屏蔽罩
内部视频电路
信号输入电缆
主电路板
电源输入

（a）显像管电视机 　　　　　　　（b）平板电视机

图2.25　显像管电视机与平板电视机

　　显像管电视机是有变压器的，这个变压器将220V的交流市电变换成内部电路所需的各种直流电压，整个装置显得特别庞大：电视机厚度有几十厘米；而平板电视机的厚度如图2.25所示也不过几厘米，根本找不到变压器，但它同样能显示各种画面，甚至功能比显像管电视机还要强。平板电视机也需要将220V的交流市电变换成内部电路所需的各种直流电压，难道这种变换不需要变压器吗？

　　人们认为只有在铁芯上绕上漆包线线包的那种结构才是变压器（在这里暂且将其称作电磁变压器），才具有变压的功能，但他们不知道还有比电磁变压器还好的电子变压器。高频机UPS也可以将220V/380V的交流市电变换成内部电路所需的各种直流电压。所以以高频机UPS，就是电子变压器。如图2.26所示的就是一种开关电源式的小功率电子变压器电路。这种电子变压器的功能比工频机UPS的电磁变压器强很多。如果前面是市电输入，且市电输入电压很低时，工频机UPS的输入可控硅整流器电路是一个典型的降压输入环节，所以这种UPS的输入电压范围很小，一般小于额定值的15%。但高频机UPS的输入电路采用了如图2.26所示的升压式电子开关电源，将设备的输入电压扩大30%以上，尤其是低压输入端可扩大50%以上。比如输出220V电压的单相UPS，输入电压可低到80V。

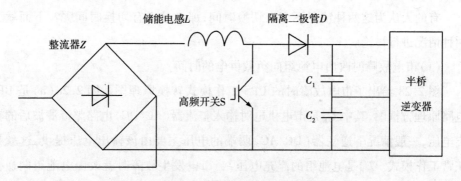

图 2.26　一种小功率开关电源式电子变压器电路

图 2.26 就是一种小功率单相 UPS 的输入升压电路,升压的核心是储能电感 L。当 S 闭合时,整流电流通过电感 L 和 S 流回输入端,此时电感 L 储能。由于此时隔离二极管阳极电压低于负极,所以输入电流不可能通过,就在储能电感 L 中储存了能量。当 S 断开时,储能电感 L 的反电势与输入电压叠加成一个幅度很高的电压,通过隔离二极管 D 向电容器 C_1、C_2 充电。此时电容上的电压已在 600 ~ 800V,已经满足 220V 正弦电压正负半波的峰值要求了。

图 2.27 是一种三相大功率单相 UPS 的输入升压电路,工作原理和前者相似。当然还有多电平的电路,在此不再叙述。

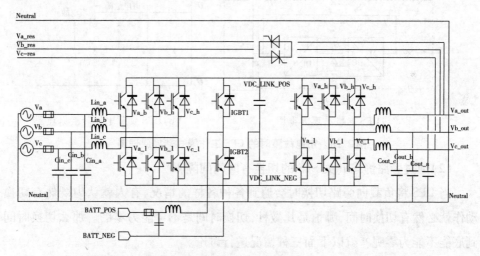

图 2.27　一种具有电子变压器的三相高频机 UPS 主电路结构图

10. UPS 负载的倒换是零切换时间吗

当市电为 UPS 供电时被认为是 UPS 的正常供电模式。所谓 UPS 负载的倒换,有以下两种情况。

①市电故障时改由电池组向负载供电。

②UPS 输出端过载或短路故障时将负载转由市电供电,市电恢复正常后又将负载转回到 UPS 供电。这个过程是通过旁路静态开关 STS 来完成的。

有的人认为这两种情况下应有切换时间，那么是否有切换时间呢？下面就这两种情况进行讨论。

（1）市电故障时改由电池组向负载供电的时间

图2.28给出了市电故障时的UPS工作模式转换原理图。图2.28（a）是UPS电路原理方框图，其中U_R是市电供电时输入整流器（AC/DC）电路整流滤波后的输出电压，一般情况下逆变器（DC/AC）两端的电压主要由该输出电压提供，这就是正常工作模式。U_B是电池组的浮充电压，当市电发生故障时就改由电池组向逆变器供电，称为电池模式。

图2.28（b）是市电发生故障时从正常工作模式转为电池模式的过程图。从图中可以看出市电在$t=t_1$时发生故障，UPS切断输入，整流滤波后的输出电压U_R开始很快下降，在$t=t_2$时下降到U_B，此时电池开始向逆变器供电，随着电池电压由浮充电压向额定电压转换，整流器的输出电压也被电池电压嵌位。因为由整流器向负载供电改为由电池组向负载供电，并没有经过任何开关进行切换，只是一种转换。从图2.28（b）可以看出，在t_1向t_2转换的期间，逆变器的输入电压是没有间断的，所以这两种模式的转换时间为零。

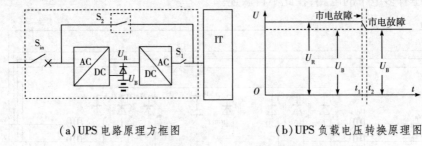

（a）UPS电路原理方框图　　　　　（b）UPS负载电压转换原理图

图2.28　市电故障时的UPS工作模式转换原理图

（2）通过旁路静态开关STS的切换有时间间隔吗

当UPS将负载向旁路切换时会遇到各种各样的情况，有人就认为既然有切换动作就必然有切换时间，哪怕是几微秒，切换时间是不可能为零的。那么切换时间到底能不能为零呢？就以下面三种情况进行讨论。

①旁路电压高于UPS输出电压。

当UPS在正常运行中由于某种原因比如过载，如果在规定时间内仍未消失，为了保护UPS设备就必须将负载切换到旁路。如果此时的旁路电压（图2.29中的灰色波形）高于UPS输出电压（图2.29中的黑色波形），假如在时间t_0进行切换，即掐断静态开关S_1的触发信号而接通S_2的触发信号，理论上此时S_1应该截止而S_2导通。截止S_1导通的条件有两个：施加触发信号和开关两端电压一定为正值，此时的条件正好满足。从图2.29可以看出，在切换处有一个台阶，即是旁路电压此时高出 UPS 输出电压的部分。这个切换过程是不间断的,为了说明这一点,以图 2.30 进行分析。

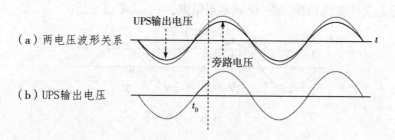

图 2.29　旁路电压高于 UPS 输出电压时的波形关系

图 2.30(a)所示的是两个水箱 BY 和 INV,水箱 BY 的位置比水箱 INV 高,当然水位前者也比后者高。开始由水箱 INV 通过管道向水槽注水,这时水槽 BY 被一个弹簧盖 L 堵住。当需要更换水箱供水时,由于水箱 BY 的位置比水箱 INV 高,所以水压也高。但开启水箱 BY 的管道时,BY 水流的压力将 INV 水管的弹簧盖 L 下压,最后将 INV 的水管盖住。这个过程如图 2.30(b)所示,可以看出,弹簧盖 L 在被下压的过程中,一直到将 INV 管子完全盖住前,两个水管的水流都没中断,只是 INV 水管的束流越来越小,直至为零,BY 水管的水流越来越大,直至完全接替 INV。换言之,在切换过程中两个水管有一个共同流水的时间。这个过程和上面的电流切换过程完全一样,是没有电流间断的。

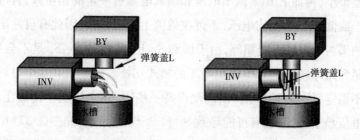

（a）水箱 INV 供水时的情况　　　　　（b）水箱 BY 强迫 INV 关闭的情况

图 2.30　切换时的水流比喻图

②旁路电压低于 UPS 输出电压时的情况。

当将负载切换到旁路供电时,就需要掐断逆变后面的静态开关 S_2 的触发信号而接通 S_1 的触发信号,如果这个过程从时间 t_0 开始,理论上此时 S_2 应该马上截止而 S_1 应该立即导通。但此时如果旁路电压[图 2.31(a)中的灰线]低于 UPS 输出电压[图 2.31(b)中的黑线],首先不满足 S_1 的导通条件。因为静态开关的两端释放电压 ΔU,所以尽管触发信号已加上,仍不能马上开通。由于旁路电压未达到,因此 S_2 的截止条件也就不满足,还要继续导通,所以此时 UPS 的输出电压仍然是逆变器的输出电压,如图 2.31(b)中 t_0 到 t_1 段的黑线所示。过零点后,由于 S_2 的触发信号已被取消,所以无法继续导通,而S_1的触发信号早已加上,开关上加的是正向电压,满足了开启条件,因此S_2也就导通了,向负载送出市电(或其他)电压。这个过程也是无间隙地切换,即一个到零点结束,一个从零点开始。

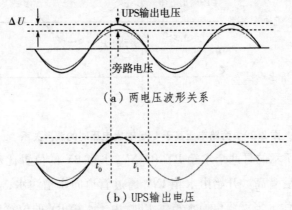

（a）两电压波形关系

（b）UPS输出电压

图2.31　旁路电压低于UPS输出电压时的波形关系

③旁路电压和UPS输出电压相等时的情况。

当UPS的输入电压(大多数也作为旁路电压),如图2.32(a)所示和输出电压相等时,"这时的UPS就相当于一条传输电缆"。当将负载切换到旁路供电时,就需要掐断逆变后面静态开关S_2的触发信号而接通S_1的触发信号,理论上此时S_2应该马上截止而S_1应该立即导通。但此时的情况比较微妙,因为两个电压相等,实际上相差很小,再加上UPS输出电压和输入电压有一定的相位差,有可能出现旁路电压高于或低于UPS输出电压,不过在数值上差得很小,因此有可能出现上述两种情况。如果两个电压完全相等,由于加到S_1上的是零电压,S_1是不会导通的,这时就会按照旁路电压低于UPS输出电压的模式切换。但如果在这个过程中由于市电电压的不稳定,使S_1上的电压瞬间变得高一些,S_1就会导通。比如在t_0点开通,导通后两电压趋于相等,就有可能导致S_1和S_2同时导通,如图2.32(b)和(c)所示,这种状况可一直延续到电压过零点。过零点后,由于S_2的触发信号已被取消,所以无法再继续导通,而S_1的触发信号早已加上,开关上加的是正向电压,满足了开启条件,因此也就导通了,向负载送出市电(或其他)电压。这个过程当然也是无间隙的。

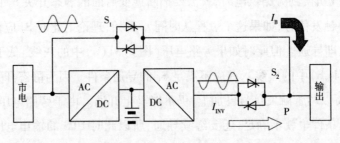

（a）旁路电压和UPS输出电压相等时

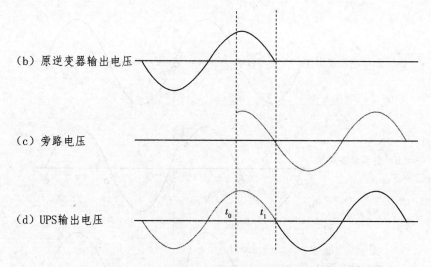

（b）原逆变器输出电压

（c）旁路电压

（d）UPS输出电压

图2.32　旁路电压和UPS输出电压相等时的波形关系

需要指出的是,上述的三种切换都是在 UPS 输出电压与输入电压同步锁相的前提下进行的,如果失去了这个前提条件,切换是被禁止的。

（3）UPS 在不同的电压关系中将负载从旁路切换到逆变器供电有时间间隔吗

当 UPS 逆变器的过载或短路现象消失,逆变器可以恢复供电时,就要进行和前面切换的反过程:掐断旁路静态开关 S_1 的触发信号并接通 S_2 的触发信号。这种掐断与接通触发信号的前提是必须在输入的旁路电压与 UPS 输出电压同步锁相后。当负载由 UPS 供电切换到旁路电压供电后,逆变器关断;逆变器输出端故障消除后,逆变器重新启动,这时旁路电压与 UPS 输出电压是不同步的,有时二者的相位差几乎是180°。若在市电电网稳定时,按照 1Hz/s 的跟踪速率要跟踪近50s,若赶上上下班时间,由于电网电压波动严重,要跟踪数分钟。因为在上班时间,有些大型设备在退出电网时会在线路上激起很高的反电势,如图2.33（b）所示,正常电压波形应按正弦规律过零点,但由于反电势的缘故又把将要过零点的电压抬高了,使过零点的时间滞后,相当于频率降低;或在上班时大型设备投入电网时,强大的瞬时起动电流将电压下拉,按照正常电压波形应按正弦规律过零点,但由于线路上的电阻在强大的瞬时起动电流作用下产生很大的线路压降,导致该电网电压提前过零点,如图2.33（c）所示,相当于频率提高。这些情况的存在影响了 UPS 输出电压的跟踪效果,比如 UPS 输出电压刚刚跟踪到锁相范围,由于大型设备的投入或退出,电网电压过零点偏移,导致此次跟踪失败,这样的情况在上下班的时间经常出现,所以跟踪锁相的时间就长了。

当切换过程正常进行时,也存在和上述一样的旁路电压和 UPS 输出电压大小不等的问题。其切换过程也和前面介绍过的一样,在此不再叙述。

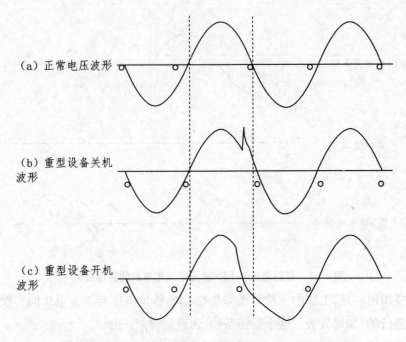

（a）正常电压波形

（b）重型设备关机
波形

（c）重型设备开机
波形

图 2.33　同一电网中重型设备开关机时对电压的影响

由此可知,只要是正常切换,其切换时间就是零。

（4）逆变器异常时有切换时间吗

所谓逆变器异常,是指逆变器不再输出电压。感知到逆变器过载是因为 UPS 输出端有一个电流传感器,同样在输出端也有一个电压传感器,就是因为有了电压传感器才使得输出电压稳定。当电压传感器测量到逆变器的输出电压下降到设定值以下时,就说明逆变器发生故障了,从而关闭逆变器并同时切换到旁路。若逆变器突然崩溃,其切换时间要取决于当时的跟踪情况,如果一直跟踪不上,就会出现间断。有的 UPS 在此时有一个强迫切换环节,一般设定整个过程的切换时间小于 5ms。换言之,即使逆变器出现故障,其断电时间小于 5ms。当然并不是所有 UPS 都具备这种功能。

第三章　高频机 UPS、工频机 UPS 与直流高压电源

现在已进入数字时代,作为数字电源的高频机 UPS 当然也就成了数字时代的配套设备。与工频机 UPS 相比,高频机 UPS 不但解决了工频机 UPS 无法解决的问题,而且具有符合现代 IT 要求的诸多优势。

一、高频机 UPS 和工频机 UPS

1.高频机 UPS 的安全输入电压范围

高频机 UPS 是升压式输入,所以输入电压高低都没关系,比如输出电压 220V 的电源输入电压可以低到 80V。但输入电压也不能太高,一是市电电压一般升不了太高,二是输入电压太高就会增加设备的造价,所以一般输入电压不会高于 280V。

对 UPS 而言,其允许的输入电压范围越大越好。因为允许的输入电压范围越宽,使用电池供电模式的机会就越少,从而延长电池的使用寿命。图3.1(a)显示出如前所述的高频机 UPS 和工频机 UPS 输入电压范围的比较情况。从图中可以看出,高频机 UPS 的输入电压范围在 $-30\% \sim 30\%$。图 3.1(b) 表示的是高频机 UPS 的一种小功率升压变压器结构原理电路图,图中虚线方框内表示的是升压变压器。这个变压器的位置和工频机 UPS 不同,它的电子变压器处在逆变器的前面,而工频机 UPS 的变压器则处于逆变器后面,这是两种 UPS 在结构上的最大不同。这个变压器包括整流器 Z,作用是将输入的正弦波电压整流切割成脉动波;储能电感 L,作用是利用其储能的反电势产生高压,是升压变压器的核心;隔离二极管 D,作用是防止高频开关 S(一般是 IGBT 或类似于功率开关管)闭合时,电容器 C_1 和 C_2 上的串联电压反加过来;高频开关 S,作用是将整流半波斩波成高速脉冲波。

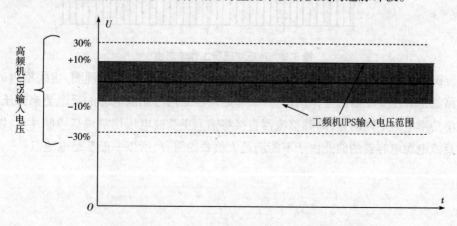

(a)高频机 UPS 和工频机 UPS 输入电压范围比较示意图

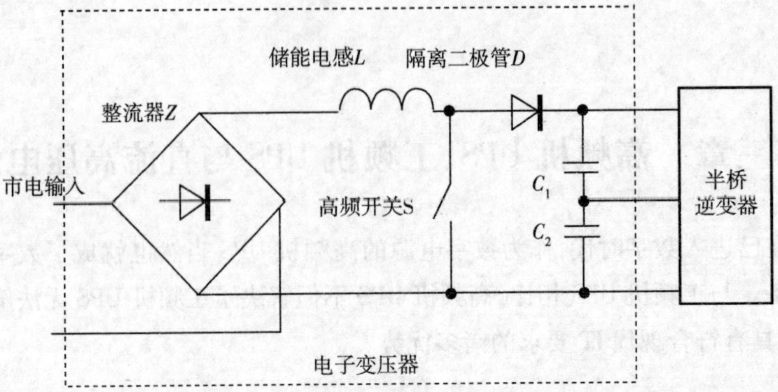

储能电感L 隔离二极管D

整流器Z

市电输入

高频开关S

C_1

C_2

半桥
逆变器

电子变压器

（b）高频机 UPS 的一种小功率升压变压器结构原理图

图 3.1 高频机 UPS 适应大范围市电电压起伏的原理

图 3.2 是升压变压器的工作波形图。高频开关 S 按照给定的频率闭合与断开。当 S 闭合时，电流从图 3.1（b）中的整流器正端出发→经过储能电感 L→高频开关 S→整流器负端，这是储能电感 L 的储能阶段，如图 3.2（a）所示。当高频开关 S 断开时，储电感 L 将储能转化成反电势，如图 3.2（b）所示，这个反电势又和此时图 3.2（c）所示的整流波叠加成非常高的电压。如图 3.2（d）所示，该叠加波通过隔离二极管 D 给后面的直流电源电容器 C_1 和 C_2 充电，在 C_1 和 C_2 上的直流电压要高于 220V 正弦电压的峰值。该直流电压越高，储能电感 L 的电感量越大，允许输入电压的范围也就越低。

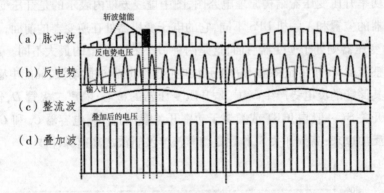

斩波储能

（a）脉冲波

反电势电压

（b）反电势

输入电压

（c）整流波

叠加后的电压

（d）叠加波

图 3.2 升压变压器工作波形图

图 3.3 所示为高频机 UPS 的一种大功率升压变压器结构原理图，虚线框内的电路就是升压变压器的主体结构，其工作原理也是通过储能电感的反电势来升压。和小功率电路不同的是，高频整流器直接将输入正弦波电压切割成高频脉冲波，以及直流电源电容器的储能由于不能满足大负载的需要，所以一般都是电池组。

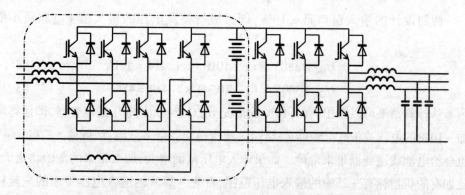

图 3.3　高频机 UPS 的一种大功率升压变压器结构原理图

2.工频机 UPS 的输入电压电路为降压式

工频机 UPS 开始是可控硅整流器输入,如图 3.4(a)所示为可控硅对正弦波的切割原理图。可控硅是半控器件,这种器件的开通是受控的,而关闭是不受控的,只有等器件正负极间的电压过零或反压时才可以关断。可控硅只能工作在 50Hz(或 60Hz)的工业频率。可控硅整流器和二极管整流器功能的不同之处在于二极管整流器正负极两端电压只要大于其 PN 结电压(一般 <1V)就可导通,而可控硅整流器正负极两端的电压必须达到一定值(一般要 >5V)且必须有一定能量的触发脉冲时才可以导通,导通后只有正弦波过零点或反偏压时才能截止。可控硅整流器开通前的一段时间称为控制角,用"α"表示,导通的时间称为导通角,用"θ"表示。图 3.4(b)所示是二极管整流电压 U_R 与可控硅相控整流滤波电压 U_S 幅度的比较,可以看出在相等的输入电压下可控硅的整流滤波电压 U_S 明显低于二极管的整流电压 U_R。工频机 UPS 是通过调整控制角的大小来达到输出电压稳定的目的,这种调整对高输入电压有效,如果输入交流电压过低就达不到稳定输出电压的目的了。

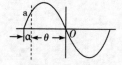
(a)可控硅对正弦波的切割原理图

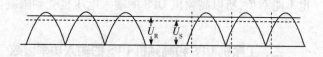
(b)二极管整流电压与可控硅相控整流滤波电压幅度的比较

图 3.4　工频机 UPS 降压式输入原理

由此可知,在同样的电压条件下可控硅输出的整流面积比二极管的要小。整流波形的面积代表能量,因此可控硅输出的能量比二极管低,即输出的电压平均值也低。这种情况就限制了输入电压的下限。

那么输入电压是不是越高越好呢?也不是。因为一般整流器输出后的大容量滤波电解电容器额定电压多为 450~500V,距离 32 节 12V 电池组浮充电压值432V 很近,加之可控硅的相控稳压功能,一般 450~500V 就够了。不过可控硅在非正常导通时会失去控制作用而呈现出二极管特性,导致滤波电容因过压而击毁。

假如设计的输入窗口是 ±10%，则二极管整流电压的最大值 U_{Hm} 和最小值 U_{Lm} 为：

$$U_{\mathrm{Hm}} = 380\mathrm{V} \times (1 + 10\%) \times 1.414 = 591\mathrm{V} \tag{3.1}$$

$$U_{\mathrm{Lm}} = 380\mathrm{V} \times (1 - 10\%) \times 1.414 = 484\mathrm{V} \tag{3.2}$$

从计算结果可以看出，在 +10% 的情况下，对于 450V 电压的电容器，即使再增加 +10% 的电压或 100V，591V 仍会给电池或逆变器带来危险；而低输入时的 484V 也会给电池或逆变器带来危险。如果输入电压范围增大，那么带来的危险将更大。比如有的机器标有 ±25% 的输入电压范围，首先 +25% 的输入电压带来的危险特别大，某卫星地面站和某民航公司都因此而导致滤波电容器爆炸。而 −25% 的输入电压即使在 α=0 时的整流电压：输出的 UPS 输入电压低到 80V。但由于当前的市场经济不是很好，一般大功率高频机 UPS 的输入电压不会太高，这个窗口

$$\Delta U \approx 380\mathrm{V}[1 + (-35\% \to +20\%)] \tag{3.3}$$

还是很容易达到的。但对于工频机 UPS 就不那么容易了。比如有的工频机 UPS 标的输入电压可变动 ±25%，如果电网电压真的降到 75%，那么整流电压滤波电压即使是输入正弦波不被切掉的二极管蒸馏情况，也只有：

$$U_{\mathrm{Lm}} = 380\mathrm{V} \times (1 - 25\%) \times 1.414 = 410\mathrm{V} \tag{3.4}$$

已经低于 32 节 12V 铅酸电池组 432V 的正常浮充电压，更何况正常工作时 α≠0。

另外，当电网电压上升到 125% 时，二极管的整流电压峰值为：

$$U_{\mathrm{Lm}} = 380\mathrm{V} \times (1 + 25\%) \times 1.414 \approx 672\mathrm{V} \tag{3.5}$$

整流器后面的滤波电容器耐压有的为 450V，但大部分为 500V。一旦可控硅由于高温或输入电压上升率大都到一定值，并在此期间误导通，就会烧毁滤波电容器导致电源故障。

应当注意的是，虽然高频机 UPS 的输入整流器采用的是 IGBT，但在此情况下也不能幸免，所以高频机 UPS 的输入电压也受到限制。

二、工频机 UPS 和高频机 UPS 的输入功率因数

1. 工频机 UPS 的输入功率因数低的原因

图 3.5(a) 表示的是负载为线性时，市电向负载输送的都是有功功率，这使得电网的输电线路得到了充分利用。图 3.5(b) 表示的是负载为无补偿的整流滤波时的 UPS 主电路结构原理方框图，由于 UPS 的输入电路是整流滤波环节，导致输入电压波形失真，从而产生了无功功率。无功功率的出现给输电线路带来了一些问题，因为无功功率不做功，但无功电流在输电线中来回流动，就好像一个方向的五车道公路，本来可以五辆车并排沿一个方向行进，但有两个车道被两个方向串来串去的车辆占用，只有三个车道能正常运行，这无疑降低了公路的运输能力。工频机 UPS 由于这种情况，其输入功率因数较低，如图 3.5(b) 的单相输入的 UPS 输入

功率因数只有 0.6 ~ 0.7,所以其谐波含量高达 50%,无功功率非常大。比如输入功率因数为 0.6 时,100kVA 的 UPS 无功功率就高达 80kvar,有功功率只有 60kW;当输入功率因数为 0.7 时,100kVA 的 UPS 无功功率为 72.3kvar,有功功率只有 70kW。高次谐波的无功功率不但降低了线路的有功承载能力,也加大了对线路上其他用电设备的干扰。

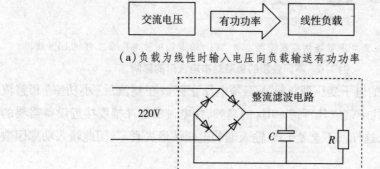

(a)负载为线性时输入电压向负载输送有功功率

(b)负载为无补偿的整流滤波时的 UPS 主电路结构原理方框图

图 3.5 输入功率因数对电网的影响

三相全波整流输入的(俗称六脉冲)UPS,其输入功率因数≤0.8,即使是 12 脉冲整流加 11 次谐波滤波器,如果不认真调试也很难达到 0.9 的输入功率因数,对其他设备的干扰仍然令人担忧。

对大功率三相输出的工频机 UPS 而言,由于它的输入整流器是可控硅整流滤波,而可控硅又是破坏交流正弦波电压波形的必然器件,使得输入电压正弦波波形出现失真,这就出现了丰富的高次谐波。因为谐波都是无功功率,导致输入功率因数降低。

2. 高频机 UPS 输入功率因数高的原因

由于工频机 UPS 对电网电压波形的破坏,出现了许多高次谐波。图 3.6(a)和(b)显示出不同性质的负载对市电波形的影响情况。市电输入是规则的正弦波,当负载是高频机 UPS 整流器、电炉子、热风机和电暖气时,配电柜的输入电压也是正弦波,如图 3.6(a)所示;但当负载改成六脉冲输入整流器的工频机 UPS 时,波形就出现了失真,如图 3.6(b)所示。失真的波形产生了很多高次谐波,对通信造成严重干扰,尤其是对音频干扰更大。某海上交通安全监督局和某机场就因这个原因造成通信中断,前者因功率小拆装方便,改用符合 FCC 标准的机器;后者因当时还无高频机 UPS,只好将 UPS 移到百米之外,远离通信机房。

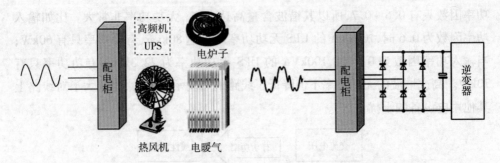

（a）输入正弦波电压带线性负载情况　　　（b）输入正弦波电压带工频机 UPS 情况

图 3.6　不同性质的负载对市电波形的影响

高频机 UPS 的电子变压器将输入工频电压正弦波在整流后（小功率）和整流中将工频切割成几十倍或几百倍 50Hz 的高频，使电流的脉冲幅度接近设备需要的直流电流平均值，这样就不会使 UPS 输入端的电压波形失真了，因此输入功率因数也就提高了。

我们来看看 UPS 输入端电压是如何失真的。图 3.7（a）显示出几种整流方式下的电流波形。从该图中可以看出，当为二极管单相整流时，其电流波形是正弦半波，经过滤波后就变成了如图中黑实线所示的矩形波，即平均电流。当为二极管单相整流滤波时，滤波电压的电平（一般为 $300V_{DC}$）已很接近正弦半波的峰值 311V，如图 3.7（a）所示经过电容滤波后单相整流脉冲远大于二极管单相整流无滤波时的电流峰值，其峰值对应的电压的脉冲电流在输入电源内阻和线路上会形成不可忽视的内阻和传输压降，因此导致了如图 3.7（b）所示的正弦波峰顶凹陷，这就是失真。

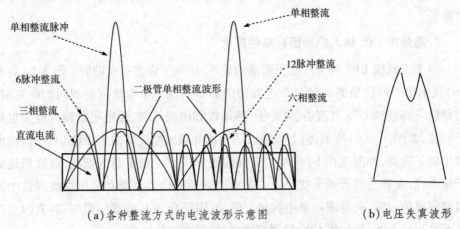

（a）各种整流方式的电流波形示意图　　　　（b）电压失真波形

图 3.7　各种整流方式的电流波形和电压失真波

三、工频机 UPS 前面如何配置发电机

如前所述，过大的整流脉冲电流导致了供电线路末端电压波形的失真。如果工频机 UPS 前面是发电机，由于发电机的内阻要比电网大得多，波形失真现象就更

严重。为了减小失真的程度,就需要减小发电机的内阻。但发电机的内阻是无法减小的,唯一的方法就是提高发电机的容量。

若想了解脉冲电流的幅度,首先要知道脉冲电流导通的宽度。以半波为例(整个周期的情况都一样),对于 50Hz 的波而言,半波就是 10ms,脉冲宽度是多少呢? 图 3.8 显示出了单相整流后的电压 u 和电流 i 的波形,U_C 为滤波电压的高度,I 是电流平均值,t 为时间。

假如:直流电压 $U_C = 300V$,要求放电后的电压 $\geqslant 95\% U_C$,平均电流 $I = 10A$,求出脉冲电流 i 值。

已知:220V 的峰值电压 $U_p = 310V$,$t_1 \rightarrow t_c \rightarrow t_d$ 是半个周期,时间为 10ms。

①算出正弦波从 0 到达电压 $0.95 \times 300V$ 的时间 $t_0 \rightarrow t_1$:

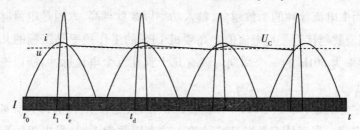

图 3.8　单相整流后的电压 u 和电流 i 的波形

$$\sin^{-1}\frac{0.95 \times 300V}{310V} = 67° \tag{3.6}$$

$$5ms - (67°/180°) \times 10ms = 5ms - 3.72ms = 1.28ms(t_1 \text{ 到峰值距离}) \tag{3.7}$$

②算出从 t_0 到达电压 300V 的时间 t_c,算出这一点后作水平线,找到峰值的对应点。

$$\sin^{-1}\frac{300V}{310V} = 75.47° \tag{3.8}$$

$t = 5ms - (75.47°/180°) \times 10ms = 0.8ms$,就是距峰值的时间,但放电起始点是在 5ms 后的 0.8ms,即放电时间应是 $t_1 \rightarrow t_c$,充电时间为 $1.28ms + 0.8ms = 2.08ms$,这个值只是脉冲底部的宽度,所以平均宽度应该不超过 2ms,是半周 10ms 的 1/5,在半周中的平均电流时间面积是:$10A \times 10ms = 100Ams$,那么充电脉冲电流应该是平均电流的 5 倍,即

$$i = 100Ams/2.08ms \approx 50A \tag{3.9}$$

若电压精度高于 95%,5 倍电机容量就不够了。比如电压最低波动到 99% U_C,就需要 6 倍的电机容量。从 $300V \times 0.99$ 到 300V 大约为 1.6ms,是 10ms 的 16%,所以电流脉冲为 $100Ams/1.6ms = 63A$。所以在单相整流输入的 UPS 情况下,所选发电机的容量应该是 UPS 功率的 5 倍以上。

如果改为三相全波整流滤波,即 6 脉冲整流直流,相电压 $U_C = 300V$,要求电压波动到 $\geqslant 95\%$,平均电流 $I = 10A$,求出脉冲电流 i 值。

UPS 的三相整流输出电压精度要求很高,一般都为 1%,如前所述是 63A,半周

中有 3 个电流脉冲（60°一个脉冲），将 63A 分成 3 份，就是 21A，即需 3 倍的电机容量。一般 UPS 的 6 脉冲整流器都是可控硅，所以对电网的破坏性更大（产生更大的无功功率），需要的电机容量更大，所以一般至少取 3 倍。

若 6 相整流（俗称 12 脉冲），即半波中有 6 个电流脉冲，将 63A 分成 6 份，就是 11A，由于 12 脉冲比 6 相二极管整流的破坏性小得多，所以发电机的容量一般为 UPS 的 1.5 倍。

单相全波整流输入的 UPS 输入功率因数为 0.6~0.7；三相（俗称 6 脉冲）全波整流输入的 UPS 输入功率因数一般≤0.8；六相（俗称 12 脉冲）全波整流输入的 UPS 输入功率因数一般≤0.9，如果再加上 11 次无源滤波器，其输入功率因数可高达 0.95。

在一周中电流脉冲的个数越多，输入功率因数就越高，原因是电流脉冲的个数越多，其幅值就越接近平均电流值。高频机 UPS 的工作频率是工频的几十倍到几百倍，在频率为 50Hz 的一个周期内就有几十到几百个电流脉冲，所以输入功率因数接近于 1。

需要注意的是，高频机 UPS 的高输入功率因数是有条件的，即其脉冲的宽度必须达到一定值。那么是不是当 UPS 的输入功率因数为 1 时，发电机的容量就可以与 UPS 的容量相同？并不是，要看发电机的负载功率因数。如果发电机的负载功率因数为 0.8，那么发电机的容量应该是 UPS 的 2 倍。

四、高频机 UPS 和工频机 UPS 的变压器

1. 高频机 UPS 的电子变压器双向隔离干扰，工频机 UPS 的电磁变压器双向不隔离干扰

有的人认为区别高频机 UPS 与工频机 UPS 的标准就是看有没有输出隔离变压器，这是一种错误的观点，因为他们认为只有在庞大的铁芯上绕有漆包线的结构才是变压器。如图 3.9 中的三种外形完全不同的刀，都是人们所熟知的刀——普通概念的刀、剃须刀和伽马刀，但它们的形状和结构完全不同。凡是有削剪作用的器具或设备都称为刀。变压器也是这样，凡是具有变压功能的设备都称为变压器。所以高频机无变压器的说法是错误的。高频机 UPS 和工频机 UPS 的区别，顾名思义，就是在主电路工作的频率不同。所以高频机 UPS 即使输出端加了隔离变压器，它仍然是高频机 UPS，不过是在输出端加了个变压器负载。同样工频机 UPS 即使取消了输出变压器，只要其输入整流器仍然是工作在 60Hz 工业频率的可控硅整流器，那么它还是工频机 UPS。不过高频机 UPS 用的是电子变压器，如前面的图 3.1 和图 3.2 所示。

(a)普通概念的刀 (b)剃须刀 (c)伽马刀

图3.9　几种刀的外形

高频机 UPS 的双向抗干扰能力就来自这个电子变压器,这从前面的叙述和电路图 3.1、图 3.2 可以明显地看出。

工频机 UPS 的输出端的电磁变压器双向不抗干扰。UPS 电路对变压器的要求是:变压器的输入、输出不失真,正常工作的时候是线性的。而线性器件工作的特点就是输入、输出不失真。有些陷入误区者把正常工作波形看成是干扰而给消除掉,这无疑是破坏系统的正确工作条件。但目前有些用户和设计者仍在这个误区中没有出来,甚至在信息中心机房的列头柜中加装了几十年都没用过的隔离变压器,美其名曰抗干扰和减小零地电压,这就为今后的使用埋下了隐患。

2. 工频机 UPS 变压器的缺点

工频机 UPS 输出变压器的体积和重量为整个机器的 2/3 以上,其价值也较高,其功耗为整个机器输出功率的 3% 以上,因此也提高了机柜的温度。由前面可知:电子产品(包括电池)每升高 10℃,产品寿命减半。如果 UPS 设计在 25℃ 下寿命为 10 年,那么在 35℃ 下寿命就是 5 年,在 45℃ 时寿命就是 2.5 年。图 3.10 是高频机 UPS 和工频机 UPS 的结构原理示意图。从图中可以明显地看出工频机 UPS 的输出变压器是和逆变器串联的,毫无疑问也是一个故障点。以上两点降低了高频机 UPS 的可靠性。

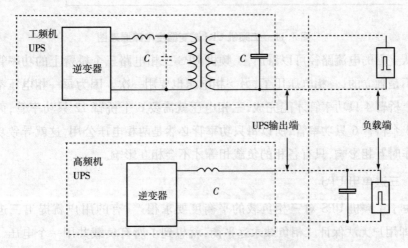

图 3.10　高频机 UPS 和工频机 UPS 的结构原理示意图

3. 全桥逆变器对输出端负载平衡度的要求

在早期的三相 UPS 中由于是全桥变换，即三条输出都是火线，满足不了用户对三相四线制的要求，于是就加入了"D－Y"变压器，但这种全桥逆变电路对三相负载的平衡度要求很高，不能超过 20%，否则三相输出电压就不平衡。后来意大利西丽公司增加了一些措施，将不平衡度提高到 50%，又经过多年的改进，目前可达到 100%，在这种情况下输出电压不平衡度为 1%～2%。尽管如此，但由于原始电路并没有改变，影响不平衡度的根源仍然存在，图 3.11 是工频机 UPS 逆变器主电路原理图。从图中可以看出，输出端接了一个"D－Y"变压器后，三相电流的正负半波流经变压器的三个初级绕组。以下是三相电压的产生过程：

U_{AB} 正半波：电流由电源"$C+$"出发→VT$_5$→绕组 AB→VT$_4$→电源"$C-$"；

U_{AB} 负半波：电流由电源"$C+$"出发→VT$_3$→绕组 BA→VT$_6$→电源"$C-$"。

U_{BC} 正半波：电流由电源"$C+$"出发→VT$_3$→绕组 BC→VT$_2$→电源"$C-$"；

U_{CB} 负半波：电流由电源"$C+$"出发→VT$_1$→绕组 CB→VT$_4$→电源"$C-$"。

U_{AC} 正半波：电流由电源"$C+$"出发→VT$_5$→绕组 AC→VT$_2$→电源"$C-$"；

U_{AC} 负半波：电流由电源"$C+$"出发→VT$_1$→绕组 CA→VT$_6$→电源"$C-$"。

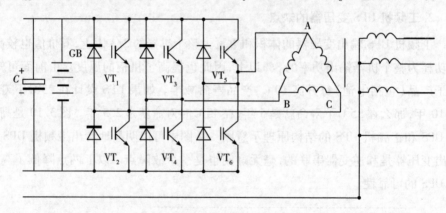

图 3.11　工频机 UPS 逆变器主电路原理图

从上面的电流路径可以看出，工频机 UPS 三相电路三个桥臂上的功率管在工作时不是独立的，一相电压用了，另一相电压也要用一次。因为每一相电压都要通过 2 个桥臂 4 只功率管才能完成，三相电压就需要 6 个桥臂 12 只功率管，而这里只有 3 个桥臂 6 只功率管，所以每只功率管必然是两相电压公用，这就导致功率管在工作时互相影响，只有各相的负载相等才不会相互影响。

4. 三进单出 UPS

由于工频机 UPS 对三相负载的平衡度要求很严，有的用户就提出三进单出 UPS，即用户无法保证三相负载永远平衡，就想到了所有负载共用一个电压，这，如图 3.12 所示。实际上三进单出 UPS 的结构形式也不是一种很理想的电路结构。

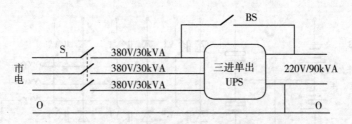

（a）正常工作时的三进单出 UPS 原理方框图

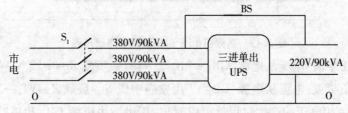

（b）切换旁路时的三进单出 UPS 原理方框图

图 3.12　三进单出 UPS 原理方框图

如图 3.12（a）所示的方框图，假设系统效率是 100％ 的 90kVA 的满载输出功率，设备在正常工作时三相输入的功率都是 30kVA，看起来很正常。然而一旦 UPS 负载过载转旁路时，连接旁路开关 BS 的那一相就从正常时的 30kVA 立刻上升到 90kVA，而输入断路器 S_1 因过载 200％ 而跳闸断电。本来负载过载转旁路的目的是由市电继续供电以保证负载工作的连续，现在是适得其反，反而使负载设备因断电而停机了。

为了在 UPS 输出过载转旁路时输入断路器 S_1 不跳闸，输入断路器的容量也必须从 30kVA 上升到 90kVA，电缆的容量也应增加到原来的 3 倍。对于大功率而言，这一笔花销非常可观。所以三进单出 UPS 在大功率范围内的塔式机是不合理的。权宜之计可采用模块化 $n+x$ 结构，其目的是利用模块化 $n+x$ 结构的工作特点使 UPS 没有转旁路的机会。

但这个电路结构并没有从根本上解决问题，因为在大功率的情况下由于电流太大，电缆截面积必然要相应地增大，这就不可避免地增加了施工的难度。

5. 半桥逆变器对输出端负载平衡度有要求吗

高频机 UPS 与工频机 UPS 不同，它很轻易地解决了上述问题。高频机 UPS 虽然在三相电压中也是三个桥臂，但由于是半桥电路，因此不存在逆变功率管的共用问题。图 3.13 是高频机 UPS 逆变器主电路原理图。这里以 U_c 为例，看一下三相电压的产生过程。

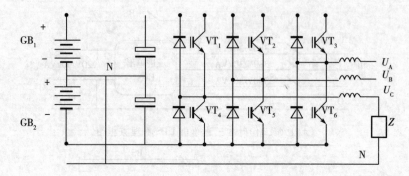

图 3.13　高频机 UPS 逆变器主电路原理图

（1）U_C 正半波：电流从电源"GB_1 +"出发→VT_1→负载 Z→中线 N→"GB_1"；

（2）U_C 负半波：电流从电源"GB_2 +"出发→中线 N→负载 Z→VT_4→"GB_2"。

仅从这一相电压的产生过程就可以看出，正半波由电源 GB_1 和桥臂上面的功率管产生；负半波由电源 GB_2 和桥臂下面的功率管产生。其他两相电压也是由对应的桥臂产生。工频机 UPS 每相半波电流流经两只功率管，而高频机 UPS 的每相半波电流只流经一只功率管，一个桥臂就完成了一相电压正负半波的产生过程。由于这种半桥逆变器的输出是三相四线结构，所以就不用加隔离变压器了。

高频机 UPS 的三相电压在产生过程中是由三相桥臂各自独立完成的，所以互不干扰，因此对三相负载平衡度也就没有要求。

五、工频机 UPS 和高频机 UPS 并联时的环流情况

1. 工频机 UPS 多级并联时会出现环流吗

是的。由于工频机 UPS 有输出变压器，所以 UPS 并联即是输出变压器次级并联。这些并联的次级绕组电压是不会一样的，一方面变压器在绕制过程中由于工艺的细小差异而导致参数不会完全一致，另一方面交流电经过变压器后虽然没有失真，但各自的相移有所不同，这就导致了电压值不一样。尽管电压值相差不大，但由于变压器的绕组内阻很小，因此即使是零点几伏之差也会导致较大的环流，如图 3.14（a）中的虚线箭头就是 UPS1 A 高于 UPS2 B 的情况（反之也一样）下形成的环流，而且这个环流通路畅行无阻。

2. 工频机 UPS 多级并联时出现的环流的副作用

工频机 UPS 多级并联时的环流最大值出现在空载时，这就增大了系统无谓的功耗，不过当系统带上负载时这种环流会自动减小甚至消失。这主要是因为负载电流和沿路形成的电压会抵消这种电压差，再加之电压高的一方的电流较大，形成的沿路压降也大，平衡了这种电压差。

3. 高频机 UPS 多级并联时没有环流

高频机 UPS 因为没有输出变压器，所以形成环流的机制也就与工频机 UPS 有

所不同。工频机 UPS 的环流路径上"一马平川";而高频机 UPS 形成的环流路径上凹凸不平,每一个环节都会形成压降。比如图 3.14(b)所示 UPS1 A 点的输出电压 U_A 大于 UPS2 B 点的输出电压 U_B。如果能形成环流,其路径是:$U_A \rightarrow L_1 \rightarrow L_2 \rightarrow$ UPS2 $VD_2 \rightarrow$ UPS2 电池 $\rightarrow$ UPS1 电池 $\rightarrow$ UPS1 $VD_2 \rightarrow U_A$。

一般 UPS 并联时,它们之间的电压差都被调整到 1V 以下,因此高频机路径上的这些环节完全能够阻挡这点电压差。故形成环流的条件不满足。

所以高频机 UPS 多级并联时不是形成的环流小,而是不形成环流,当然如果各并联电源之间的电压差很大也会形成环流。

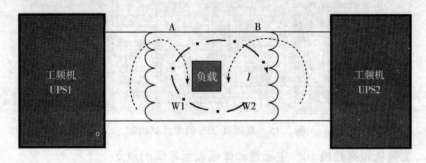

(a)工频机 UPS 并联时的环流情况

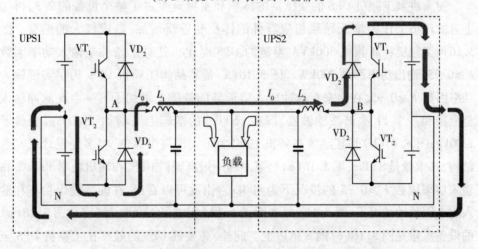

(b)高频机 UPS 并联时的环流情况

图 3.14　工频机和高频机 UPS 并联时的环流情况

六、工频机和高频机 UPS 的意义

1. 工频机和高频机 UPS 备件不同的意义

由于大功率高频机 UPS 整流器与逆变器都采用了 IGBT,因此给制造厂和用户带来了方便。如图 3.15 所示为一家高频机 UPS 产品的电路结构图,可以看出整流器和逆变器的结构完全一样,都是三桥臂电路。由于一般整流器和逆变器的功率一样,因此在整流器和逆变器这两个不同功能的器件上可以用同一个IGBT部件,这

就为用户节约了开支。而工频机 UPS 由于整流器是可控硅,逆变器才是 IGBT,两种部件的功能和结构器件不能互换,因此如果用户购置部件,一般这两种都要买。

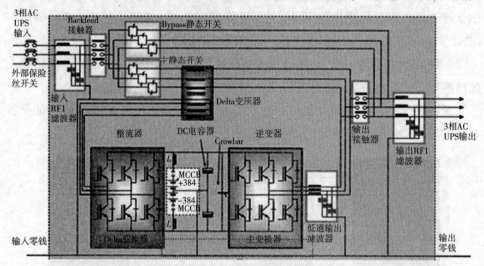

图 3.15　高频机 UPS 的电路结构图

2. 工频机和高频机 UPS 主回路和体积重量不同的意义

前面讲到工频机 UPS 的变压器的体积和重量至少占了整个设备的 2/3,再加上有的环节工作频率低导致相应器件的体积和重量增加,造成极大的浪费。图 3.16 是工频机和高频机 300kVA 容量的 UPS 对比。其对比条件是输入功率因数 $F \geqslant 0.95$,输出功率都是 300kW。图 3.16(a)是某品牌工频机 UPS,为了实现输入功率因数 $F \geqslant 0.95$,在原来 6 脉冲输入整流器的基础上增加了另一个 6 脉冲输入整流器和一个 11 次谐波滤波器,即在 1600kg 的基础上又增加了 600kg,变成了 2200kg;图 3.16(b)是某品牌高频机 UPS,为了实现高可靠性,将多处设计成冗余结构,其重量是 830kg;图 3.16(c)是某品牌一般高频机 UPS,在输出功率 300kW 和输入功率因数 $F \geqslant 0.95$ 的情况下为 400kg。由此可以看出,在同等输出功率和输入功率因数的情况下,图 3.16(a)和图 3.16(c)相差了 1800kg,换言之图 3.16(a)的设备重量是图 3.16(c)的 5 倍以上。此外,高频机 UPS 的效率比工频机 UPS 至少高 5% ,以 5% 计,300kVA 的高频机 UPS 每年比 300kVA 的工频机 UPS 节约 150000kW·h 的电,这大约是 150t 原煤的发电量。少了这 150t 原煤燃烧时排出的二氧化碳、二氧化硫和其他一些有害气体,忽略这 150t 原煤的开采、运输和加工等程序的花费,这是多大的经济效益和社会效益啊。

（a）一般功能的工频机 UPS　（b）多部件冗余高频机 UPS　（c）一般功能的高频机 UPS

图 3.16　工频机和高频机 300kVA 容量的 UPS 对比

七、当今模块化结构都是高频机 UPS 电路

　　$n+x$ 并联冗余模块化结构 UPS 也是今后 UPS 发展的方向。模块化结构 UPS 的核心功能就是热插拔。所谓热插拔，就是使用者可以搬得动。模块化 UPS 继承了高频机的全部优点，在目前就实现了这一点，一般 20～30kW 的模块大都在 30kg 左右，所以容易搬动。而工频机 UPS 在这个功率段都是 100kg 以上了。高频机模块化这一点的好处就是容易运输、容易安装、容易在线换机和容易在线增容等。如图 3.17 是一种小功率 UPS 模块的功能和结构图。

　　而工频机 UPS 由于带了一个笨重的变压器，给模块化带来了困难，所以目前模块机都是高频机结构。

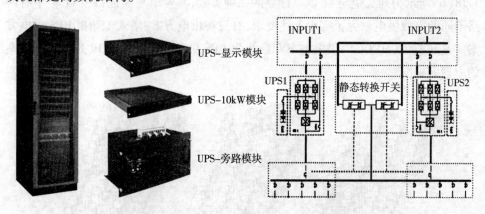

UPS–显示模块

UPS–10kW模块

UPS–旁路模块

（a）UPS 模块机柜的功能模块图　　　　（b）模块化 UPS 全冗余电路拓扑

图 3.17　一种小功率 UPS 模块的功能和结构图

　　模块化结构的优点首先就是它的热插拔功能。这种功能解决了冗余 UPS 不能在线换机的困难。因为一个数据中心机房建好后要使用几十年，而 UPS 的寿命一般不超过 10 年，甚至更短。如果是塔式机结构并联，到需要换机时就很难在不停电的情况下取下来，而模块化结构就很容易地解决了这个问题。

　　模块化结构的可靠性：可以有 $n+x$ 的冗余，解决了 UPS 模块之间的单点瓶颈故障隐患。

模块化结构的投资优点：设备投资适中，前期不需要一次性投资到位，而且设备后期的维护和运行费用都较低。

八、工频机、高频机和直流高压 UPS 在建设系统时的地位

模块化结构 UPS 是由高频电路的构成，同等使用功率下的效率至少比工频机 UPS 高 5%，而且节约材料的效果就更加明显。若输入功率因数为 0.95 以上，其他参数相等，某国外知名品牌 300kVA 的工频机 UPS，其重量为 2200kg，而国内一品牌高频机 UPS 的重量只有 360kg，减轻了 1840kg，节约了材料。

因此，模块化结构的 UPS 在规划设计中的节约不可不重视。比如为一容量为 5000kVA 的数据中心机房规划一个供电系统，若采用 400kVA 的工频机 UPS 需 13 台（无冗余的情况），总机柜需要 4kW 的用电量，机房整体供电量为 960kW。为便于管理，将 80 个 IT 机柜划量为 2250kg×13 = 29 250kg = 29.25t，若用 400kVA 的高频机 UPS，也需 13 台，即使每台重量为 500kg，也只有 500kg×13 = 6500kg = 6.5t，节约了 22.75t。带来的好处是减轻了楼板的承重（降低了大楼的造价），减少了空调机的制冷量，节约了用电量等。

有一个 1000kW 的数据中心机房供电方案，规划负载为 240 个 IT 机柜，共分为三个区域进行供电，每区分为 4 列，每列放置 20 个机柜，由一个列头柜供电。标准按 T4 级的标准设计，即 $2(n+1)$ 系统。图 3.18(a) 为 240 个机柜的区域划分图，图 3.18(b) 所示为列头柜与 IT 供电线路的一种方式，其要求是保证每个 IT 柜中有两路不同的电源供电。为了实现上述要求，有三种供电方案：塔式工频机 UPS 供电方案、"高压直流（HVDC）"供电方案和模块化 UPS 供电方案。图 3.19 是这三种方案的原理方框图。

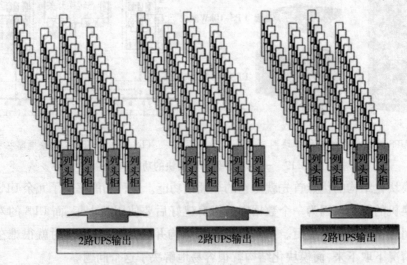

（a）1000kW 的数据中心机房供电方案

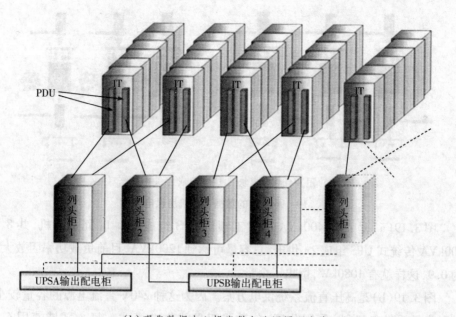

（b）现代数据中心机房供电分区原理方案

图 3.18　1000kW 数据中心供电系统原理方框图

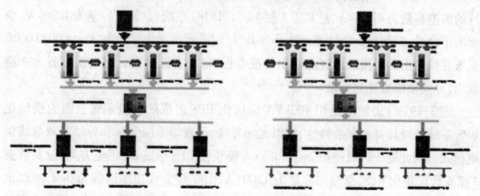

（a）用 400kVA 工频机 UPS 构成的供电系统

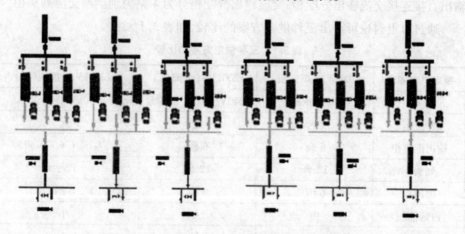

（b）用 240V/600A（144kW）直流电源构成的 HVDC 系统

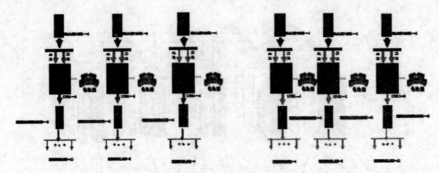

（c）用400kVA 模块化 UPS 组成的供电系统

图3.19　960kW 的数据中心机房供电方案

图3.19（a）是4台400kVA塔式工频机 UPS 组成"3 + 1"冗余并机,共8台400kVA 传统式 UPS 组成 $2n$ 供电,总容量可达到1200kVA,目前负载功率因数大都为0.9,这样就有1080kW,留出了余量。

图3.19（b）是高压直流系统供电方案。因为这种240V直流电源的容量较小,同时为悬浮供电,所以采用分区、分散式双母线供电模式。每个区域使用6台240V/600A（144kW）的 HVDC 系统,分为2组3台并联,组成 $2n$ 供电模式,每个区域的供电容量为432KVA,总共需3组18台 HVDC 系统,总输出容量为1296kW,也留出了余量;但如果负载功率因数小于0.9,就需要再考虑了。每3台 600AHVDC 系统并机输出后需接入到直流输出分配电柜,每个直流输出分配电柜再分为4路输出,分别供给直流列头柜。

图3.19（c）表示的是用400kVA模块化 UPS 组成的供电系统。因为模块化UPS 系统已经具备了冗余特性,所以无须并联,可直接采用分区和分散式双母线供电模式。因此每个区域使用2台400kVA模块化 UPS 组成 $2n$ 供电方案,总共需要3组6台模块化 UPS,总输出容量为1200VA,由于其负载功率因数为0.9,所以也留出了足够的余量。但如果负载功率因数小于0.9,也需要再考虑了。模块化 UPS 输出直接连接交流输出分配柜,交流输出分配柜分为4路为别供给交流列头柜。

通过以上讨论可得出三种供电方案的比较,如表3.1。

表3.1　三种供电方案的比较

额定供电容量	1200kVA（塔式机）	1200kVA（分离机）	1200kVA（模块机）
主机	400kVA×8台	（240V/600A）×18台	400kVA×6台
并机柜	2台	无	无
输出配电柜	6台	6台	6台
列头柜	12台	12台	12台
电池组	6组	6组	6组
占地面积	中	大	小
投资成本	中	大	小

种种理论和例子说明,"$n+x$"冗余式模块化结构应该是数据中心供电系统的优选方案。

九、UPS 的发展

UPS 的出现在当时主要是实现电源不间断的问题,如图 3.20 所示是 UPS 供电路径原理图,即当市电故障时由电池提供能量,达到了供电不间断的目的。

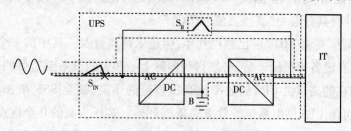

图 3.20 UPS 供电路径原理图

在初期 UPS 的功能只是实现电源不间断。因为当时的电子设备和机电一体化的自动化设备刚刚起步,而且数量很少,对电网的干扰不大,所以一段时间内除断电外计算机工作正常。但随着电子技术和 IT 技术的迅猛发展,来自电网的干扰越来越明显,影响了计算机的正常运行,如图 3.21 所示的几种干扰类型。此外,每一种干扰又包括一系列的内容,比如电源噪声的来源就有多种途径:雷电、电子设备发出的电磁干扰、汽车电火花的侵入、传输电缆的摩擦等等。因此,对 UPS 提出了稳压和抗干扰的要求,即在市电供电时 UPS 应具备稳压和滤波的功能。如果 UPS在短期内不能满足负载暂时增大的要求,就将负担转交给市电,等负载恢复正常后再把负载切换回来,这样就增加了旁路(Bypass)功能,也顺便解决了输出端短路保护的问题。由此可知,UPS 的基本功能是稳压、滤波和不间断。

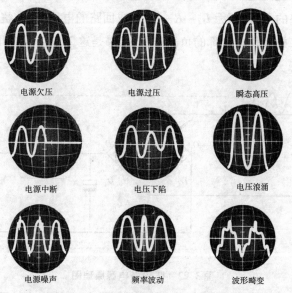

图 3.21 集中电源干扰的类型

"高压直流（HDC）"的思想出现在20世纪70年代。当时七机部（航天部）一位叫师元勋的工程师看到UPS主要用在计算机房，而计算机又用的是各种直流电源，就在想为什么不直接向计算机提供直流电源呢？于是他设计出了$300V_{DC}/3000W$的直流UPS，命名YX3000。

那时人们并没有意识到"高压直流（HDC）"，因为$500V_{AC}$的电器还被称为低压电器。20世纪初又掀起了直流UPS高潮，这次是讨论交流UPS效率低和不容易并联等问题，并将其命名为"高压直流（HDC）"。

然而"高压直流（HDC）"已推出几年，但还未得到普及。其中的一个原因是数据中心的所有设备都是国产货，必须得到国际上一些大的设备制造商的支持，另一个原因是现在的高频机UPS的效率比高压直流的还高，甚至BSS和Aways on（智能旁路）已可使UPS供电系统的效率提高至98%。高压直流的几个优点在高频机UPS面前已没有优势。再者，采用"高压直流（HDC）"的矛盾点并不在电源上，主要在供配电路径上的传输电缆和大电流的直流断路器上。比如在400kVA的交流电源时，每相的电流不过600A，用$180mm^2$或$240mm^2$的电缆就可以了，但若用400kW/240V的电源，电流可达2000A，就需要昂贵的直流断路器，但目前可达到2000A电流的直流断路器几乎找不到，所以"高压直流（HDC）"在数据中心并没有开辟出领地，不过在电信系统中有一些应用。

目前我国"高压直流（HDC）"电源主要有两种：240V和336V，都可以直接通过图3.22的整流器送到负载。但有一点需要考虑：当用交流电压输入时，输入电压的正半波通过的路径是$D_2 \rightarrow R \rightarrow D_3$形成回路；输入电压为负半波时，电流的路径是$D_4 \rightarrow R \rightarrow D_1$形成回路。换句话说，电源输入整流器的4只二极管负担全部的负载需要。但输入直流电压时，因为只有正电压而无负电压，所以只有电流路径$D_2 \rightarrow R \rightarrow D_3$形成回路的电压，而无$D_4 \rightarrow R \rightarrow D_1$形成回路的电压，输入整流器的4只二极管中只有2只二极管负担全部的负载需要，结果是这2只二极管几乎过载一倍，为故障埋下了隐患。

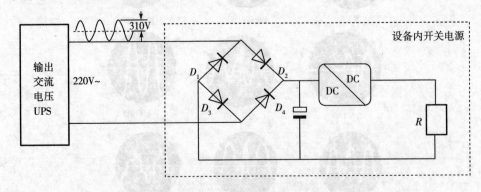

图3.22　IT设备电源原理图

从目前的情况来看，"高压直流（HDC）"UPS想占优势比较困难，以后的前景也不容乐观,而工频机 UPS 是注定要被高频机 UPS 替代。至于高频机 UPS,从长远来看,也会退出数据中心的舞台。这是历史发展的规律和技术应用的需要。因为 UPS 的三大基本功能是稳压、滤波、不间断,这正是数据中心所需要的。但如果数据中心设备的电源可以实现这三大功能,就可以直接接入市电电网。以下是对这三大功能的讨论:

①设备电源是如何稳压的?

当代设备的内部电源都是开关电源,而且多用脉宽调制(PWM)技术,其原理如图 3.23 所示。在额定输入电压时,设计脉冲宽度为 1/2 周期,即 $T/2$,如图 3.23(a)所示,一个脉冲方波的面积为 S。如图 3.23(b)所示为输入电压升高时,脉冲的幅度也会相应地升高,为了不使面积增大,用控制电路将原来额定值时的脉冲宽度变窄,使变窄的面积 S/n_1 = 增高的面积 S/n_2,这样就保证了原来的额定面积不变。只要原来的面积不变,其输出电压就不会变,就达到了稳压的目的。同样,如图 3.23(c)所示,当输入电压降低时,脉冲的幅度也会相应地降低,为了不使原来的面积减少,用控制电路将原来额定值时的脉冲宽度变大,使因降低幅度而减小的面积 S/m_1 = 变宽的面积 S/m_2。

从图 3.23 所示情况来看,允许输入电压的变化范围为 ±50%。

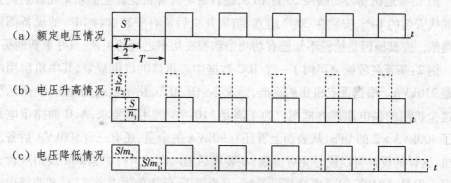

图 3.23 开关电源的稳压原理图

②设备电源是如何滤波的?

脉宽调制(PWM)技术虽然输入电压范围很大,但抗干扰的能力不算太强,而升压式脉宽调制技术不但有很宽的输入电压范围,也具有很强的抗干扰能力。这从图 3.2 就可以看出,在此不叙述。如果以后采用这项技术作设备电源,稳压滤波的问题就解决了。

③设备电源是如何解决不间断问题的?

石墨稀电池的出现为储能做出了贡献。这种电池用在电动汽车上,续航能力可达 1000km,而充电时间仅为 10min;用在手机上,充电 5s,手机就可使用一个星期。此外,这种电池的体积和重量很小,因此完全可以放在设备电源内。

以上问题的解决预示着已没有必要外加各种 UPS,即 UPS 可加在设备电源上。

第四章 对供电系统规划设计的认识

一、对功率因数的认识误区

1. 对功率因数的忽略

对于功率因数，有两个问题容易忽略，一个是在规划设计用电容量时不考虑功率因数，一个是误解功率因数。这两种问题都会造成难以弥补的损失。

一些规划和设计者在规划设计用电容量时不考虑功率因数，主要是因为他们对功率因数这个概念不清楚，不知道功率因数的作用。这些设计者大多凭着以往的经验和习惯来设计用电容量。一般来说，如果事情没有任何变化，这种设计不会出什么纰漏。但是，如果设计条件变化了，这种经验设计法轻则会造成一些损失，重则就会导致重大事故。下面用两个例子来说明这种设计方法的危害。

例1：某地机场需要购买20台UPS，设计者将计算机铭牌上的功率相加后购买了同伏安值的UPS，安装在20个地方，结果开机后所有安装这种UPS的设备都过载跳闸。究其原因是他们不知道有功功率和视在功率之间的关系，只好重新购买。

例2：某著名数据公司做了一个IDC数据中心机房的供电规划，其中机房用电量是710kVA。根据重点机房的标准，要求必须采用$2n$供电系统，如图4.1所示就是这个机房的供电原理方框图。为了满足710kVA的用电要求，A、B两路市电采用了400kVA×2的UPS，从表面上看还有90kVA的余量，还有三台500kVA后备发电机，这样的设计可以说是无可挑剔，在装机后七八年的运行中也确实没出现什么问题。但是，到UPS需要更换新设备时，因为是$2n$结构的供电方式，A、B两路中的任何一路拆掉更换都不会出现问题，理论上来说更换UPS很容易。于是设计者对更换UPS做了这样的规划：断掉市电，开启三台500kVA后备发电机。之后首先断开了A路UPS，在只剩B路UPS供电的情况下问题出现了：B路UPS过载转旁路，把负载转给了发电机组，然而其中一台发电机因过载而停机，紧跟着其他两台也因过载先后停机，数据中心机房的全部设备因断电而宕机。据说这一次事故影响到13个省的银行系统。

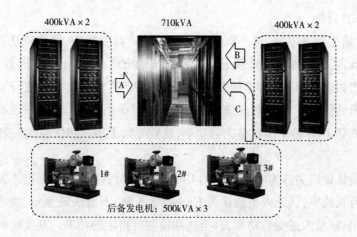

400kVA×2　　　　　710kVA　　　　　400kVA×2

A　　B　　C

1#　　2#　　3#

后备发电机：500kVA×3

图4.1　IDC数据中心机房的供电原理

这次事故实际上在八年前规划设计时就已经埋下了隐患。因为2005年以后所有IT设备的输入功率因数都由原来的0.6～0.7补偿到0.95～1,即原来的非线性负载上升到线性负载。这一负载性质的变化导致了电源供电能力的重大变化。IDC数据中心的设备是2005年以后的产品,所以710kVA≈710kW,而所用UPS的负载功率因数仍是0.8,这种UPS在带线性负载时,大约只有60%的有功功率。原来是4台400kVA同时供电,1600kVA的60%是960kW,当然没问题。但在换机时,A路UPS断开,供电能力减少了一半,UPS当然过载了。从理论上说,三台500kVA的发电机也够用,但由于发电机和UPS不同,UPS供出的电流不均衡,电流大的那一台因过载而停机,其余两台也因此接连停机。

2.对输出功率因数的误解

早期的UPS都是进口,其说明书中有输入参数和输出参数两大项,在输入参数项中除了输入电压、输入频率外还有"功率因数",有些说明书是输入功率因数,有的就没有"输入"两字,但因在输入项中当然就是指输入功率因数。

在输出项中除了输出电压、输出频率等参数外,也有一项写着"负载功率因数"。一些译者理解不了负载功率因数的含义,但因为其在输出项中就被翻译成了输出功率因数。之后一些销售商和制造商的技术人员也认为说明书中既然有两个功率因数,一个是输入功率因数,另一个无疑就是"输出功率因数"。鲁迅先生曾说过:地上本没有路,走的人多了也就成了路。同样,电路中本来没有"输出功率因数"这个参数,这样叫的人多了也就有了!然而这是科学,叫的人再多,电路中也不会有"输出功率因数"这个参数。尽管这是一个不存在的参数,但时至今日仍然被一些"科学工作者"和"标准制定者"广泛应用,造成了以下不良影响和不良后果。

(1)不良影响

如果"输出功率因数"这个概念时出现在"行标"中,就误导整个行业;如果出现在"国标"中,就误导其他人,使人们陷入错误的概念中。

（2）不良后果

由于"输出功率因数"这个概念出现在 UPS 产品参数中，用户就认为这是 UPS 本身的参数，在任何性质的负载下 UPS 都应该输出这个"输出功率因数"指定的有功功率。比如说100kVA 容量的 UPS，说明书中表明"输出功率因数"$F = 0.8$，那么在任何性质的负载下 UPS 都应该输出 80kW。但在用户的负载（一般都用电阻负载）测试中，该 UPS 输不出这么大的功率，这就导致了用户和供应商（或制造商）的矛盾。

如果是认证机关，100kVA 容量的 UPS 用电阻负载测试时，也得不到按功率因数算出的有功功率，认证人员就认为 UPS 容量不够，不给认证盖章，加之制造商解释不清楚，只好增大逆变器功率，直至达到检测员指定的功率。其实这时 UPS 的输出功率已经超额了，从而加大了制造商的损失。而这一切都来自电路知识的匮乏。

由此可知，UPS 是没有输出功率因数的。在 UPS 说明书的输出项中出现的这个功率因数不是"输出功率因数"，因为它不属于 UPS 电路，所以称之为负载功率因数，如图 4.2 所示是功率因数在电路中的标识原理方框图。在 UPS 中引入"负载功率因数"这个概念，是用来确定 UPS 的服务对象是电感性负载、电容性负载，还是电阻负载。早期国外进口的 UPS 参数表中，在输出项几乎都有负功率因数为 -0.8 的标注。比如负载功率因数为 -0.8 的 100kVA 容量 UPS，就表明这台 UPS 用于功率因数为 -0.8 的 100kVA 负载。

图4.2　功率因数在电路中的标识原理方框图

早期在进口 UPS 输出栏目中的功率因数值是"-"号，标明负载性质是市电感性。比如"-0.8"，就标明 UPS 的负载对象是功率因数为"-0.8"的电感性负载。有的人把这个参数当成是 UPS 的参数，其实是错误的。因为 UPS 的输出阻抗是电容性的，比如功率因数为"-0.8"的100kVA 电感性负载需要从 UPS 中获取 80kW 的有功功率和60kvar 的容性无功功率才能完全实现匹配。这里所谓的匹配是指电感性和电容性无功功率的抵消。如果把"-0.8"的功率因数看成是 UPS 输出的参数，UPS 就应该输出 60kvar 的感性无功功率，那么就和负载的无功功率相加了，但 UPS 输出的却是60kvar 的电容性无功功率，因此这种认识是错误的。

那么电源为什么没有输出功率因数呢？

实际上一般电路都没有输出功率因数这个参数。如电源电路，我们日常用的电源称为稳压源，图4.3 所表示的就是稳压源的电路原理方框图。

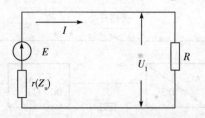

图 4.3　稳压源的电路原理方框图

$$I = \frac{E}{R + r} \tag{4.1}$$

式中：E——电源的电动势，即原始电源的理想电压，单位为 V；

　　　r——电源内阻（或 Z_u——电源内阻抗），单位是 Ω；

　　　R——负载电阻或阻抗，单位是 Ω；

　　　I——电源输出电流，单位是 A。

$$U_1 = E - Ir = E\left[1 - \frac{r}{R + r}\right] \tag{4.2}$$

式中：U_1——负载端工作电压，单位是 V。

包括 UPS 在内的所有稳压源都有一个要求，即当有负载电流变化时负载端的工作电压不变。但从式（4.1）可以看出，当负载 R 变化时，电流 I 必然也随之变化，这样电压就不稳定了。但如果式（4.2）中的 $r = 0$，那么括号内的第二项就等于零，这时就可实现

$$U_1 = E \tag{4.3}$$

这时无论负载如何变化，输出电压永远是稳定的，所以稳压源的内阻等于零，当然作为稳压源的 UPS 其输出阻抗（内阻）也等于零。一般来说静态内阻等于零可以用电路的方法进行补偿，但 UPS 的负载电流瞬变性很大，必须要求动态内阻也要等于零。

因此，电压源的特点是 UPS 输出端的电源内阻等于零。也就是说不论负载电流如何变化，输出电压总是稳定不变的。

3. 负载功率因数对电源供电能力的影响

图 4.4 是一般 UPS 的电路原理方框图。一台 UPS 包括四部分：第一变换器（整流器）、第二变换器（逆变器）、旁路开关和电池组。第一变换器的作用是将交流输入电压整流成直流电压，因为有的 UPS 中第一变换器采用了双向变换电路，工作中不但可整流，而且在需要时还可逆变；第二变换器的作用是将直流电压逆变成交流电压，同样有的 UPS 中第二变换器也采用了双向变换电路，工作中不但可逆变，而且在需要时还可整流，在匹配负载的情况下将全部容量提供给负载做功；电池组的主要作用是为不间断供电提供保证；旁路开关的作用是在 UPS 故障、负载端过载或短路时将负载切换到市电，以保证负载设备的连续运行。

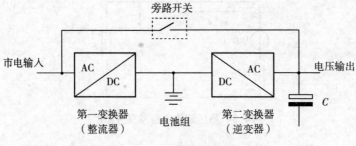

图 4.4 一般 UPS 电路原理方框图

为了对 UPS 的设计有一个大概的了解，以帮助建立正确的概念，这里通过一个例子进行讨论。假设在这个计算中不涉及设备的过载功能和效率，即一切计算都按标称值取值。

例：设计一台负载功率因数为 $F = -0.8$ 的 $S = 100\text{kVA}$ 的 UPS 主电路。

在这个例题中，应当注意的是 $F = -0.8$ 是负载的电感性功率因数，为了补偿负载的电感性无功功率，UPS 必须产生一个相反的功率，即电容性的无功功率。

可输出的有功功率为

$$P = S \times F = 100\text{kVA} \times 0.8 = 80\text{kW} \tag{4.4}$$

由于在全匹配的情况下，逆变器的全部有功功率都提供给了负载，所以逆变器就以 80kW 的功率选相应的逆变功率管。

为了补偿负载相应的电感性无功功率，UPS 就必须输出相应的电容性无功功率 Q_C，即

$$Q_C = S \times \sqrt{1 - F^2} = 100\text{kVA} \times \sqrt{1 - 0.8^2}\text{kvar} = 60\text{kvar} \tag{4.5}$$

这时的容抗值 X_C 为

$$X_C = \frac{U^2}{Q_C} = \frac{220^2}{60 \times 10^3}\Omega \approx 0.81\Omega \tag{4.6}$$

其对应的电容器容量为

$$C = \frac{1}{2\pi f_{50} X} = \frac{1}{2 \times 3.14 \times 50 \times 0.81}\mu\text{F} \approx 3932\mu\text{F} \tag{4.7}$$

最后根据 3932μF 选标称值的电容器，或者通过电容器的串并联实现。此外，还需要一个滤波电容器，以便从逆变器输出的脉宽调制脉冲中滤出正弦波。

因为 UPS 输出功率因数和负载功率因数有全匹配和不匹配两种情况，以下对这两种情况进行讨论。

（1）UPS 输出功率因数与负载功率因数全匹配的情况

由上面的讨论可知，逆变器的整个功率在全匹配的情况下都输送给了负载的有功部分，而由于无功功率的全补偿使得无功电流根本不通过逆变器。

为了说明问题，仍以负载功率因数为 $F = -0.8$ 的 $S = 100\text{kVA}$ 的 UPS 为例，图 4.5 是全匹配负载能量流动情况原理图。为了便于理解，在这里人为地将感性负

载分成电阻和电感两部分。首先看 UPS 的输出能力,从前面的计算可知,UPS 可输出有功功率 $P = 80\text{kW}$ 和无功功率 $Q_C = 60\text{kvar}$。从图 4.8 中可以看出,$P = 80\text{kW}$ 全部输送给了可做功的负载 R,电容性的无功功率 $Q_C = 60\text{kvar}$ 补偿(抵消)了电感性的无功功率 $Q_L = 60\text{kvar}$。其结果是无功功率在 UPS 的输出电容和负载的电感之间流动而不经过逆变器,即 80kW 的逆变器功率全部做了有用的功。

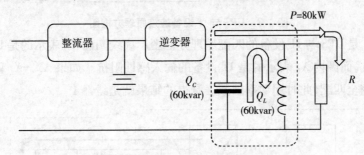

图 4.5　全匹配负载能量流动情况原理图

(2)UPS 输出功率因数与负载功率因数不匹配的情况

在上述例子中,如果负载的功率因数与 UPS 的负载功率因数不匹配,UPS 必须要降额使用,而降多少要看负载的功率因数。图 4.6 是和负载不匹配时的能量流动情况原理图。

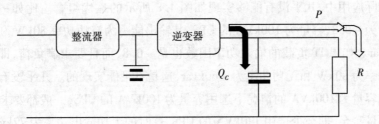

图 4.6　和负载不匹配时的能量流动情况原理图

图 4.6 中没有电感,此时电容器的无功功率失去了补偿对象。从前面的计算已知 60kvar 的容抗 $X_C = 0.81\Omega$,即逆变器首先将 60kvar 的无功功率给输出电容器。留给电阻 R 的有功功率 P_R 为

$$P_R = \sqrt{(80\text{kW})^2 - (60\text{kvar})^2} \approx 53\text{kW} \tag{4.8}$$

有功功率为 53kW,而不是 80kW,于是用户向供应商要 80kW,认证机关向制造商要 80kW。

二、UPS 带 IT 设备时呈电容性

UPS 与 IT 设备连接原理如图 4.7 所示,UPS 后面的负载是 IT 设备,UPS 输出端(也是 IT 设备输入端)呈电容性。

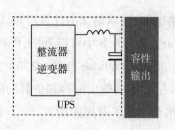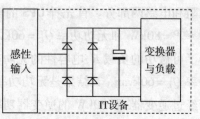

图 4.7 UPS 与 IT 设备连接原理方框图

图 4.8 是 UPS 与 IT 设备的匹配原理方框图。虚线圈内 X_C 表示的是 UPS 的输出容性阻抗，而圈内 X_L 表示的是 IT 设备的输入感性阻抗。如果 $X_C = X_L$ 就表示二者达到了完全匹配，此时用功率因数表测得的结果就是线性 1。

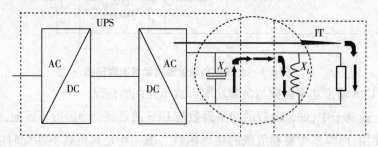

图 4.8 UPS 与 IT 设备的匹配原理方框图

但实际应用中，几乎没有能够实现如图 4.8 所示的最优组合。比如一台负载功率因数为 -0.8，容量为 100kVA 的 UPS，其输出能力为有功功率 80kW 和无功功率 $+60$kvar。如果 IT 负载的输入功率因数也是 -0.8，而且要求满负荷，即要求输入有功功率为 80kW 和无功功率为 $+60$kvar，这是不可能实现的。几乎没有一个用户在负载容量为 100kVA 的情况下选用容量为 100kVA 的 UPS，一般都要求有 20% 以上的容量富余，即至少选用 120kVA 的 UPS，这时的无功输出功率为 72kvar，于是

$$X_C - X_L = (72\text{kvar}) + (-60\text{kvar}) = +12\text{kvar} \qquad (4.9)$$

如果此时用功率因数表去测量 UPS 的输出端，测量表上显示的是容性。电源的容性功率大于负载的感性功率，称之为过补偿。反之，如果电源的容性功率小于负载的感性功率，这使得测量呈感性，这称之为欠补偿。

当今高频机 UPS 的负载功率因数都在 0.9 以上，假如为 0.9，则 100kVA 的 UPS 输出能力是（"$+$"号）：

有功功率 $\qquad P_{\text{UPS}} = 100\text{kVA} \times 0.9 = 90\text{kW} \qquad (4.10)$

无功功率 $\qquad Q_{\text{UPS}} = 100\text{kVA} \times \sqrt{1 - 0.9^2} \approx 43.6\text{kvar} \qquad (4.11)$

而现在的 IT 设备的输入功率因数都在 0.95 以上，暂且认为是 0.95，那么 100kVA 的 IT 负载所需：

有功功率 $\qquad P_{\text{IT}} = 100\text{kVA} \times 0.95 = 95\text{kW} \qquad (4.12)$

无功功率 $\qquad Q_{\text{IT}} = 100\text{kVA} \times \sqrt{1 - 0.95^2} \approx 6\text{kvar} \qquad (4.13)$

可以看出，即使将负载的无功率全部补偿，UPS 的容性无功功率还有剩余，即

$$Q_{\text{UPS}} - Q_{\text{IT}} = 43.6\text{kvar} - 6\text{kvar} = 37.6\text{kvar} \tag{4.14}$$

这就是功率因数表上显示 UPS 负载端为容性的原因。因此 UPS 输出是容性阻抗,IT 负载输入阻抗是感性,UPS 的输出容性阻抗是为了抵消 IT 负载的感性输入阻抗。

UPS 输出端之所以显示容性,是因为 UPS 输出容性阻抗大于被补偿 IT 负载的感性输入阻抗,两者不能完全抵消,剩余的输出容性阻抗使得测量仪表显示电容性。

三、UPS 功率的有关介绍

1. 测量有功功率的功率表

有功功率是保持用电设备正常运行所需的电功率,也就是将电能转换为其他形式能量(机械能、光能、热能)的电功率。常用电器如图 4.9。有功功率可以用功率表测量。功率表的英文名称为 wattmeter,也称为瓦特表。

(a)电灯　　　　　　　(b)电路　　　　　　(c)电机

图 4.9　常用电器举例

图 4.10 是一种功率表的外形。功率表主要由功率传感器和功率指示器两部分组成。功率传感器也称功率计探头,把高频电信号通过能量转换为可以直接检测的电信号。功率指示器包括信号放大、变换和显示器。显示器直接显示功率值。功率传感器和功率指示器之间用电缆连接。为了适应不同频率、不同功率的电平和不同传输线结构的需要,一台功率计要配若干个不同功能的功率表探头。

图 4.10　一种功率表的外形

功率表种类繁多,以下是几类较有代表性的功率表的原理。

通过式功率表：它是利用某种耦合装置，如定向耦合器、耦合环、探针等从传输的功率中按一定的比例耦合出一部分功率，送入功率计度量，传输的总功率等于功率表指示值乘以比例系数。

测热电阻型功率表：它主要是使用热变电阻做功率传感元件。热变电阻值的温度系数较大，被测信号的功率被热变电阻吸收后产生热量，使其自身温度升高，电阻值发生显著变化，利用电阻电桥测量电阻值的变化，显示功率值。

量热式功率计典型的热效应功率表：这类功率表主要是利用隔热负载吸收高频信号功率，使负载的温度升高，再利用热电偶元件测量负载的温度变化量，根据产生的热量计算高频功率值。

2. 储存无功功率的储能装置

无功功率是储存在储能装置中的功率，一般储能装置有静态储能装置和动态储能装置两种。

静态储能装置又分电感储能和电容性储能。图4.11（a）是电感储能情况，该图的左面是一种电感器样品，右面是磁力线图；图4.11（b）是电容器储能情况，该图的左面是一种电容器样品，右面是电场图；图4.11（c）是蓄电池储能情况，蓄电池也属于电容器储能，不过它是一种特殊的电容器，是以化学能的方式储能的。尽管电容器和蓄电池都是储能装置，但蓄电池的单位是安时（Ah），电容器的储能单位是法拉（F）。

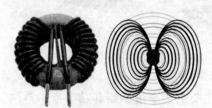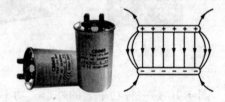

（a）电感器和磁力线储能图　　　　　（b）电容器和电场储能图

（c）蓄电池储能　　　　（d）一种飞轮动态储能设备外形图

图4.11　几种储能装置外形

图4.11（d）表示的是一种飞轮储能式装置，其原理是利用动能进行储能。该设备在市电正常时由市电驱动做高速旋转，市电断电后借助飞轮旋转的惯性或带

动同轴上的发电机,或由本身发电继续供电一段时间。

3.无功功率的作用

前面所叙述的几种储能方式在不带动负载做功时,即在储能(而不是放能)阶段,它们做的是无功。那么无功功率是否有用呢? 答案是有用的,原因是在一定条件下无功功率可以转化成有功功率。

(1)在输入整流滤波电路中的作用

在电子设备中一般都是直流供电,这就少不了整流滤波,如图4.12(b)所示就是图4.12(a)电子设备的电源原理电路图。可以看出,如果电路中没有储存无功功率的电容器 C,供电电源就是脉动电压波 U_z,电路和屏幕就会按照输入电压的2倍频率闪动:当整流脉动半波上升到一定值时,电路开始工作,屏幕开始显示;当整流脉动半波下降到一定值,时电路因电压幅度不足而停止,屏幕也会因此而关闭。由此可知设备根本无法正常工作,只有装上电容滤波,在电容器 C 中储存了足够的无功功率(即一定的电压电平和合乎要求的脉动值)后,设备才能正常地工作和显示。

实际上,在设备内部还有大量的电感和电容,由于这些电感和电容并不消耗功率,在器件上或内部都是以自己的形式储存无功功率,其目的就是支持有功功率做功。如果将这些器件全部取消,就是其中一个小小的储能器件发生故障:断开、短路或失去容量,电路工作就会异常。

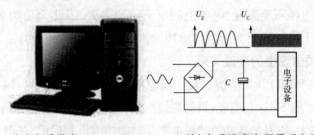

(a)电子设备　　　　　　　(b)电子设备电源原理电路图

图4.12　电子设备和它的电源原理电路图

(2)在电源输出电路中的作用

不论是各种静止式电子电路电压源还是发电机,只要负载功率因数 <1,那么它的输出阻抗就显示是无功的,并且是电容性的,目的是为了补偿负载输入端的电感性负载。那么电子设备的输入阻抗为什么不是电阻性的或线性的呢? 这主要是因为电子电路要工作在直流电压下,要直流就得整流滤波,就会有输入波形失真,有失真就会有无功功率产生。由于以前没有重视输入功率因数这个参数,也就没有采取提高的措施,因此造成用电设备输入功率因数偏低的现象。

由于近年来对用电方提出提高电能使用率的要求,因此对电子电路的输入功率因数进行了补偿,使其补偿到0.95以上。这也就要求供电电源作相应变化,比如 UPS 的负载功率因数大都更改为0.9以上。

（3）在振荡电路中的作用

电感器和电容器在任何有振荡环节的电路里都少不了，并且几乎所有的电子电路中都有振荡器。尽管晶体振荡器的应用已很广泛，但由无功器件构成的振荡器电路仍被应用。图 4.13 是两种振荡器电路。图 4.13（a）所示是一种 *LC* 构成的振荡器，图 4.13（b）所示是一种 *RC* 构成的振荡器。这两种振荡电路都是通过电容器的充放电或 *LC* 的能量交换而实现振荡功能的。在这里需要注意的是，无功器件虽然不做功，但并不代表不工作，只是这种工作在理想情况下不消耗功率不产生热量而已。

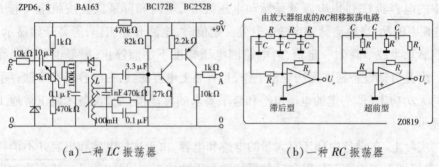

（a）一种 *LC* 振荡器　　　　　　　（b）一种 *RC* 振荡器

图 4.13　由无功器件构成的振荡器电路

（4）在抗干扰电路中的作用

无功器件在抗干扰和滤波器电路中也担任着重要角色。在抗干扰电路中，由于电容器上的电压不能突变、电感上的电流不能突变，因此无功功率也不能突变。这样一来电路干扰的瞬时突变破坏脉冲就被有效地阻挡在电路中。

（5）在开关电源中的环流作用

脉宽调制（PWM）开关电源已被广泛应用于 UPS 中。如图 4.14（a）所示，用高频脉宽调制波承载 50Hz 正弦波，目的是提高电源系统的效率。但随着调制频率的提高，功耗也会加大，原因是脉冲的功耗主要在脉冲的前沿和后沿，如图 4.14（b）所示，脉冲上升沿和下降沿中部的电流、电压乘积最大。目前在小功率开关电源中已找到了减小功耗的方法，那就是零电流（ZL）和零电压（ZV）转换技术，即通过无功器件的振荡过零点实现功率管的开启和关断，其中无功功率起到了关键作用。

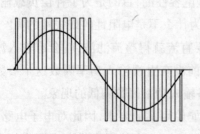
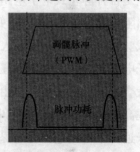

（a）脉宽调制（PWM）波形　　　　　　（b）脉冲波功耗分布图

图 4.14　脉宽调制脉冲及其功耗

（6）在电力上的作用

无功补偿在电力上被广泛使用，而且这种补偿都是电容补偿柜，如图4.15所示。在线路入户时，用户方的感性无功功率会降低输入电压，为了提高输入功率因数，使输入电压尽可能接近额定值，多采用无功补偿的方法。

图4.15　电力上普遍应用的无功补偿柜

（7）瞬态放电的应用

因为无功功率可以转化为有功功率，所以在瞬态放电中也得到了广泛的应用。UPS带空调和带电梯之类的瞬时电流脉冲幅度很大，可达到额定功率的7～10倍，因此使选用电源者望而却步。实际上，7～10倍的起动电流脉冲是瞬间的，其脉宽有的远小于半个周期（10ms），当今UPS逆变器难于调整，这时就靠UPS的输出电容器通过瞬时放电来应对；此外，给蓄电池并联电容器，也是为了弥补由于蓄电池的内阻不能提供瞬间大电流的不足，瞬时将无功功率转化为有功功率提供给负载。

4. 计算负载时忽略无功功率

无功功率的用途很多，并且只是在很少的一些方面有负面影响。如无功功率在传输线路中占据了线缆的有效面积，降低了传输线路的带载率。这是负面影响的一个方面，但绝不可以因此而认为无功功率都没用。如某机场选购20台UPS时由于认为无功功率无用，只购买了有功功率对应UPS的视在功率的设备。设备购买后安装在20个地方，开机后20个地方统统过载，最终不得不重新购买。

如果在设备铭牌上只用有功功率标示，一定要按照式（4.15）的公式计算：

$$S_{Ln} = \frac{P_{Ln}}{F_{Ln}} \tag{4.15}$$

四、UPS输出端的零地电压与负载的关系

多年来，很多人都知道零地电压干扰负载设备，并坚信这是正确的。所以只要数据中心系统运行不正常，就首先认为零地电压出现了问题。甚至有的数据中心运维工程师举出了实际例子。一位运维工程师说：有一次IT系统工作不正常了，查找了一些地方后发现零地电压大于1V，这个值是某外国公司给出的IT系统不能正常运行的界限。这位工程师于是马上想到了减小零地电压的方法：将零地二线短接,系统就运行正常了。但这个实验只做了一半,如果这时再断开刚才短接的零地二线,再看结果就比较清楚了;如果此二线断开后系统仍正常工作,说明 IT 系统运行不正常不是零地电压的原因;如果此二线断开后系统仍工作不正常,就说明 IT 系统运行不正常是零地电压的原因。有人也做了相反的试验:原来零地是连接在一起的,系统不正常时就将零地连接断开,结果系统工作又恢复正常了,再将断开的零地电压线重新短接后系统工作仍正常,这就说明零地电压股干扰负载设备运行。为什么零地电压线不论断开还是短接瞬间都会使系统工作状态改变呢?因为零地电压线不论断开还是短接瞬间,零地电压的突变给了不正常运行的系统一个触发(干扰)信号,从而改变了系统的工作状态。

1. 形成干扰的必要条件

正常工作的系统会不会在零地电压突变时也不正常呢?要想知道这一点就应当了解形成干扰的必要条件:

①必须有足够强大的干扰源,这里就假设零地电压是干扰源。

②必须有传递干扰的途径,在这里的途径就是通过导线的传导和空间的辐射。

③必须有接受干扰而不抗干扰的设备。

只要上述三个条件中的一个不成立,干扰就无法形成。如零地电压是零就无法形成干扰;连接受干扰的设备的传输线被断开且受干扰设备具有良好的屏蔽效果,任何干扰信号都无法进入,也形不成干扰;接受干扰的设备具有强大而良好的抗干扰措施,也形不成干扰。

2. 零地电压

(1)零地电压的概念

图 4.16 显示出了电源供电零地电压的位置。

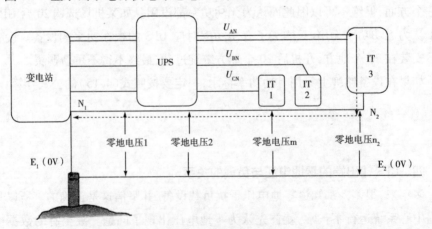

图 4.16　电源供电零地电压位置原理方框图

图 4.16 中的变电站就是 TN－S 接地系统,其特点是在正常情况下地线 E_2→E_1 上是没有电流的,即不论多远,地上的电位永远是 0V,这就是基点。零线 N_2→

N_1 是负载电流的回程路径,如图中虚线所示。零线电缆是有电阻的,所以零线上的电压为:

$$\Delta U = U_{N2} - U_{N1} = U_{零地电压n2}$$ (4.16)

由此可知,零地电压就是电流在设备上做完功后在回去的路径上和零线电阻形成的电压,即零线上某一点的零地电压就是零线上这一点到接地点的零线电压。零地电压就是设备的零线电压,而且零地电压是流入设备的电流做功以后形成的,在时间上一先一后,碰不到,并不会相互干扰。并且流入设备的电流做功以后就返回终点了,不可能再返回来影响设备。此外,目前 IT 设备输入电压是火线和零线,地线并未加入,一根零线不能传递电压。因此零地电压既不是干扰源也无传递干扰的通路,也就不能形成干扰。

（2）有关零地电压的实验

以上是从电路结构分析零地电压不会干扰负载,但任何理论少不了实践的支持,以下从实验方面进行验证。

①直流零地电压的实验:某电信电磁防护支撑中心和某通信技术有限公司对南方两省 122 个局站用了 4 个月的时间做了零地电压的实验,其抽检情况如表 4.2 所示。实验中将零地电压调到了 21V,此电压下有一台 HP 服务器重启,但重新做时这台服务器就不重启了,视为和零地电压无关的偶然故障。

表 4.1　IT 类在网设备抽检情况

零地电位差	设备厂商	设备数量	影响
0～1V	DELL,SUN,IBM,HUAWEI,LENOVO, EMERSON,COMPAQ,CISCO,NEWBRIDGE	69	无
1～5V	北电,天融信,HP,DELL,SUN, IBM,CISCO,COMPAQ	47	无
5～10V	DELL,SUN,HP	4	无
10V 以上	HP,LENOVO	1	HP 服务器重启,且零地 电位差达 21V

表 4.2 为试验得出的数据。其中,I_N 表示中性线上的电流,RCV BLK 表示接收到的数据包,ERR BLK 表示错误的数据包。

表 4.2　试验数据

A 相负载	B 相负载	C 相负载	I_N	A 相电压	B 相电压	C 相电压	零地压差	ERR BLK/ RCV BLK
5W	0	0	20.5A	213.4V	222.7V	223.5V	3.57V	0/5670
10kW	0	0	48.8A	205.5V	222.5V	223.9V	6.6V	0/10025
15kW	0	0	75.6A	198.6V	224.2V	226.4V	10.1V	0/9814
20kW	0	0	106.1A	187.7V	225.7V	228.2V	14.6V	0/4246
22kW	0	0	114.6A	182.3V	232.9V	235.7V	15.9V	0/7409

②零地加脉冲干扰电压：一般来说形成干扰的不外乎两种电压，一种是持久不变的直流电压，另一种就是突变的电压。突变电压最典型的就是大幅度脉冲。

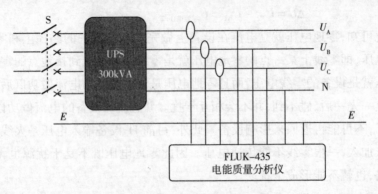

（a）三相电压和零地电压测量接线图

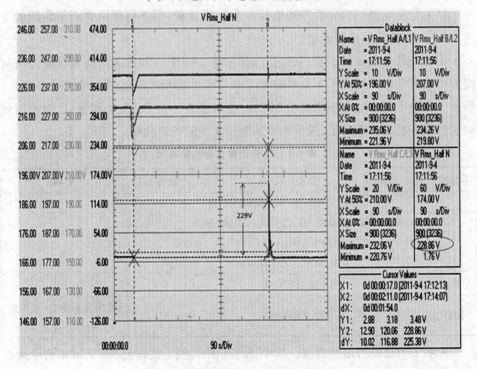

（b）测量结果显示的各种电压情况

图 4.17　零地加脉冲干扰电压的实验图

图 4.17（a）所示为某民航信息中心三相电压和零地电压测量接线图。该中心 UPS 输出端零地电压高达 8V，加了一根并联零线后降到了 3.8V，然而再增加零线电缆电压就不再改变了。该中心担心这样高的零地电压会影响系统运行，就做了一个极端实验。由于该 UPS 三相负载非常不平衡，经过的电流比较大，可以用零线反电势作干扰源。按照图 4.17（a）接好后，断开输出开关 S，在零线上就激起一个反电势，如图 4.24（b）所示，零地电压脉冲幅度为 228.86V，脉冲宽度按照仪表上的 90s/Div 来看也是非常宽的，在这样严重干扰脉冲的情况下 UPS 三相输出电压

受的干扰非常小,所以机房中的所有系统均未受到干扰。UPS 输入开关连续闭合与断开 8 次,机房系统运行一切正常。

通过以上实验就可以证明零地电压不干扰负载,至少对数据中心的 IT 设备没有干扰作用。有人说以前所定的零地电压限值(比如 1V)是为了检验接地线接地是否牢靠,这种说法是否正确值得商榷。因为如果在地线接地点附近测量,这种说法是正确的,但如果在 100m 或更长的距离测量时,那里的零地电压由于零线电流很可能在 10V 以上,这种说法就未必正确了。

虽然零地电压不干扰负载,但由于先入为主的原因,一些用户还是坚信零地电压干扰负载,因此必须将零地电压降下来。图 4.18 是两种降低零地电压的方法。图 4.18(a)是用 1:1 的隔离变压器来降低零地电压的。因为 TN – S 接地系统不允许重复接地,这样就避开了重复接地的限制。不过这种方法的投资大,需要一定的承重和占空条件,牵涉面比较多,只有在非这样做不可的情况下使用,比如要求必须将接地隔离。图 4.18(b)是用电容器来降低零地电压的。用这种方法既简单又有效,但无隔离地的作用。以上两种方法用来降低零地电压是有条件的:图 4.18(a)的变压器次级必须接地;图 4.18(b)零线上的杂波电压,如果是因为三相负载电流不均衡而导致零线电流太大,形成的零地电压过高,只有用加大零线电缆截面积的方法来解决。

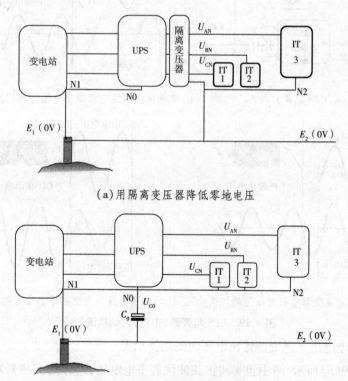

(a)用隔离变压器降低零地电压

(b)用电容器降低零地电压

图 4.18　降低零地电压的方法

五、UPS 在正常情况下状态的切换

UPS 在正常情况下状态的切换是没有时间间隔的，这在前面已经述及，这里我们从另一个角度进行讨论。一些读者坚持认为 UPS 不论是在市电断电时向电池模式切换，还是在逆变器和旁路之间切换肯定是有间隔时间的。他们的依据是开关切换必定有断开的时间，即使是几微秒。这种认识缺乏对电路和工作原理的了解。

1. 市电断电情况 UPS 输出无时间间隔

市电断电情况下只是市电供电转换为电池供电，这个过程一般是不通过开关的，有少数 UPS 设置开关（比如电池放电可控硅），但也是零转换。

2. 逆变器和旁路之间的切换无时间间隔

逆变器和旁路之间的切换都是通过旁路静态开关来完成的，如图 4.19（a）所示。由逆变器向旁路切换的条件是：当 UPS 输出端过载或短路时和 UPS 故障时。图中的市电电压是指加到 UPS 旁路开关输入端的电压。

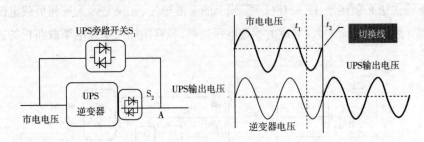

（a）UPS 原理方框图　　　（b）市电电压＝逆变器输出电压时的切换情况

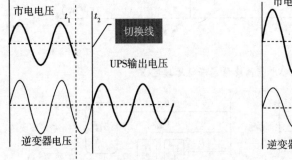

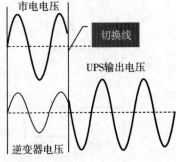

（c）市电电压＜逆变器输出电压时的切换情况　　（d）市电电压＞逆变器输出电压时的切换情况

图 4.19　UPS 与旁路（市电）的切换波形

（1）市电电压＝逆变器输出电压时的切换情况

图 4.19（b）所示，图中粗实线正弦波代表市电电压，当 t_1 时间机器发出切换命令时，打开旁路开关 S_1，同时撤掉 S_2 的触发信号，由于市电电压＝逆变器输出电压，此时 S_2 并不关闭，而 UPS 旁路开关可控硅照常被打开，但由于市电电压和逆变

器输出电压相等,在 $t_1 \sim t_2$ 这段时间两个电压同时向负载供电,直到正弦电压过零时 S_2 才关闭,改由旁路供电。在这个切换中电流是连续的,是零切换。

(2)市电电压<逆变器输出电压时的切换情况

当 t_1 时间机器发出切换命令时,即送出 S_1 触发发信号,同时撤掉 S_2 触发信号。理论上 S_1 应当打开,而 S_2 应当关闭,但由于此时市电电压<逆变器输出电压,给 S_1 加的是反压,即旁路开关可控硅的两端是反压,所以尽管有触发信号 S_1 也无法打开,而 S_2 被撤掉了触发信号,且可控硅石板控器件两端为零或是反压时才可关闭。因此在 $t_1 \sim t_2$ 这段时间仍由逆变器向负载供电,直到正弦波电压过零才关闭,改由市电供电。在这个切换中电流是连续的,也是零切换。如图4.19(c)所示。

(3)市电电压>逆变器输出电压时的切换情况

当 t_1 时间机器发出切换命令时,即送出 S_1 触发信号,同时撤掉 S_2 触发信号。理论上 S_1 应当打开,而 S_2 应当关闭,但由于市电电压>逆变器输出电压,又由于 S_1 器件两端为正压,因此被正常触发而输出市电电压。该电压的输出导致 S_2 的反压,使其提前截止,此时市电电压准时送到负载,如图4.19(d)所示。在这个切换中电流还是连续的,也是零切换。

六、电感器、电抗器和变压器

(1)电感器

用绝缘导线绕制的各种线圈称为电感器,简称为电感,是能够把电能转化为磁能而存储起来的器件。

电感器的两个最主要的作用就是滤波(通直流、阻交流)和储能。

电感器的结构类似于变压器,但只有一个绕组。如果电感器中开始没有电流通过,则它就阻止电流突然流出;如果已有电流流过它,则电路断开时它将试图维持电流不变。因此电感器又称扼流器、电抗器、动态电抗器。

电感器是一种常用的电子元器件。当电流通过导线时,导线的周围就会产生一定的电磁场,并使处于这个电磁场中的导线产生感应电动势——自感电动势,一般就将这个作用称为电磁感应。为了加强电磁感应,人们常将绝缘的导线绕成一定匝数的线圈。

电感器具有阻止交流电通过而让直流电顺利通过的特性。直流信号通过线圈时的电阻是导线本身的电阻,因此压降非常小;当交流信号通过线圈时,线圈两端将会产生自感电动势,自感电动势的方向与外加电压的方向相反,阻碍交流的通过。所以电感器的特性是通直流而阻交流,频率越高,线圈阻抗越大。电感器在电路中经常和电容器一起工作,构成 LC 滤波器和 LC 振荡器等。另外,人们还利用电感的特性,制造了阻流圈、变压器和继电器等。

从外形来看,电感器可分为空心电感器(空心线圈)与实心电感器(实心线圈);从工作性质来看,电感器可分为高频电感器(各种天线线圈、振荡线圈)和低频电感器(各种扼流圈、滤波线圈等);从封装形式来看,电感器可分为普通电感器、色环电感器、环氧树脂电感器和贴片电感器等;从电感量来看,电感器又可分为固定电感器和可调电感器。

在电子设备中,经常可以看到许多磁环与连接电缆构成一个电感器(电缆中的导线在磁环上绕几圈作为电感线圈)。它是电子电路中常用的抗干扰元件,对于高频噪声有很好的屏蔽作用,故被称为吸收磁环,由于通常使用铁氧体材料制成,所以又称铁氧体磁环(简称磁环)。

(2)电抗器

电抗器主要用于电力系统中,其作用是恒流和稳压。电网中所采用的电抗器,实质上是一个无导磁材料的空心线圈。它可以根据需要设计为垂直、水平和品字形三种形式。在电力系统发生短路时,电抗器会产生数值很大的短路电流,如果不加以限制,要保持电气设备的动态稳定和热稳定是非常困难的。因此,为了满足某些断路器遮断容量的要求,常在出线断路器处串联电抗器,增大短路阻抗,限制短路电流。由于采用了电抗器,在发生短路时,电抗器上的电压降较大,所以也起到了维持母线电压水平的作用,使母线上的电压波动较小,保证了非故障线路上的用户电气设备运行的稳定性。

电抗器有以下类型:

①限流电抗器,串联于电力电路中,以限制短路电流的数值。

②并联电抗器,一般接在超高压输电线的末端和地之间,起无功补偿作用。

③通信电抗器,又称阻波器,串联在兼作通信线路用的输电线路中,以阻挡载波信号,使之进入接收设备。

④消弧电抗器,又称消弧线圈,接于三相变压器的中性点与地之间,用以在三相电网的一相接地时提供电感性电流,以补偿流过接地点的电容性电流,使电弧不易起燃,从而消除由于电弧多次重燃引起的过电压。

⑤滤波电抗器,用于整流电路中减少"竹流电流"上纹波的幅值,也可与电容器构成与某种频率能发生共振的电路,以消除电力电路某次谐波的电压或电流。

⑥电炉电抗器,与电炉变压器串联,限制其短路电流。

⑦起动电抗器,与电动机串联,限制其起动电流。

电抗器也叫电感器,一个导体通电时就会在其所占据的一定空间范围产生磁场,所以所有能载流的电导体都有一般意义上的感性。然而通电长直导体的电感较小,所产生的磁场不强,因此实际的电抗器是导线绕成螺线管形式,称空心电抗器。有时为了让这只螺线管具有更大的电感,便在螺线管中插入铁心,称铁心电抗器。在交流电中除了电阻会阻碍电流以外,电容及电感也会阻碍电流的流动,这种作用就称之为电抗,即抵抗电流。电容及电感的电抗分别称作电容抗及电感抗,简称容抗及感抗。

（3）变压器

变压器是一种利用电磁互感应来变换电压、电流和阻抗的器件。

对于不同类型的变压器都有相应的技术要求,可用相应的技术参数表示。如电源变压器的主要技术参数有额定功率、额定电压、电压比、额定频率、工作温度等级、温升、电压调整率、绝缘性能和防潮性能等。对于一般低频变压器的主要技术参数是变压比、频率特性、非线性失真、磁屏蔽、静电屏蔽和效率等。其工作原理如图4.20。

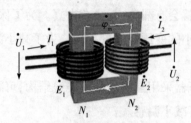

图4.20 变压器原理结构图

①电压比:变压器两组线圈的圈数分别为 N_1 和 N_2,N_1 为初级,N_2 为次级。在初级线圈上加一交流电压,在次级线圈两端就会产生感应电动势。两组线圈的关系如下:

$$n = \frac{N_2}{N_1} \tag{4.16}$$

式中:n——电压比(圈数比)。

当 $n < 1$ 时,则 $N_1 > N_2$,$U_1 > U_2$,该变压器为降压变压器,反之则为升压变压器。

②变压器的效率:在额定功率时,变压器的输出功率和输入功率的比值,叫作变压器的效率,即

$$\eta = \frac{P_2}{P_1} \tag{4.17}$$

式中:η——变压器的效率,单位为% ;

P_1——输入功率,单位为 W;

P_2——输出功率,单位为 W。

当变压器的输出功率 P_2 等于输入功率 P_1 时,效率 η 等于100%,变压器将不产生任何损耗。但实际上这种变压器是没有的。变压器传输电能时总要产生损

耗,这种损耗主要有铜损和铁损。铜损是指变压器线圈电阻所引起的损耗。由于线圈一般都由带绝缘的铜线缠绕而成,因此称为铜损。当电流通过线圈电阻发热时,一部分电能就转变为热能而损耗。变压器的铁损包括两个方面。一是磁滞损耗。当交流电流通过变压器时,通过变压器硅钢片的磁力线的方向和大小随之变化,使得硅钢片内部分子相互摩擦,放出热能,从而损耗了一部分电能,这便是磁滞损耗。二是涡流损耗。当变压器工作时,铁芯中有磁力线穿过,在与磁力线垂直的平面上就会产生感应电流,由于此电流自成闭合回路形成环流,且成旋涡状,故称为涡流。涡流的存在使铁芯发热,消耗能量,故这种损耗称为涡流损耗。变压器的效率与变压器的功率等级有密切关系,通常功率越大,损耗与输出功率比就越小,效率也就越高。反之,功率越小,效率也就越低。

电源变压器通常是工作在线性区的线性器件。线性器件输入输出是不失真的,如果变压器质量不好就会有漏感,就会有失真。为了保证不失真就必须保证变压器无漏感,所以漏感越小的变压器质量越高。为了减小漏感,制造商在制造工艺上采取了多种措施。

①高频开关电源变压器采用三明治分段布线结构,可减小漏感;次级主输出线圈与初级线圈耦合紧密可减小漏感。

②高频变压器采用中心柱开气隙可减小漏感。

③初次级间加铜箔静电屏蔽,并接整流输入高压(+)端可减小漏感。

④绕组占满空间可减小漏感。

⑤绕组平整紧密可减小漏感。

⑥平绕比乱堆绕的漏感小。

⑦打包紧的漏感会小一些。

⑧绕组最外层加铜箔静电屏蔽层可减小漏感。

⑨采用三重绝缘线可减小漏感。

那么同样功率的 UPS 带电源变压器的比不带变压器的带载能力强吗?

假设两种 UPS 的容量都是 400kW,如图 4.21 所示。图 4.21(a)表示的是工频 400kW UPS 原理方框图,图 4.21(b)表示的是高频 400kW UPS 原理方框图。对于工频 400kW UPS,其逆变器和负载之间多了一个输出变压器 B,因为变压器是要消耗功率的,假如变压器的效率为 $\eta_B = 96\%$,那么在变压器上就要消耗 16kW 的功率。暂且忽略两种 UPS 的传输损耗,根据能量守恒定律,负载 1 可得到的最大功率是

$$P_1 = 400\text{kW} - 16\text{kW} = 384\text{kW} \tag{4.18}$$

图 4.21(b)中高频 400kW UPS 中逆变器和负载之间设有变压器 B,即没有 16kW 的损耗,因此负载 2 可得到的最大功率是 400kW。难道说 384kW 的带载能

力比 400kW 的带载能力还强?

还有人认为因为电源变压器可以储能所以带载能力强。暂且认为变压器可以储能,UPS 输出的能量不能全部送到负载,传输的过程中要在变压器中储存一部分,因此不能将 400kW 全部送到负载,也就是说负载得到的最大功率小于 400kW。

由此可知,同样功率的 UPS 带电源变压器的比不带电源变压器的带载能力强。

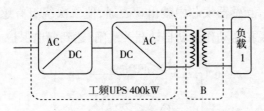

(a)工频 400kW UPS 原理方框图

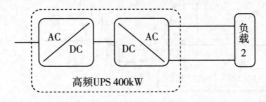

(b)高频 400kW UPS 原理方框图

图 4.21   工频和高频 UPS 输出电路原理方框图

如前所述,只有电感器才有储能的功能,才可以抗(隔离)干扰。变压器不是电感器,所以不能储能和抗(隔离)干扰。

七、漏电保护器

在很多地方的数据机房建设中一些规划者按照民用建筑规范在机房电源输入端加装了带漏电保护器的断路器,结果 UPS 无法启动:UPS 输入开关一合闸断路器就脱扣断电,于是"UPS 漏电"的说法就产生了。因为这种情况普遍存在,于是一些人在制定标准的时候就明确规定数据中心机房各级电源断路器要加装漏电保护。

有的机房建设者就按照上述要求加装了漏电保护器。果不其然,凡是加装了漏电保护器的地方设备都无法启动了:一合开关就跳闸。这样一来数据中心机房就无法加电了。有人就大着胆子将漏电保护器的脱口器断掉而代之以声音告警:一漏电告警喇叭就响。结果加电时机房内喇叭声不断,到最后不得不将喇叭取消而代之以指示灯。

这样来看"数据中心漏电"的情况是真实存在了。数据中心真的像这些人所宣传的那样漏电吗? 为了解决这个问题,我们先来了解一下漏电保护器。

漏电保护器有单相和三相之分,一般家庭用的多是单相电源,数据中心的 IT 设备用的也多是单相电源,漏电保护器的核心是一个互感器,如图 4.22 所示。火线 L 在互感器铁心上绕的匝数和零线 N 在铁心上绕的匝数相同,正常工作时电路中除了工作电流外没有漏电流通过漏电保护器,此时流过互感器(检测互感器)的电流大小相等,方向相反,总和为零,互感器铁芯中的感应磁通也等于零,电子转换的二次绕组无输出,自动开关保持在接通状态,漏电保护器处于正常运行。当被保护电器与线路发生漏电或有人触电时,就有一个接地故障电流,使流过检测互感器内的电流量不为零,互感器铁芯中就出现磁通,使二次绕组有感应电流产生,经放大后输出,使漏电脱扣器动作推动自动开关跳闸,达到漏电保护的目的。

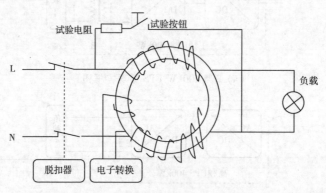

图 4.22　漏电保护器结构原理图

（1）作用

漏电保护器用于当发生人身触电或漏电时,能迅速切断电源,保障人身安全,防止触电事故。有的漏电保护器还兼有过载、短路保护,用于不频繁启动、停止的电动机。

（2）工作原理

当正常工作时,不论三相负载是否平衡,通过零序电流互感器主电路的三相电流矢量之和等于零,故其二次绕组中无感应电动势产生,漏电保护器工作于闭合状态,如图 4.23 所示。如果发生漏电或触电事故,三相电流之和便不再等于零,而等于某一电流值 I_s。I_s 会通过人体、大地、变压器中性点形成回路,这样零序电流互感器二次侧产生与 I_s 对应的感应电动势,加到脱扣器上。当 I_s 达到一定值时,脱扣器动作,推动主开关的锁扣,分断主电路。

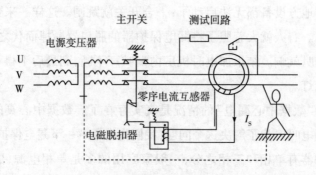

图 4.23　三项漏电保护器原理电路图

（3）参数与类型

参数：额定电流、额定漏电动作电流、额定漏电动作时间。

类型：按动作方式分，有电压动作型和电流动作型；按动作机构分，有开关式和继电器式；按极数和线数分，有单极二线、二极、二极三线等。

（4）选择

选择漏电保护器应按照使用目的和根据作业条件选用。

按使用目的选用：

①以防止人身触电为目的，安装在线路末端，选用高灵敏度、快速型漏电保护器。

②以防止触电为目的，与设备接地并用的分支线路，选用中灵敏度、快速型漏电保护器。

③以防止由漏电引起的火灾和保护线路、设备为目的的干线，应选用中灵敏度、延时型漏电保护器。

按供电方式选用：

①保护单相线路（设备）时，选用单极二线或二极漏电保护器。

②保护三相线路（设备）时，选用三极产品。

③既有三相线路（设备）又有单相线路（设备）时，选用三极四线或四极产品。

（5）"漏电"现象

带漏电保护的断路器本来是保护人身安全的，其原理是将输入市电的火线 L 和零线 N 同时通过一个测量变压器，如图 4.24 所示，从图中可看到两根线的绕法是使磁通抵消的方向。在正常情况下，火线电流 I_L 和地线电流 I_N 相等，变压器中的磁通互相抵消，即

$$I_L = I_N \qquad \Delta\varphi = 0 \qquad (4.19)$$

这时无漏电情况发生，此时的漏电信号电压

$$e = 0 \qquad (4.20)$$

当人体触电时，触电电流通过人体流入大地 E，使得输入火线电流 I_L 和零线电流 I_N 不相等，在 I_N 中比原来少了一部分电流 I_E，就形成了两部分磁通不能低消的局面，即 $\Delta\varphi \neq 0$，这时测量变压器铁芯中就出现了交变磁通，并由此感应出信号电动势 e，即

$$I_L \neq I_N \qquad \Delta\varphi \neq 0 \qquad e \neq 0 \qquad (4.21)$$

当信号电动势达到一定值时，就触动断路器 K 的跳闸线圈，使断路器切断输入市电电源，一般这个电流很小。根据不同的要求其跳闸电流也不同，一般而言人身的安全电流小于 30mA。

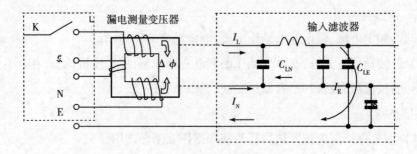

图 4.24　UPS 前加带漏电保护的断路器原理图

当带有漏电保护装置的断路器后面有 UPS 时，虽然无人体触电，但由于其输入滤波器中抑制共模干扰电容器 C_{LE} 和 C_{NE} 的作用，开机时电容 C_{LE} 瞬时短路，这时电流非常大。即使电容充满电，其工作电流 I_E 因电压为 220V 而较大，如取 $C_{LE} = C_{LN} = C_{NE} = 1\mu F$，则在额定 220V 电压下的工作电流 I_E 为

$$I_E = 2\pi fCU \tag{4.22}$$

式中：f——市电频率，50Hz；

$\quad\quad C$——C_{LE}，$1\mu F$；

$\quad\quad U$——市电电压，220V。

将这些值代入式（4.22）得

$$I_E = 2 \times 3.14 \times 50 \times 1 \times 10^{-6} \times 220 mA = 69 mA \tag{4.23}$$

69mA 为跳闸电流的 2 倍。另外还有常模抑制电容 C_{LN} 和共模电容 C_{NE} 构成的泄漏支路向地的漏电流约为 $I_E/2$，两部分漏电流有 100 多毫安，已远远超过了漏电电流允许的临界值，而且是直通到地，使得测量变压器中的返回电流 I_N 因缺少这一部分电流而使磁通失去平衡，出现类似触电的现象，使具有一定幅度的漏电信号 e 出现，经处理后驱动断路器的跳闸执行机构，将输入市电断开，使 UPS 无法启动。如果市电中还夹带共模干扰，这种现象就更明显。所以 UPS 前面不应设置带有漏电保护装置的断路器。

由此可知，在正常情况下数据中心任何供电设备都不漏电，所谓的漏电现象是电源滤波器中抑制共模干扰的电容器正常工作的电流，不会造成任何危险。

八、UPS 的输出电压在正常情况下不是稳频的

这里所说的正常情况是指市电工作模式，即市电正常输入时的情况。在这种情况下 UPS 输出电压的频率和相位不但要和市电频率同步，而且还要锁相，目的就是为了零切换。但有的 UPS 供应商却说 UPS 的输出电压是稳频的，并举出例子：当输入电压频率变化 ±3Hz 时，其输出仍然稳定在 50Hz。这种观点得到了不少用户的认可。这种认识其实是错误的。根据计算当输入频率变化 3Hz，而输出仍稳

定在50Hz的情况下,每经过大约8个周期输出电压相位和输入电压相位就相差180°,即输入电压正半波的峰值 + 311V 正好对应着输出电压的负半波峰值 −311V,如图4.25所示。此时是无法切换的,这在 UPS 设计中就已经考虑到了,因为在相差几度的情况下零切换就已经烧毁机器了。

当输出正半波与输入负半波相对时如果需要切换,肯定要损坏电源,因此 UPS 输出电压和输入相差 ±3°时就不能切换。

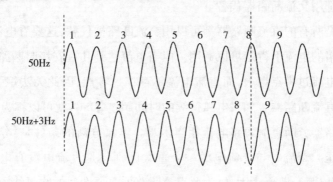

图4.25　当输入为 50Hz + 3Hz 和输出仍为 50Hz 时的前后对应情况

实际上为了 UPS 在输出过载、短路和本身损坏时能够零切换,设计的输出电压的频率和相位必须跟踪输入,而且要锁相。因此在正常工作时 UPS 输出电压是不稳频的,只有在电池放电时才是稳频地输出,此时逆变器已经失去了市电频率的参考频率。

UPS 的输出电压不稳频是为了负载在逆变器和市电之间的零切换,否则就会出问题:轻则使用电设备如服务器重启,重则使用电设备停机。UPS 输出电压稳频是肯定不行的:不锁相切换就会出问题。如某化纤公司塑料厂用的 2 台 40kVA 并联运行的 UPS 在没有锁相的情况下切换时将旁路 STS 烧毁;香港一银行也是在没有锁相的情况下切换时将旁路 STS 烧毁,造成停电 4h 的停机故障。

九、电池断路器开关可用交流断路器代替吗

1. 数据中心机房电池系统能用交直流断路器吗

在相当数量的数据中心机房中,电池系统采用了交直流断路器。理论上直流系统采用直流断路器很正常,但由于价格的原因,在电流大的情况下直流断路器要比交流断路器贵得多。然而直接用交流断路器代替,用户由于不懂,只根据名称断定不能用直流,于是生产出了交直流断路器,可以对用户说这是交直流两用的。

那么交直流断路器就真的是交直流两用吗? 这要根据不同的情况判定。如果该断路器是按直流标准制造的,当然直流 220V 和交流 220V 都可以用。但这是不可能的,因为用交流 220V 的断路器,市场上就有正规的廉价的交流断路器,谁去花

几倍的价钱买直流断路器用在交流上。很显然所谓的交直流断路器就是交流断路器，因为两种断路器的复杂程度和造价相差甚远。

2. 直流断路器的特点

直流断路器很少见，虽然在 48V 直流电压时灭弧容易一些，但在 240V 高压时灭弧就非常困难了。因此直流断路器的价格高于同容量的交流断路器数倍，故在很多场合大都用交流断路器代替。

但并不是所有的直流断路器都可以用交流断路器代替，这要看电流等级，几安培到十几安培的电流下肯定可以通用。但当电流达到几百安培时断路器端口间的电弧只会在电流过零点熄灭，而直流电流不存在过零点，因此无法熄弧，此时必须只用专门的直流断路器。如果电弧持续的时间超过 20ms，就可以称为爆炸。

交流断路器分断直流短路电流相当困难。电弧分断的条件是：分断电弧电压大于电源电压。直流电与交流电的一个重大区别就是直流电没有电压自然过零点，因此直流电弧分断更为困难，为此直流断路器需要专门的吹弧线圈或者使用永磁体吹弧技术，强制直流电弧进入熄弧室，使电弧被切割、拉长，弧电压升高并迅速冷却。直流线路在接线时严格注意了极性，但交流断路器并没有完全在设计上采取直流断路器的技术措施，在许多直流电路上使用时其可靠性、耐久性远不如采用直流断路器的效果好。

交流断路器单极能分断的直流电压值有限，标称电压是交流 230V 的交流断路器并不一定就可直接用于直流 220V 的线路中，在国家标准 GB 10963.2—2008 中规定额定电压为 230V 的单极微型交流断路器用于直流系统时，直流电源电压一般不能超过 220V，大于 220V 应考虑 2 极串联使用。从安全角度出发，并结合大量工程实践的经验，建议如下：

交流断路器串联极数	1P	2P、3P	4P
直流电压	60V DC	125V DC	250V DC

如图 4.26：

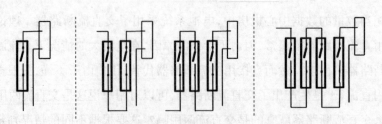

图 4.26　交流断路器用于直流时的串联级数（P）

因此，有些情况下继续使用交流断路器就不如选取直流断路器更经济了。

交流断路器在直流系统中使用会提高瞬时脱扣值。交流断路器的瞬时脱扣值是按照有效值来整定的,但实际上交流断路器的瞬时脱扣是靠交流的峰值电流动作的,直流电流相当于交流的有效值,故两者相差 1.414 倍。例如,交流 C 曲线断路器的瞬时脱扣电流为:$5I_n \sim 10I_n$,当其应用于直流系统时,脱扣电流变为($1.414 \cdot 5I_n - 1.414 \cdot 10I_n > 7I_n - 14I_n$)。交流断路器在直流系统中应用时,瞬时脱扣电流比在交流系统中高,这也是在直流系统里交流断路器分断短路电流困难的一个原因。从相反的角度来看,相当于交流断路器的电流规格不能直接与直流电路中的电流对应,而是偏大,因此,交流断路器不够安全、精确和可靠。

第五章　UPS 配套系统

现在数据中心机房几乎都用 UPS 作为 IT 设备的直供电源，即 UPS 是数据中心设备的主要保护级。换言之，即使前面的市电电源断电，UPS 也能不间断地向 IT 系统提供电能，以保证系统继续正常地运行。但 UPS 只是供电环节中的一个重要部分，比较重要的还有 UPS 的配套电池组。没有配套电池组的电路设备（俗称机头）就不能称为 UPS，因为市电断电后机头不能产生能量，其来源就是蓄电池组，如图 5.1 所示。

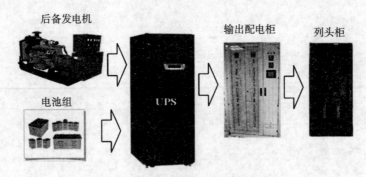

后备发电机　　　　　　　　　　输出配电柜　　列头柜

电池组

图 5.1　UPS 主要配套系统电原理图

众所周知，在正常情况下是市电向 UPS 供电，此时的 UPS 是稳压器和滤波器，一般称作 UPS 工作模式。当市电故障后 UPS 的能量来源于电池组，此时称作电池工作模式，也称作后备模式，但不能称作 UPS 的正常工作模式。当 UPS 输出端过载、短路或 UPS 本身故障时，负载通过其旁路开关直接由市电供电，此时称作旁路模式。不论是电池模式还是旁路模式，这几种转换在正常情况下都是不间断的，也就是零切换。总之。UPS 的三大基本功能是稳压、滤波、不间断。

当市电故障时后备电池组承担起向 UPS 供电的重任，以往多把这个后备时间定为 8h，后来很多数据中心是双路市电供电，因此将电池组的后备时间改为 30min 左右。在 A 级和 B 级供电系统中都要求加装后备发电机组，以防两路市电同时故障时无电可用。

UPS 输出端只有一个汇流排，而后面的用电设备一般不止一个，甚至有上百台服务器和其他机柜。为了安全地将电能送到各个用户，必须配置输出配电柜和列头柜，UPS 输出端和输出配电柜之间、输出配电柜和列头柜之间的断路器必须按要求匹配。

一、后备发电机组容量的选择

1. 工频机 UPS 和发电机容量的匹配

大部分数据中心机房都按照要求和标准加装了后备发电机。一般中小机房多用低压(400V/230V,30V/220V)发电机组,大型机房多用 11kV 或 22kV 的高压发电机组。发电机在以往的应用中,负载多为 UPS,也有的带精密空调机和其他设备。当数据中心带 6 脉冲整流器输入的工频机 UPS 时一般要求发电机的容量是 UPS 容量的数倍。

工频机 UPS 是可控硅整流输入,然后滤波成直流,所以它输入的电压是正弦波,但电流已不是正弦波。这种脉冲电流就会造成输入电压的失真,如图 5.2 所示,在整流滤波后只有输入电压大于滤波电压时才会有电流进入电路,此时的脉冲电流幅值必须很大才能补偿那些无电流输入的空白部分。从图 5.3 可以看出单相整流的电流脉冲面积必须等于直流电流在半波中消耗的电流面积,因此单相整流的电流脉冲幅度一定很高。由于发电机的绕组内阻已定,负载电流为正弦波时在内阻上的压降在设计中忽略不计,在这样高幅度脉冲的情况下所造成的内阻压降会使电动势削掉尖峰,造成输出电压波形严重失真。因此必须减小内阻,对发电机来说只有增大容量(绕组接面积变大)才可办到。这就是发电机容量要比工频机 UPS 大一定倍数的原因。

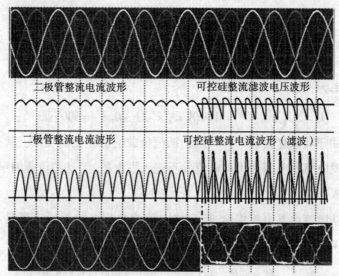

二极管整流电流波形　　　　　　　可控硅整流滤波电压波形

二极管整流电流波形　　　　　　　可控硅整流电流波形(滤波)

图 5.2　三相电源的整流滤波电压和电流波形

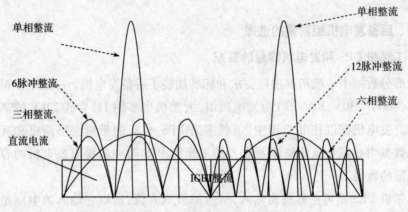

图 5.3　各种整流时的电流波形

2. 高频机 UPS 和发电机容量的匹配

高频机 UPS 的输入功率因数已经接近于 1，换言之，已经是线性负载了。当电源与负载不匹配时需降额使用。而发电机的负载功率因数大都是 0.8，即发电机是为功率因数为 $F = -0.8$ 的负载设计定型的。但现在的负载与其失配相当严重，发电机在这种情况下是如何降额的呢？

例：容量为 $S = 1000\text{kVA}$，负载功率因数为 $F = 0.8$ 的发电机（有时也标为 1000kVA/800kW）带输入功率因素为 1 的 UPS 负载时，可以输出给 UPS 多少有功功率？

解：发电机带匹配负载时可以输出额定有功功率为

$$P_n = S \times F = 1000\text{kVA} \times 0.8 = 800\text{kW} \tag{5.1}$$

无功功率为

$$Q_n = S \times \sqrt{1 - F^2} = 1000\text{kVA} \times \sqrt{1 - 0.8^2} = 600\text{kvar} \tag{5.2}$$

800kW 用于负载做功，600kvar 用于抵消负载的感性无功功率。就是说在正常匹配工作时发电机的电容性无功电流并不进入发电机，而是和负载的 600kvar 感性无功功率形成回路。

电容无功电流由发电机供给，换言之电流建立起来的无功功率是从原来供给负载的 800kW 中抽出来的。因此给负载提供的有功功率 P 为

$$P = \sqrt{P_n^2 - Q_n^2} = \sqrt{800^2 - 600^2}\,\text{kW} \approx 529\text{kW} \tag{5.3}$$

529kW 仅占 1000kVA 的 53%，占 800kW 的 66%。所以很多发电机在此情况下在 70% 的负载时开关就跳闸，此时虽然在输出表上指示 70%（指 700kW），实际已过载

$$\Delta P\% = \frac{700 - 530}{530}\% \approx 32\% \tag{5.4}$$

任何电源也承受不了 32% 的过载。所以发电机在此情况下告警或跳闸关机是正常现象。因此，负载功率因数为 0.8 的发电机容量至少为 UPS 的 2 倍，如果再考虑 UPS 的效率、充电功率和过载能力，应该为 UPS 容量的 3 倍。

对于输入功率因数为 0.8 的（可控硅 6 脉冲整流）UPS，虽然已将输入功率因数提高到了 0.95 以上，发电机的容量还是 UPS 的 3 倍。其原因如下：

①来自 UPS 本身的输入脉冲电流与发电机要求的正弦波电流波形不匹配。高幅度的脉冲电流使发电机的输出电压波形失真严重，必须以增大发电机容量的办法减小发电机的内阻。

②发电机的负载功率因数与 UPS 线性输入功率因数不匹配。虽然输入功率因数为 0.8 和 0.95 以上的（可控硅 6 脉冲整流）UPS 都是由于功率因数不匹配，但前者是由于 UPS 的输入电流波形，后者是由于发电机的负载功率因数。

③发电机容量是输出功率数为 0.95 以上的（可挖硅 6 脉冲整流）UPS 容量的 3 倍，增大了电网的供电能力，取消了 UPS 供电系统对外的干扰。这是以前无法做到的。

二、后备电池组

数据中心的蓄电池主要是用于不间断电源（UPS）的配套。目前与 UPS 配套的电池种类主要有铅酸电池、镉镍电池、燃料电池、锂离子电池和超级电容器等。不过目前仍以铅酸电池的应用最为普遍。

1. 铅酸蓄电池

因为要很好地利用蓄电池，就必须掌握铅酸蓄电池的基本概念。在一次招标中，标书要求 150Ah 的铅酸蓄电池能放出 1000A 的电流，并特别提出要"低倍率"的产品。在座的专家评委也要求供应商按标书供货。其中涉及的基本概念如下：

①容量：电池的容量主要是由极板的面积决定的，而液体铅酸电池的极板面积是由并联的极板数目决定的。

②电池机械寿命：其决定因素是基板的厚度，基板厚度越大，电池机械寿命就越长。

③电池服务寿命：统计显示，一般液体铅酸电池的寿命是设计寿命的 0.4~0.6 倍，当电池的容量降低到额定容量的 80% 以下时就是电池寿命的终结。

另外在电信系统有一个根据电池内阻的变化来衡量电池失效的标准，如表 5.1 所示。

表 5.1　YD/T799—2010《通信用阀控式密封铅酸蓄电池》失效标准[内阻≤(1+15%)R_i]

额定容量(Ah)	内阻(R_i = mΩ)			额定容量(Ah)	内阻(R_i = mΩ)
	12V	6V	2V		2V
25	≤14	—	—	400	≤0.6
38	≤13	—	—	500	≤0.6
50	≤12	—	—	600	≤0.4
65	≤10	—	—	800	≤0.4
80	≤9	—	—	1000	≤0.3
100	≤8	≤3	—	1500	≤0.3
200	≤6	≤2	≤1.0	2000	≤0.2
300	—	—	≤0.8	3000	≤0.2

　　表 5.1 给出了各种电池电压和容量与内阻的对应推荐值,只要电池内阻超过推荐值的 15%,该电池就报废了。

　　④放电率:指电池的放电速度,如图 5.4(a)中的 20 小时率、10 小时率等。其中电池的容量为 100Ah,20 小时率时该电池的放电电流为

$$I_d = \frac{电池容量}{放电率小时} = \frac{100\text{Ah}}{20\text{h}} = 5\text{A} \tag{5.5}$$

　　即在 20 小时率的情况下电池以 5A 恒流放电 20h 后正好放出 100Ah。而 10 小时率为该情况下电池以 10A 恒流放电 10h 后正好放出 91Ah。那么在 1 小时率的情况下电池以 100A 恒流放电 1h 后能放出 91Ah 呢? 从表 5.1 可知在这种情况下电池在 1h 结束时只能放出 65Ah。这是为什么呢? 我们知道电池厂家规定了电池的最低电平,如 20 小时率下 5A 放电 20h 时,电池放出了 100Ah,电池电压此时的电平是 10.5V,那么 10A 恒流放电到 10.5V 时也到此为止,这时电池放出的电流不是 100Ah 而是 91Ah。同样 100A 恒流放电到 10.5V 时也到此为止,这时电池放出的电流是 65Ah。这是因为该电池放电时带电离子移动,将电荷送给电极后需要离开,给其他离子让路,但由于负载要求的电流太大而迫使大量离子涌向极板,交付电荷后的离子还没来得及离开已被后面的带电离子堵住了道路,致使后面的带电离子不能及时将电荷交付极板,极板没有了电荷电压就急剧下降,很快就降到了截止电压,所以电池的容量不能在规定时间内全部放出。这就是非线性特性。为了补偿这个不足,电池厂家给出了如图 5.4(b)所示的恒流放电曲线和表 5.2 所示的恒(定)功率放电表、表 5.3 所示的恒(定)电流放电表。

■ 电池标准

标称电压		12V
标称容量（20小时率）		100Ah
外观尺寸	长	407 mm
	宽	173 mm
	高	210 mm
	总高	236 mm
重量		约31 kg
端子		M8螺栓端子

■ 电池特性

容量（25℃）	20小时率	100Ah
	10小时率	91Ah
	5小时率	82.5Ah
	1小时率	55Ah
内阻	完全充电（25℃）	4.5MΩ
不同温度下的放电容量	40℃	102%
	25℃	100%
	0℃	80%
	−15℃	60%
自放电后剩余容量（25℃）	3个月后	91%
	6个月后	82%
	12个月后	64%

（a）电池的外形尺寸和电气特性

■ 不同放电电流下的放电时间

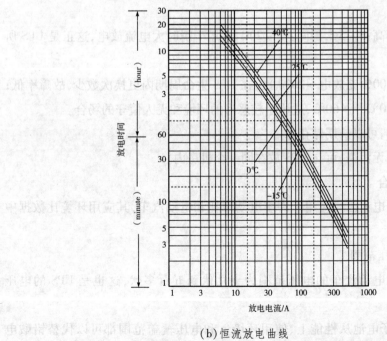

（b）恒流放电曲线

图 5.4 某 100Ah 电池的外形尺寸、电气特性和恒流放电曲线

表5.2　沈松100Ah恒（定）功率放电表　　　　　　　　　　（W/电池）

终止电压(V)	3min	5min	10min	15min	20min	30min	45min	1h	1.5h	2h	3h	4h	5h	6h	10h	20h	24h
3.60	2000	2650	2000	1560	1370	1062	825	660	535	415	275.0	220.0	168.0	152.0	87.0	40.0	38.0
3.30	2551	2453	1955	1523	1337	1036	803	643	521	404	270.0	215.0	163.0	145.0	84.0	46.0	38.0
10.2	2502	2405	1912	1460	1289	1003	811	625	507	395	265.0	210.0	158.0	143.0	83.0	46.0	38.0
10.5	2404	2310	1815	1450	1280	995	788	605	433	330	261.0	205.0	155.0	143.0	82.0	46.0	38.0
10.8	2235	2035	1683	1332	1273	361	777	533	486	381	256.0	203.0	153.0	143.0	81.0	45.0	37.0

表5.3　沈松100Ah恒（定）电流放电表　　　　　　　　　　（A/电流）

终止电压(V)	3min	5min	10min	15min	20min	30min	45min	1h	1.5h	2h	3h	4h	5h	6h	10h	20h	24h
3.60	310.0	275.0	230.0	171.0	150.0	114.0	85.0	68.7	47.8	39.9	27.1	20.3	18.4	15.4	9.80	4.30	4.10
3.30	304.0	272.0	227.0	170.0	145.0	114.0	83.0	68.4	47.6	39.6	26.6	20.7	18.4	15.4	9.80	4.30	4.10
10.2	283.0	270.0	226.0	165.0	147.0	112.0	82.0	68.0	46.5	39.1	26.4	20.5	17.8	15.3	9.70	4.30	4.10
10.5	255.0	250.0	206.0	160.0	140.0	110.0	81.0	67.5	46.0	38.6	26.4	20.5	17.8	15.3	9.70	4.30	4.10
10.8	231.0	223.0	136.0	155.0	137.	108.0	70.0	58.5	41.4	36.7	25.2	20.2	17.6	14.3	9.60	4.30	4.10

2. 锂离子蓄电池

但现在锂离子电池技术已经成熟，未来应该是可以代替铅酸电池的。

（1）锂离子电池从性能上要比铅酸电池优越得多

①工作电压高：单体电压3.2V，容量大：80～450Ah，比铅酸电池可串联较少的级数。

②放电倍率高：3～5C，瞬间：15～20C，适用于瞬时大电流放电，这正是UPS所需要的。

③寿命长：100%充放电＞2000次，在UPS生命周期内更换次数少，故障率低；温度范围宽：－20℃～＋60℃，适用于较恶劣的环境和无人值守的场合。

④自放电小，可以长期储存。

⑤绿色环保无污染，可与UPS放在同一个机房内。

（2）使用场合

目前锂离子电池已经应用于许多电动摩托和电动汽车，其应用环境比数据中心机房恶劣。

（3）使用电压范围

电动摩托和电动汽车的电压范围为十几伏到五百多伏，这也是UPS的电压范围。

因此，锂离子电池从性能上、使用环境上和电压覆盖范围都可以代替铅酸电池，目前之所以在数据中心普及的速度很慢，主要还是价格问题。

3.电池容量的计算与选择

在小容量 UPS 中,除了本身标配 30min 左右的有限电池量外,用户往往还需要外配电池以延长后备时间,在大容量的 UPS 中一般都无标配电池,而是根据当时的需要外配。这些情况都需要选择电池的容量,但一般来说正确的电池容量不是单靠计算就能得出的。原因是电池的放电电流如果超过了放电率所规定的界限值就会出现非线性,即放电电流和电池电压就不再维持线性关系,因此需计算与查表或查曲线相结合。

(1)利用恒流电流放电曲线定电容量

在查曲线前,首先计算出放电电流值 I_d:

$$I_d = \frac{SFk}{\eta U_{min}} \tag{5.6}$$

式中:I_d——放电电流,单位是 A;

S——UPS 额定功率,单位是 VA;

F——负载功率因数,$F \leqslant 1$;

η——逆变器效率,$\eta \leqslant 1$;

k——负载的利用系数;

U_{min}——UPS 关机前一瞬间的电池电压,单位为 V。

例1:一功率因数为 0.8 的 10kVA 的负载,市电断电后要求延时 8h。用户要求采用 100Ah 电池,需多少节?

解:根据要求选某标称值为 15kVA 的 UPS,已知逆变器效率 $\eta = 0.95$,直流电压采用 16 节 12V 蓄电池,负载利用系数取 1。

但供应商为了降低价格,提高竞争力,擅自选用小的负载利用系数,为以后的用户增容埋下了隐患。一般这个系数应当由用户自己选而供应商以选 1 为宜。按一般情况计算,额定直流电压应为

$$U_n = 12V \times 16 = 192V \tag{5.7}$$

浮充电压为

$$U_f = (2.25 \times 6) \times 16 = 216V \tag{5.8}$$

逆变器的关机电压应为

$$U_{min} = (1.75V \times 6) \times 16 = 168V \tag{5.9}$$

满载时的放电电流为

$$I_d = \frac{10kVA \times 0.8 \times 1}{0.95 \times 168V} = 50.13A \tag{5.10}$$

由于电池的放电电流增大时呈非线性放电规律,单靠计算是不能得出正确结

果的。因此将100Ah的放电曲线复制为图5.4(b)，这里有4条不同温度下的放电曲线。有两种查法：由时间查电流法和由电流查时间法。

①由时间查电流法：从8小时的一条横线向右找到对应25℃的曲线交点，此点有一条垂直的虚线，向下与电流轴相交于约17A处，即一组100Ah的16节电池，在以17A电流放电时，时间为8h。17A约为50A的1/4，所以需4组100Ah的16节电池（即64节）才能满足要求。

②由电流查时间法：从50A处向上找到与对应25℃的曲线交点，约2h，即4组电池（即64节）满足要求的结果。

例2：一功率因数为0.8的25kVA的负载，市电断电后要求延时1h。用户要求采用100Ah电池，需多少节？

解：根据要求选某标称值为30kVA的UPS，已知逆变器效率$\eta = 0.95$，直流电压也采用16节12V蓄电池，则满载时的放电电流为

$$I_d = \frac{25kVA \times 0.8 \times 1}{0.95 \times 168V} = 125A \tag{5.11}$$

根据$C_d = I_d \times h$得出电池容量为125Ah，正好满足要求。若用上述两种方法查图5.4(b)的曲线：

①由时间查电流法：从1h向右找到对应25℃的曲线交点，约75A，电池容量的倍数应是$125/75 = 1.67$，即167Ah。

②由电流查时间法：从125A向上找到与对应25℃的曲线交点，约37分钟，电池容量的倍数为$60/37 = 1.62$，即162Ah。5Ah是由于估计误差所致。

根据$C_d = I_d \times h$得出的结果与两种方法查得的结果差了约40Ah，接近电池总容量的1/3，所以$C_d = I_d \times h$只有在特殊情况下才可使用。

(2)利用恒功率放电表定电池容量

在查曲线前，首先计算出放电功率I_d：

$$I_d = \frac{PF}{\eta} \tag{5.12}$$

例1：一功率因数为0.8的10kVA的负载，市电断电后要求延时8h。用户要求采用100Ah电池，需多少节？

解：根据要求选某标称值为15kVA的UPS，已知逆变器效率$\eta = 0.95$，直流电压采用16节12V蓄电池，按一般情况计算，额定直流电压的放电功率为：

$$P_d = \frac{10kVA \times 0.8}{0.95} = 8421W \tag{5.13}$$

参看表5.2，表内最左端所列为12V电池的放电终止电压，在这个例子中取10.5V。最上一排是电池的放电时间。其余各格内是对应终止电压和放电时间的

功率数,比如 2h 就放电到 10.5V,这时的放电功率应是 396W,即一节 100Ah 的电池,如果以 396W 的恒功率放电,在 2h 末,其电池端电压就降到了 10.5V。

表 5.2 中无 8h 对应的功率,只有 6h 和 10h,碰到这种情况应如何解决? 是否可取相邻的 6h 和 10h 的平均值,去除所得放电功率呢? 假设这种方法可以,我们可求出 100Ah 电池的数量 n_w:

$$n_w = \frac{8421}{\dfrac{149+82}{2}} = 73(节) \tag{5.14}$$

和查曲线得出的 4 组电池(64 节)相差甚远,此法误差太大,故不可行。

$$n_A = \frac{50}{\dfrac{15.3+9.7}{2}} = 4(组) \tag{5.15}$$

和查曲线得出的 4 组电池(64 节)6400Ah 相吻合。

若用表 5.3 求 100Ah 电池组的数量 n_A。这时电池的总容量为 1600Ah × 4 = 6400Ah。

①从式(5.13)中可以看出,负载需要电池提供 8421W 的功率。而恒功率放电表中表示的是在满足后备时间的前提下电池所能提供的功率,一个电池大约可以提供的功率为(149+82)/2 = 115.5W,用这个值除总功率数得出的是电池的数量。

50.13A 是由式(5.10)得来的,式中的 168V 是一组电池的串联电压值,串联连接的所有电池的电流相等。而在恒电流放电表中表示的是一个电池(即一组电池)流过的电流,用一组电池流过的电流除总电流,得出的就是并联的电池组数。

②式(5.10)求得的 50.13A 和此时电压 168V 的乘积为:

$$50.13A \times 168V = 8421.84W$$

与式(5.13)相符。用恒功率放电表查得的误差较大,是因为没有 8h 对应的值,所以不能用相邻的 6h 和 8h 的平均值,但这并不影响电池容量的选择。表 5.4 是 Senry FM65(65Ah)恒功率放电表,其中有对应 8h 的数据。从表中可以看出,在 8h 放电到终止电压 1.75V 时的恒功率是 14W,需注意的是放电的终止电压是 1.75V,而不是 10.5V(=1.75V×6),这说明表中的功率值不是 12V 组合电池的放电功率,而是一个单元电池的放电功率,因此得出的数量是单元电池数,用这个数再除以 6 是 12V 的电池数:

$$N = (8421W \div 14W) \div 6 \approx 100(只)$$

一只电池的容量是 65Ah,总容量为 6500Ah。这就和上面的结果一致了,但每一组仅有 16 只,所以实际中只能配 6 组(96 只)或 7 组(112 只)。

在表 5.2 和表 5.3 中最左边一列表示的是电池放电的终止电压。表 5.4 是 Senry FM65(65Ah)恒功率放电表,表中是 1 个 2V 单元电池的放电终止值。

表 5.4　Senry FM65(65Ah)恒功率放电表

FM65	5m	10m	15m	30m	45m	1h	2h	3h	5h	8h	10h	12h	24h
1.6	36	25	19	12	96	78	45	32	21	14	11	10	5.4
1.6	34	25	19	12	95	75	45	32	21	14	11	10	5.4
1.6	34	25	19	12	93	75	45	32	21	14	11	10	5.4
1.7	33	24	18	12	92	75	45	32	21	14	11	10	5.4
1.7	30	23	18	11	90	75	44	31	20	14	11	10	5.4
1.8	27	21	17	10	89	75	43	31	20	14	11	9.9	5.3
1.8	22	17	15	97	82	69	41	30	19	13	11	9.5	5.0

2V 单元电池和 12V 电池的对应关系如表 5.5 所示。

表 5.5　2V 单元电池与 12V 组合电池放电终止电压的关系

2V 单元电池放电终止电压(V)	12V 组合电池放电终止电压(V)	备注
1.60	9.60	2V 单元电池×6 = 12V 组合电池
1.65	9.90	
1.67	10.02	
1.70	10.2	
1.75	10.5	
1.80	10.8	
1.85	11.1	

　　厂家给出如此多的放电终止值,主要是为了用户的方便。因为一般用户大都没有这样的恒流或恒功率放电条件,而在实际应用中又确实需要这些数据,如 UPS 逆变器的关机电压不能低于 315V。因为在输出交流 220V 的情况下,其峰值电压为 311V,如果再加上逆变器功率管的导通压降,已接近 315V。若再加上输出滤波器的压降,即使有变压器,变压器的输入电压也承受不了。一般三相输出的 UPS 逆变器的输出电压为 220V,不论是输出端接变压器还是不接变压器,其输出电压峰值 311V 是不变的,为了保证这个电压,逆变器的输入直流电压必须高于 311V。

三、配电柜与断路器

1. 配电柜

　　在数据中心供电电源和 IT 设备的连接多用列头柜,尤其是中大型中心。这种列头柜是由一般的配电柜转化而来,这种情况下,有的柜中标配了隔离变压器,即使没有,设计者或用户也要求配置隔离变压器,目的是为了隔离干扰或降低零地电压。但之前列头柜中并没有隔离变压器,曾几何时设计者突然将这个没有任何隔离干扰的变压器赋予了这种功能,一时间不少用户的数据中心机房出现了带隔离变压器的列头柜。图 5.5 是几种列头柜的外形。

（a）一般列头柜外形

（b）带变压器的大功率列头柜

（c）带变压器的小功率列头柜

图 5.5　几种列头柜的外形

　　实际上列头柜是一个大电源分配器,其结构并不复杂,图 5.6 是一般配电柜和列头柜的电路原理图。

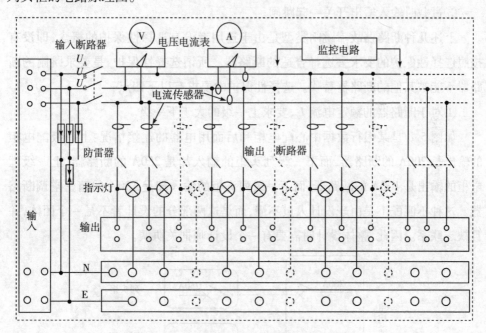

图 5.6　一般配电柜和列头柜的电路原理图

2. 断路器

　　配电柜中使用最多的是各种容量的断路器,如图 5.7 所示是目前使用最为普遍的几种断路器。框架断路器多用于市电输入输出的配电柜中,塑壳断路器用于市电配电柜输出电流不太大的情况和在列头柜中作输入开关,微型断路器多用于列头柜的输出开关。断路器的开关一般都是人工合闸自动跳闸（脱扣）。

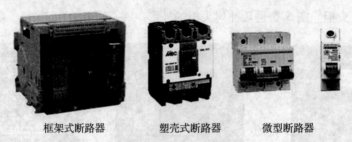

框架式断路器　　　塑壳式断路器　　　微型断路器

图 5.7　常用低压断路器的几种外形图

断路器有两种跳闸类型，一类是利用热电偶余热变形原理跳闸，这一类反应时间慢，一般以几分钟或几十分钟计；另一类是电磁跳闸，这一类反应时间快，一般以几十毫秒或百毫秒计。

断路器有以下故障跳闸类型：

①后面（或输出）的所有开关工作正常而前面（或输入）的主开关跳闸。

②后面（或输出）的开关负载过载时，对应这一负载的断路器开关不跳闸，跳闸的是上一级（或输入开关）。

③过载时输入输出开关一起跳闸。

上述几种断路器故障跳闸类型是由于选用者没有选择性保护的概念，即没有按照选择性保护的要求去选择合适的断路器。所谓选择性保护，是要求跳闸的断路器不能被其他的断路器替代。选择性保护的要求有以下四点：

①对于断路器的额定电流 I_n，要求上一级的大于下一级。

如图 5.8 是某银行数据中心配电柜和后面用电器的连接情况：上一级配电柜的输出是 200A 的断路器，而下一级列头柜的输入却是 250A 的断路器；上一级配电柜的输出是 100A 的断路器，而下一级列头柜的输入却是 130A 的精密空调断路器。这种不匹配不是由于设计人员不懂，而是这两部分的设计者不是一个团体，并且缺乏联系。因此，整体设计时需要有一个设计师把关协调。

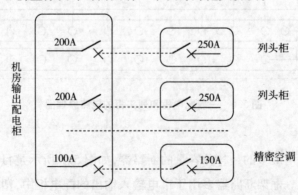

图 5.8　某银行数据中心配电柜和后面用电器的连接情况

②对于断路器的短路瞬时脱扣电流 I_3 和脱扣时间 t。短路瞬时脱扣电流 I_3（等于脱扣特性值乘以额定电流，如 B 类断路器的脱扣电流 I_3 为额定工作电流 I_n 的 5 倍，即 I_3 为 $5I_n$，C 类断路器的 I 为 $10I_n$，D 类断路器的 I_3 为 $15I_n$。

图 5.9 是某金融单位数据中心配电柜输入输入断路器原理图。从图中可以看出，该机房供电系统采用了三台 300kVA 容量的 UPS 作"2＋1"冗余并联。300kVA 容量 UPS 的额定工作电流为 450A，用户采用了输入输出都为同规格的框架式断路器，输出整定到 600A，因为"2＋1"结构，所以输入整定到 1200A。为了在输出过载或短路时实现保护功能，输入输出断路器脱扣值都调整到额定电流值的 10 倍。为了跳闸脱扣迅速，其脱扣时间调到 <0.1s。

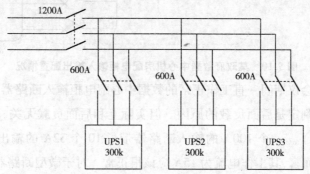

图 5.9　某金融单位数据中心配电柜输入输入断路器原理图

在系统运行中有一台 UPS 的功率器件因失效而形成短路，这时 UPS 应该转旁路供电，但因原设计并联 UPS 系统不能单独转旁路，而必须集体同时动作，否则将会烧毁其他 UPS 的逆变器。当三台 UPS 同时转旁路后不是对应 UPS 的三个 600A 的断路器跳闸而是 1200A 的输入断路器跳闸。究其原因还是匹配问题：没有满足上一级大于下一级的要求。虽然脱扣电流都是 10 倍，输入 12 000A 和输出 6000A 跳闸，但时间却都是 <0.1s。当三台 UPS 的电流都上升到 4000A 时就已经是 12 000A 了。如果输入断路器的脱扣时间调整到 >0.1s，或者输出断路器的脱扣电流小于 10 倍，这种情况就不会出现了。

③对于断路器的额定短路分断能力 I_{cs}，要求上一级的大于下一级的。

因为断路器的自动脱扣是靠弹力、压力或拉力，统称为分断能力，对不同的电流有不同的分断能力，因为电流越大，开关触点由于拉弧越严重，所需分断能力也就越强。比如某档断路器的分断能力是 1000A，那么在 800A 时就能脱扣；但如果某档断路器的分断能力是 500A，那么在 800A 时就不能脱扣：触点在电弧的作用下黏到一起了。这通过查找该断路器的手册可知道。

④上一级断路器的额定电流 I_n 要大于或等于下一级支路所有断路器额定电流 I_n 的总和一定值。

以前不少设计者都认为输入断路器只要比输出断路器大就可以了，很少考虑到输出断路器电流的总和问题。因此，某政府机关在开重要会议的时候因输入断路器"无故"跳闸而影响了工作，其原因如下。图5.10是某政府数据中心机房配电柜输入输出配置情况。

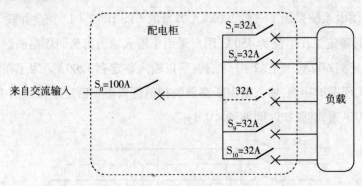

图5.10　某政府数据中心机房配电柜输入输出配置情况

在某重要会议期间一直工作正常的数据中心配电柜输入断路器跳闸。经某专业人员诊断后判定是后面负载的原因。但实际上和后面负载无关，而是输入断路器的容量选小了。一个100A的输入断路器带了10个32A的输出断路器，对于32A的断路器而言，其工作电流为15A应该很正常。对于微型断路器而言，当过载到145%时1h后断路器跳闸，这种称为温度跳闸，如图5.11的t(temperature)所示。这种跳闸的原理是利用热效应，因为断路器的闭合触点温度在有电流通过时，由于自身接触电阻要消耗功率，导致温度上升，当上升到设计温度限值以上时，断路器脱扣跳闸。一般情况下由于触点的接触电阻很小，不会使温度升得很高，超过设计的温度极限，所以断路器可以长期工作。但是，当环境条件不太好时，比如尘埃过多、有腐蚀性气体、空气湿热等情况就会使触点进入灰尘、触点氧化或腐蚀等，使得触点接触电阻变大。如不及时清理就有可能使断路器故障跳闸。再有就是断路器输入输出端的连接不牢，使接触电阻过大，温升就很高，其热量就会沿内部金属结构传到温度测量点造成断路器跳闸，所以断路器跳闸不一定就是电流过载。因此断路器的输入输出连接处也要经常检查。

一般运维人员最好用温度测温仪、红外成像仪或测温枪经常检查这些部位，随时掌握设备的发热情况。当然利用上述测温仪表除了测量断路器的接触是否良好外，还可以测量机柜内各部分的温度情况或者电池组接线端的连接情况，以便及时采用措施避免酿成灾难。

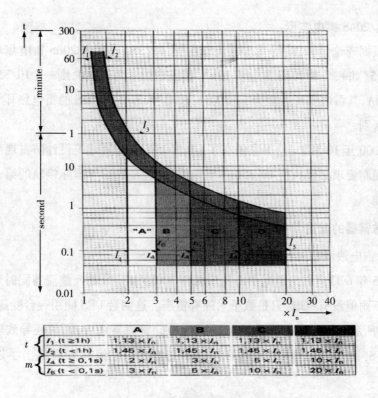

		A	B	C	D
t	I_1 (t ≥1h)	$1,13 \times I_n$	$1,13 \times I_n$	$1,13 \times I_n$	$1,13 \times I_n$
	I_2 (t <1h)	$1,45 \times I_n$	$1,45 \times I_n$	$1,45 \times I_n$	$1,45 \times I_n$
m	I_4 (t ≥ 0,1s)	$2 \times I_n$	$3 \times I_n$	$5 \times I_n$	$10 \times I_n$
	I_5 (t < 0,1s)	$3 \times I_n$	$5 \times I_n$	$10 \times I_n$	$20 \times I_n$

图 5.11　微型断路器技术指标

四、防雷器

1. 雷电浪涌电压

在市电电网输入端接入防雷器是很有必要的。直击雷是防不胜防,感应雷有时破坏性也很大。2000 年一个机场旁边的信标站被 1km 以外感应来的雷电浪涌电压破坏殆尽:串联防雷器被炸毁、3kVA UPS 被烧毁和后面的用电设备完全被捣毁。因此一般感应雷若处理不好也会造成巨大损失。以下为雷电波形的介绍。

(1)雷电波形

①10/350uS 是时间与电流的曲线,是典型的雷电击穿大地的雷电流曲线,也是雷电直接袭击电力线和避雷针的雷电流曲线。我们一般称其为直击雷波形。

②8/20uS 是时间与电流的曲线,是典型的雷电击穿大地(避雷针或临近接闪物)引起的电磁脉冲感应浪涌电压,这个感应电压击穿、烧毁设备时的电流曲线,一般称感应雷波形。

(2)直击雷波形和感应雷波形的区别

①标准与规定的差异性:IEC 国际电工委员会标准 IEC 1024《建筑设计防雷规范》、IEC 1312《雷电电磁脉冲防护》均执行 10/350uS 和 8/20uS 雷电波形。国家标准 GB 11032—2000《交流避雷器》、GB 3482—3483—83《电子设备雷击实验、导则》

均执行 8/20uS 雷电波形。

②根据理论计算，同等雷击电流作用下，10/350uS 和 8/20uS 雷电焦耳能量之比为 17.5（如一个 8/20uS 雷电流 10kA，其雷电焦耳为 1000J，则一个 10/350uS 的雷电流 10kA，其雷电焦耳近似为 17 500J），10/350uS 和 8/20uS 的雷电焦耳能量有本质上的区别。

③2000 年 10 月 1 日，国家颁布了 GB 50057—2000《建筑设计防雷规范》标准，第一次强制要求必须执行 10/350uS 雷电波形，这是我国与国际接轨的第一个雷电防护标准。

2. 防雷器的配置

（1）雷电浪涌电压对 UPS 的危害

2015 年 6 月南方一数据中心机房两台 300kVA UPS 输入整流器同时烧毁。当天夜里下雨但没有雷电，只是数千米外有雷声。这两台 UPS 同用一台变压器，如图 5.12（a）所示。故障不但使 UPS 的输入可控硅整流器烧毁，而且还导致输入断路器 S_2 和 S_3 跳闸，在此期间其他器件基本完好无损。经检查后提出了以下两个问题：

①一般遭雷击的器件应该是炸裂，这里只是产生过流现象，但 UPS 的负载很小，不足 50%，为什么导致输入断路器跳闸呢？

②如果是雷击，为什么 500A 的整流器都烧毁了，但比可控硅整流器薄弱很多的其他器件却未受影响？

经检查发现，500A 可控硅整流器的烧毁不是由于雷击也不是由于干扰。由图 5.12（c）上可以看出，为了避免外来干扰的影响，可控硅的正常工作在控制极上都有 RC 防干扰环节，即使有干扰，打开了可控硅，也不可能形成过流甚至烧毁管子。图 5.12（c）下图是为了说明问题而单画出一相电路，分析造成过流的原因。

一般情况下，可控硅整流器必须有一定幅度和宽度的触发信号才能在一定幅度的阳极电压下导通。但还有两种触发方式也可以使其导通：温度和阳极电压上升率。因为当天夜里下雨，温度不会很高，只有电压上升率 dU/dt，如图 5.12（b）所示。当可控硅阳极电压上升率 $dU/dt > 20V$ 时，由此导致的位移电流就可以使可控硅整流器导通了。

远方的雷电在市电架空线上感应出一个浪涌电压，并沿架空输电线传输到此地进入变压器，按照 8/20μs 计算，前沿为 4μs，该数据中心 UPS 前面安装的是二级防雷器，若雷电压幅度 $U = 2000V$，则

$$dU/dt = 2000V/4\mu s = 500V \gg 20V \tag{5.12}$$

500V 可将所有阳极正压的可控硅打开，如图 5.16（c）下图所示的虚线路径直

接将 380V 电压短路。由于可控硅的过载能力很强，这个持续时间使输入断路器跳闸，同时可控硅本身也被烧毁。

由于两台 UPS 都接在同一台变压器上，二者接受的雷电浪涌电压是一样的，故两台 UPS 的可控硅整流器表现为同样的故障。

很明显上述的故障出现在工频机 UPS 上，对于高频机 UPS 而言，其输入整流器的器件不是可控硅而是 IGBT，理论上来说不应该出现上述现象。但 IGBT 和可控硅一样也是五层管结构，且有一个寄生可控硅，也会在雷雨天出现类似的故障。这个结论已在高频机 UPS 上得到了证实。

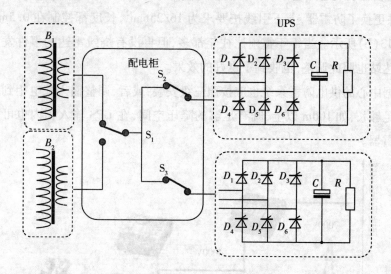

（a）某金融供电系统连接原理图

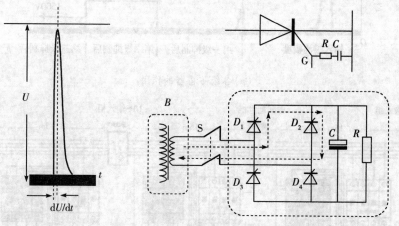

（b）雷电压波形上升率示意图　　　（c）单相可控硅整流器误导通电流回路原理图

图 5.12　某金融供电系统雷电故障原理示意图

（2）防雷器的安装

IEC 规定了防雷器的三级残压（放电电流流过 SPD 时，其端子间的电压峰值）：4000V，2500V，1500V，如图 5.13（a）所示。在电源或用电器的前面以放置三级防雷装置为好,因为到第三级防雷时雷浪涌电压才会降到 1500V 以下,此时对用电器才是安全的。从图 5.13(a)可以看出每两级防雷器之间要在传输电缆上有上千伏的压降,因此每两级防雷器之间需要有一定长度的电缆。一般规定这个长度要在 15m 以上,也有人说 10m 以上也可以。对于并联式安装的 SPD 而言,其电缆截面积是 16/25mm²,其接地长度越短越好。如南方一机场山上的花都雷达站虽然按要求配置了全套的防雷装置,但几年来在雷雨天气时仍然屡屡烧毁雷达电路。笔者发现尽管防雷器配置齐全,但有几个地方没有注意,一是地线过长、过细,只有 4mm²,防雷器引线也是这个规格,长度超过 1m。笔者按照上述规定将地线扩大了 10 倍,并更换了防雷器,上下引线按要求为 16/25mm²,长度都控制在 0.5m 以下,如图 5.13(b)所示。当年年雷雨比往年都多,但再没有烧毁雷达的事件发生。凤凰山雷达站也照此调整,也收到了良好的效果。

数据中心的供电防雷系统也应按照三级安装,或者,调整输入配电柜到中间柜的距离足够长,如 100m 以上,既有足够的降压空间,在 UPS 输入柜内也可防止第三级防雷器。

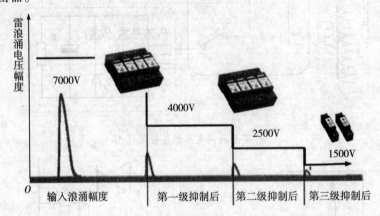

（a）各级防雷器的作用

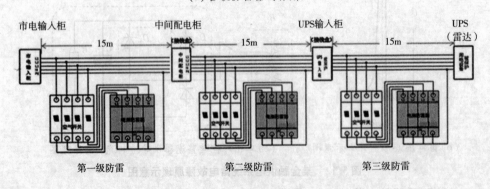

（b）UPS 前面三级防雷器的连接原理图

图 5.13　各级防雷器的作用与防雷器的连接

（3）减缓雷电压的上升率

根据以往数据中心 UPS 输入整流器被烧毁的情况,为了消除因雷电电压上升率过高而导致 UPS 输入整流器误导通的故障发生,尚需用一个电路环节来减缓雷电压的上升率。一般来说防雷器只能降低雷电压的幅度而不能减缓其上升率。图 5.14 是一种 LC 电路抑制环节的电原理图。雷电压的上升率通过 LC 滤波器后明显地降下来了。

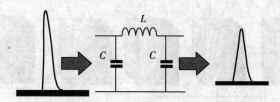

图 5.14 抑制输入雷电电压上升率的环节原理图

五、智能 PDU（Power Distribution Unit）和列头柜的配电结构

在 IT 柜中一般有好多独立的设备,它们都带有自己的直流电源。这些电源的交流输入都来自 IT 柜两侧的 PDU。IT 柜的交流输入在早期都是用一般的民用插销板,这种插销板虽然也可称为 PDU,但一般容量都较小,总电流容量才 10A,所以板上插座一般不超过 5 个。那时的机柜功率密度大都在 2kVA 左右,所以机柜内最多两个 5 插座的插销板就够了。后来随着 IT 柜功率密度的提高,大容量多插座的 PDU 问世了,并且在机柜内有了专门的安装位置。后来随着双电源输入服务器的出现,在 IT 柜内的两侧都安装了 PDU。为了在一路市电故障后也能保证系统正常运转,在 IT 柜内也采用了 $2n$ 结构供电,如图 5.15 所示。这样使得供电系统的可靠性大大提高。为了更好地掌握各部分用电量的情况,设计者在 PDU 上增加了测量和显示环节。一般机房的环境不适合人员长时间的停留,所以又将 PDU 测得的数据传导给监控中心。此外,为了运维人员能及时掌握各设备的用电供电状态,不但将状态数据传到监控室,而且还放到网上和云上,使有关人员在任何时间和任何地点都可以及时了解所关心的状态数据。这种 PDU 已经相当智能化了,如图 5.16所示,称为智能 PDU。智能 PDU 上有各种所需要的对外接口。这种 PDU 很人性化,电流表具有热插拔特性;同时满足对电流、电压、功率、功率因数、电量、温湿度等数据的监测;以太网 HTTP/SNMPSMTP/NTP 等网络服务功能和 RS485 串行接口,可提供 100 台以上的设备串接。而且 PDU 还使用了各种颜色,使相关人员很容易分辨是哪一台 UPS,是哪一相电,是具有什么功能的 PDU,等等。

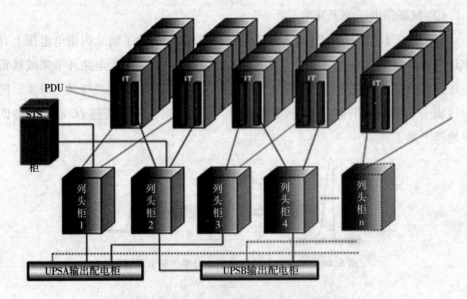

图 5.15　数据中心列头柜与 IT 设备的连接

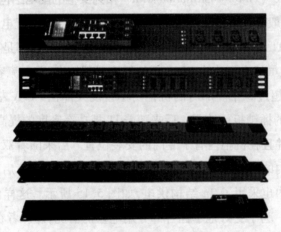

图 5.16　各种智能型的 PDU 外形

　　更为智能化的 PDU 产品也已问世,如图 5.17 所示是一种称作 CAN INP 系列的 PDU,它提供全功能的网络管理接口并集成多种实用功能,以满足用户对远程智能监控 PDU 的性能要求。它支持 220V 电源输入,并可控制每一位输出接口,可监测总路以及各分路电压、电流、电量、功率和功率因素等,以及监测设备环境温度、湿度、烟感、水浸和门禁等状态参数。液晶屏可显示电流值、电压值、功率值、电压频率、功率因数及电功率值等数据信息。这些智能 PDU 已在各领域得到了广泛应用。

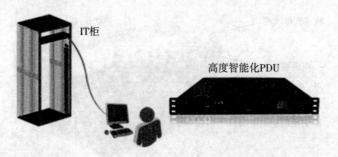

图 5.17　在 IT 柜中的高度智能化 CAN INP PDU

六、轨道式供电系统

在数据中心传统的配电方式是 UPS 输出后接配电柜，然后是列头柜，而后通过分路断路器和传输电缆将电能输送到各 IT 机柜。这样在高架地板下就堆积了大量的线缆，如图 5.18 所示。

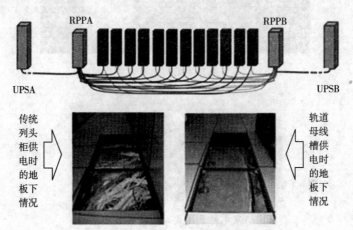

图 5.18　传统式配电与轨道母线槽供电的比较

图 5.18 左边所示的情况不仅管理起来相当困难，而且也堵塞了通风路径，降低了制冷效果。而美国一种称作 Starline 的解决方案首先解决了这个问题，这种解决方式在国内称作轨道式母线槽供电方式。采用轨道式母线槽配电方式的思想是 UPS 输出后不再需要列头柜，而以轨道式供电母线代之，使得地板下有了足够的通风空间，优化了机器的制冷效果。如图 5.18 UPSB 右边所示，地板下非常空旷了，列头柜被取消了，配电直接从机柜的顶部或高架地板下引进，如图 5.19(a)、(b)、(c)和(d)所示。从图中可以看出，UPS 输出在远程(几十米)的另一个房间时，一般通过电缆送到 IT 机房，与轨道式母线槽的电缆输入接口接入，然后再由母线槽的电源插座将电能引入各个 IT 机柜。

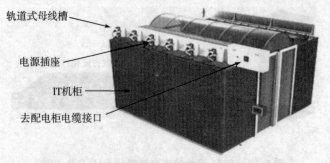

（a）轨道式母线槽供电情况的电源连接图

（b）具有监控功能的轨道式母线槽

（c）双电源轨道式母线槽供电系统

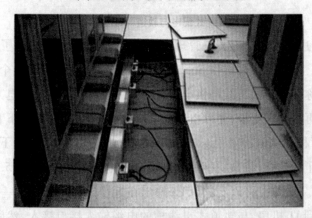

（d）高架地板下的轨道式母线槽应用情况

图5.19 轨道式母线槽供电系统的一些形式

轨道式母线槽供电系统的应用为数据中心的建设和使用带来了方便。

图5.20是轨道式母线槽供电系统的构成，它包括了列头柜中所有的部分。也许有

人说列头柜中有隔离变压器,而轨道式母线槽供电系统中没有,而且也放不进去。我们在前面的讨论中知道在列头柜中放隔离变压器并没有起到作用,并且带来了隐患,因此,轨道式母线槽供电系统中没必要放隔离变压器。

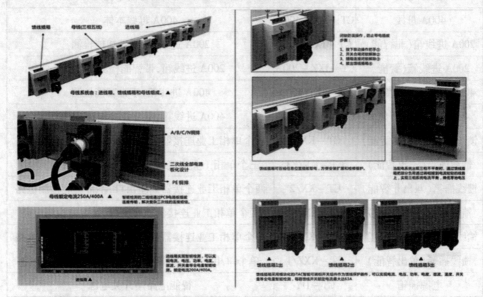

图 5.20　轨道式母线槽供电系统的构成

目前国产的轨道式母线槽供电系统已具有了很好的性能,其参数如表 5.6,各部件选型及说明见表 5.7。

表 5.6　轨道式母线槽供电系统的性能参数

母线额定电压	400V/230V
母线额定电流	400A/200A
频率	50Hz/60Hz
短时耐受能力	10kA
防护等级	IP30
母线进线方式	电缆进线
馈线出线	标配工业连接器母座 1/2/3 出
馈线箱额定电流	63A/40A/32A/16A 等开关可选
馈线插箱可调相序	A/B/C 可调
插接方式	斜插
母线材料	铝合金拉丝
适用标准	GB 7251.6—2015,GB/T 7251.8—2005
应用海拔高度	≤2000m

表5.7 母线各部件选型及说明

名称	型号	说明
200A 母线	CT – MX – 200A	200A 母线本体
400A 母线	CT – MX – 400A	400A 母线本体
200A 进线箱（非智能）	CT – JX – 200A	200A 进线箱，不带智能检测
200A 进线箱（智能）	CT – JXZ – 200A	200A 进线箱，带智能检测，前维护
400A 进线箱（非智能）	CT – JX – 400A	400A 进线箱，不带智能检测
400A 进线箱（智能）	CT – JXZ – 400A	400A 进线箱，带智能检测，前维护
馈线插箱（三出非智能）	CT – KX/3	三个单相工业连接器插座出口，不带智能检测电路
馈线插箱（三出智能）	CT – KXZ/3	三个单相工业连接器插座出口，带智能检测电路
馈线插箱（双出非智能）	CT – KX/2	两个单相工业连接器插座出口，不带智能检测电路
馈线插箱（双出智能）	CT – KXZ/2	两个单相工业连接器插座出口，带智能检测电路
馈线插箱（单出非智能）	CT – KX/1	单个单相工业连接器插座出口，不带智能检测电路
馈线插箱（单出智能）	CT – KXZ/1	单个单相工业连接器插座出口，带智能检测电路
电源插箱	CT – DY	智能电路用开关电源

第六章　UPS系统运行中常见故障案例与分析

一、人为故障

根据统计,当机器安装完毕后,70%以上的故障都是人为的。既然是人为的,那么有许多是可以避免的。下面就人为故障的几种类型进行介绍。

1. 经验故障

所谓经验故障,是指由于经验导致的故障。比如广东某单位买了一台UPS,单位主管曾经用过几年UPS,认为自己有这方面的经验,就毅然拒绝了供应商上门开机的要求。然而该主管以前的UPS开机是先合直流(电池)开关,后合交流输入开关,岂不知这台UPS是一个开关开机,于是他找不到直流开关,就打开机壳用改锥将直流继电器触点闭合,结果逆变器功率管被烧毁。

又如湖南某电信单位主管工程师,以前用的UPS是5kVA,UPS输出线为$2.5mm^2$的线缆,长度为5m,其负载不足3kVA,平均5A/mm^2。后来单位又买了一台6kVA的UPS,负载功率因数是0.7,且与负载的距离为40m,负载量和原来相比,只多了一台2P的空调机。他凭经验仍然采用$2.5mm^2$的线缆,结果夏季的一天线缆外皮因被烧毁而起火。

山东某银行信息中心机房一运维工程师,按照制度每几个小时记录一次UPS运行参数,连续记录了几个月发现读数都相同,他都记住了,于是再也不去机房观察了,到时间就记录上已背熟了的几个数字,如此数月平安度过。突然一天半夜市电停电,一直到天亮也没恢复,幸好UPS电池的后备时间为8h,使得机房设备继续运行。然而早晨该工程师上班后仍不去机房观察,照例记下已经记熟了的几个数字,结果下午两点UPS因电池电能耗尽而关机,机房系统停止工作,造成损失。

2. 制度故障

合理的制度是保障机器安全正常运行的基础,然而不合理的制度是机器故障的隐患。如福建某单位在UPS输出端连接热水器,结果导致UPS跳闸。深圳某单位UPS起火,打开机壳发现一只大老鼠被烧死在里面,原来是值班人员将食品带入机房而引来老鼠。某政府机关在UPS上接电炉子烧饭,导致机器跳闸关机。

然而有些单位就没有安排电源服务人员,大部分由计算机人员代管或者是没有"本"的电工,对UPS等电源设备一无所知,也就无从下手管理电源,他们的职责就是开机或关机,或出故障后给厂家打电话。因此对于好多应该保养和检查的机器不知如何处理,且由于职责所限,也不敢乱动,这就是隐患。

如广州一信息中心运维人员值夜班,在只懂英语"Yes"和"No"的情况下就在UPS面板上乱按按钮导致UPS关机。

3. 环境故障

有的用户不注意或可能不懂环境对机器的影响,甚至认为和家用电器一样,结果导致故障。北京亚运村某证券公司工作时间UPS突然开不了机,维修人员打开机壳大吃一惊:看不到机器内部的器件,机内所有空间都被绒状灰尘填满!维修人员将灰尘清除后,UPS开机才正常。

深圳某电视机厂一到夏季UPS就故障不断,经检后发现放置UPS的仓库走廊,夏季温度有时近40℃。无独有偶,山东某化工厂不但将UPS放到夏暖冬凉的厂房,而且三年未给电池放过电,结果有一次市电停电时电池一时没及时供上电,导致断电1s,直接损失5000万元人民币。

长沙某证券公司"1+1"UPS冗余并机系统放置在平房内,一直运行正常。突然一天夜里下雨,两台UPS均关机停止了工作。值班人员打开机器前门检查,发现是由于屋顶漏雨,泥水流入两台机器内导致机器关机。

4. 延误故障

我们发现故障隐患要及时处理,否则就有导致二次故障的可能。如云南某单位使用的是"1+1"冗余并联UPS系统,由于某种原因,其中一台UPS退出并联系统而关机,并发出声光告警信号。由于值班工程师没有勤观察,也就没有及时发现,一天后市电突然断电,而UPS输出端因过载而转旁路,结果机房全部断电。

而同样的情况出现在浙江某单位,工程师发现后马上通知供应商工程师。在供应商工程师的指导下,该单位工程师重新将自动退出的UPS按步骤执行开机程序,不到5min就将系统恢复正常,排除了隐患。

5. 交接故障

对于机房的运行,严格的交接班制度是必不可少的。但有的用户却忽略了这一点,导致故障。某铁路售票系统的UPS在市电停电时因其后备8h电池未被接入源停电而停止工作,导致售票大厅一片混乱。厂家工程师到来后,发现UPS的外配电池柜不见了,几经寻找,终于在候车厅的一个角落找到了。原来之前的机器负责人搬完家后将UPS外配电池柜放到了这里,既没将系统连接完毕,也没交代电池柜连接的事,交接的工程师也没问,于是出现了故障。

此外,不少购买机器后的赴厂培训人员,回来后并没有进入机房负责机器的运行,而是换了别人,结果有些问题并没有交接。

6. 操作故障

一般情况下机器是不能随意动的,经过培训的人员才可以移动,即使这样,也要按程序办事,不得有半点马虎。某UPS厂家服务工程师接到用户UPS工作声音不正常的电话后,匆忙赶到现场,首先请机房人员关掉负载机器。但该工程师匆忙间就将正在正常运行的 UPS 维修旁路开关手动闭合,然而只听"砰"的一声,逆变器功率管 IGBT 爆炸了。究其原因是,UPS 的设计程序规定 UPS 运行中如若闭合手动维修旁路开关,必须首先闭合自动旁路开关。

某化纤工厂的 UPS 运行几个月后按照规定需给电池放电,但由于负载太轻,不容易在短时间内放电到规定容量。于是运维工程师就将两根电池电缆从 UPS 上拆下,在其他负载上放电后又接回到 UPS。但由于将电池线接回时把正负极接错,合闸时 UPS 的逆变器、电容器和电池全被烧毁。

7. 侥幸故障

侥幸故障本来是可以避免的,但如果不予注意就有可能发生。如香港某银行使用的 UPS 一直运行良好,八年后 UPS 厂家三次传真提醒该 UPS 寿命已到,建议更新。但银行都没回复,且认为该电源设备一直运行正常,并没有故障先兆,不至于就出故障,结果几个月后 UPS 因故障断电 2h。这对于一个处理全球业务的银行,其损失可想而知。

某石油单位信息中心在购买 UPS 时,为了节省开支,就购买了廉价的设备。在该中心看来,UPS 都一样,便宜的不一定就出问题。结果由于便宜机器的器件不是一流产品,在运行不久后其中一个逆变器功率管由于耐压不够造成击穿,导致一个兆瓦级机房瞬时停止了运行。

某 IDC 单位在购买新供电系统时,为了节省开支,取消了电池组到 UPS 的直流隔离开关。该单位认为,这个开关非常昂贵,即使去掉也不会出问题,甚至连保险丝都不装。然而就在机器开机空载运行时,一只逆变器功率管突然穿通,导致电池组短路。该短路导致 UPS 连接市电的输入和输出开关跳闸,如果此时有直流隔离开关或保险丝,就会将其与电池组断开联系,然而没有安装此类保险装置,结果电池组强大而持续的电流不但将 UPS 烧毁,也将电池组烧毁。

8. 由于基本概念不清楚导致的故障

对 UPS 各项指标的含义和作用不清楚就动手操作,也会导致故障。某地机场购买了 20 台 UPS,但不清楚有功功率、无功功率和视在功率的关系,误把视在功率当成有功功率,结果机器安装后所有 UPS 都过载,只好重新购买。

许多信息中心机房由于 IT 设备的更新,认为功率没有增加,所以供电容量也没有增加。但开机运行后不久 UPS 逆变器就被烧掉了,仔细检查后发现 UPS 输出功率远没有达到 100%。实际上新设备的输入功率因数变了,比原来的设备高了很多。当 UPS 的负载功率因数与负载的输入功率因数不匹配时,UPS 必须降额使用。上述的故障发生的原因是违背了这一点。

不少用户(包括认证检测单位)在验收 UPS 时都要满负荷测试,这里的满负荷不是指视在功率,而是 UPS 的额定功率乘上负载功率因数得出的有功功率后,然后再选用电阻负载,结果发现 UPS 过载跳闸或烧毁逆变器功率管。于是用户就认为 UPS 的输出功率不够,实际上是他们对功率因数的概念认识有偏差。如果不加以纠正,以后仍有类似事件发生。

某机场候机厅 UPS 因市电停电而改为电池供电模式,三年前装机时设计的后备时间是 4h,而此次只提供了 2.5h 就停机了,于是机场向厂家索赔,当然这是无理要求。按照国际上的统计,5 年寿命的电池装机后平均寿命是 2～2.5 年。我们都知道电池的容量是随时间而减少的。如手机电池以及商店里卖的各种电池都有保质期。还有就是电池失效的界限,按照 IEC 的规定,当电池容量降到额定值的 80% 以下时就定义为失效。

9. 方案设计故障

方案设计故障是指为了系统的可靠而增加设备,结果反而使可靠性降低了。某行政单位信息中心的设计者为双电源设备设计了双路供电,如图 6.1 所示,这没有问题。其问题就出在消防设备与消防照明没有提供可靠的供电保证,只采取了单电源供电方案,设计者认为这样的设计就有供电保证了。然而就在专家验收小组检查机房时 UPS1 故障停机,消防照明也未发挥作用,导致验收工作不得不暂时停止,等待 UPS 的检修。

图 6.1 某系统双电源供电原理图

某电视台将两路市电接到同一台 UPS 上,如图 6.2(a)所示。这种接法的误区在于不了解 UPS 的原始设计思路。UPS 的原始设计是将旁路(Bypass)和整流器输入连接在一起。

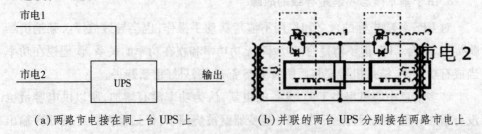

(a)两路市电接在同一台 UPS 上　　　　(b)并联的两台 UPS 分别接在两路市电上

图 6.2 双路市电的隐患连接原理方框图

UPS 输出电压的频率和相位不是直接跟踪整流器的输入,而是跟踪旁路的输入。当旁路电压故障时表示整流器输入电源故障,所以电池开始放电,实现不间断功能。如图 6.2(a)的连接在市电 1 故障时,市电 2 还在正常供电,这时电池不应该放电,于是装机工程师当场修改控制电路板,由于考虑不周导致故障连连。

图 6.2（b）的连接也是错误的。因为并联连接的 UPS 再转旁路供电时不允许单机单独切换，必须所有并联的机器同时转旁路，及 Bypass1 和 Bypass2 同时开启，这样就使市电 1 和市电 2 变压器形成并联。但由于没有两个变压器完全相同，因此二者一定有电位差，又因为变压器内阻非常小，即使很小的电位差也会形成强大的环流，甚至烧毁旁路开关或线路和变压器起火。

又如某省高速公路指挥部在不懂技术的前提下，擅自修改供电方案：在所有 UPS 前面都接入了极不匹配的参数交流稳压器，导致重大事故。

10. 判断故障

判断故障，顾名思义，本来不是故障，但由于值机者不看说明书或缺乏 UPS 的基本知识，把本来不是故障的现象误认为故障。那既然不是故障，即使认为是故障也不是事实，也不会造成什么后果。但值机者不但认为是故障，而且将此"故障"上报领导，并由此叫来厂家，这样不仅使用户与厂家的关系紧张，还使领导失去颜面。

某机场换地点的前一天晚上做飞机试飞联调，某空管航标站在飞机试飞时，值机人员惊奇地发现：UPS 没有把后面的机器带起来，这必然影响试飞。他感到责任重大，于是半夜就把处长等领导请到现场。供应商到达后，领导们把厂家总经理一行人叫来，并指责厂家的机器为什么在关键时刻出问题。厂家经理表示道歉，保证马上解决问题。但工程师到机房后发现一切正常：UPS 工作正常，负载机器工作正常，问值机人员问题在何处，值机人员一时竟无言以对。原来 UPS 面板上的带载量用 4 个指示灯标注，负载超过 25% 第一盏灯才亮，但由于负载太小，不足 25%，所以指示灯都不亮。虚惊一场，幸运的是运维工程师没有动手关机，否则就真的发生故障了。

一单位采用"1 + 1"冗余并联模式 UPS 供电系统，值机者巡查时发现两台 UPS 控制电路板上的指示灯点亮的数目不同，其中一台多亮了一只，于是赶快报告领导并从异地叫来了厂家工程师，令其马上解决问题。工程师马上检查机器，但并未发现异常，问及原因，值机者指着一台电路板上的指示灯问：为什么这盏灯亮而另一台上的就不亮？工程师告诉他这一台先开机是主机，只有主机的这盏灯才亮。

北京某银行信息中心机房在短期连续几次烧坏了几台 48V 直流电源，于是认为 UPS 输出电压有问题，不但叫来了厂家工程师，而且还请了第三方的专家来测试。

当专家问及系统现在运行是否正常时？答：正常。

问：既然烧坏了直流电源为什么还正常？答：这一台还没烧坏。

问：这一台工作了多长时间？回答：近 10 天了。

问：那几台是怎么烧坏的？答：第一台烧坏了后，后面几台装上去就被烧坏，只有这一台没被烧坏。

到这里问题就很清楚了，不是 UPS 有问题，而是 48V 直流电源质量有问题。

同样的问题出现在广州某铁路系统。UPS 采用的是同样的方案，不过是新装系统，也是开始连续烧毁几台直流电源，铁路系统工程师坚持说是 UPS 输出电压三相不平衡导致直流电源烧毁。待又换上新电源后，铁路系统工程师怕再烧毁电源，又急忙从北京把厂家工程师叫去，这时系统已正常运行三天，而三相电压均为 220V，没有中心偏移现象。其问题的根源也是直流电源本身质量不好。

11. 机器质量故障

机器因质量问题而导致的故障主要有几种原因：器件早期失效，器件质量等级不高，电路设计缺欠和生产过程中的缺欠，以及新品试制中的缺欠。

（1）器件早期失效

器件早期失效的现象并不罕见，其原因为器件入库抽检时未被抽检，产品出厂时问题又没检测出来。如图 6.3 所示是逆变器功率管故障情况。一般功率管故障多表现为短路，如图中 BG_5 旁虚线所示。某银行和某 IDC 就是这种情况，当 BG_5 导通时整个电池 GB 电压都加载在 BG_6 上，由于考机中温度升高，导致 BG_6 缺欠耐压不够而被击穿，于是 BG_5 和 BG_6 桥臂将电池 GB 电压短路，造成故障。

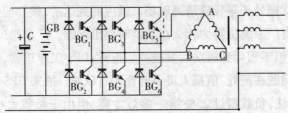

图 6.3 逆变器功率管故障情况

此类故障在一流工频机 UPS 和高频机 UPS 中都有出现。当然，在器件质量等级不高的机器中出现的就更多。尤其是新产品试制中在没有成熟的情况下仓促销售，导致故障连连。如高频机 UPS 的制造条件要求比较高，但由于它的诸多优点是今后的发展方向，所以几乎所有制造厂都销售此产品。但由于器件质量、设计水平和制造水平的差异，导致产品故障频出，也败坏了真正成熟产品的名誉。

（2）变压器燃烧

变压器燃烧在前些年高频机 UPS 没有问世以前几乎没有出现过。由于高频机 UPS 取消了工频机 UPS 的输出变压器，体积和重量几乎减小了三分之二，价格也有显著降低，这对工频机 UPS 市场是一个不小的冲击。为了与高频机 UPS 抗衡，有的制造厂在变压器铁芯和漆包线绕组的质量上做些改动，导致变压器燃烧。

（3）参数的改变或生产条件和地点的变化

某些厂家对其他厂家的机器进行仿制时在没有搞懂原理的情况下就擅自提高参数，导致故障。如某国家机关购买了 4 台这种 UPS，在考机中烧坏了两台，修好后工作几个月后又出现了厂家都无法修复的故障，只好淘汰。

另外,就是制造地点和条件的改变,如某进口 UPS 原来在欧洲生产,产品质量一直很稳定,但改到亚洲生产后,虽然用的是同一张图纸,但产品故障率至在 90% 以上。

二、对孤立故障的分析与处理

机器故障有两种:一种是机器的质量问题导致的故障。这一类故障在出厂后就埋下了隐患的种子,但可以通过高水平的调机、验收和运维发现一些早期失效的部位,从而加以避免。但有些软故障和临界故障就不容易查找出来。如机器调试和验收都没问题,但正式运行一段时间后出现故障,停机等待厂家来修。当厂家工程师到场后启动机器,一切又正常,运行几个小时后也无异常,但几十小时甚至几百小时后机器又不能正常运行了,这种故障称为软故障。由于机器本身质量问题导致的故障,据统计不足 30%。

另一类故障是前面介绍的人为故障。虽然人们总是希望使用可靠性高的设备,但人不是神仙,在使用设备的过程中总会由于人为因素导致故障,其差别就在于故障率的大小。出现故障是在所难免的,关键是要找出故障的原因,以便总结经验,采取措施,避免类似故障的出现。

1. 对基本概念不清导致的故障的分析

(1) UPS 合闸时输入断路器开关跳闸

用户:很多单位

地点:北京、广东佛山等

故障现象描述:UPS 安装完毕后开始空载试机。当闭合 UPS 输入开关时,即使 UPS 逆变器尚未启动,也会使外面配电室内带漏电保护的断路器开关跳闸。而有的 UPS,当闭合输入开关时,即使输入配电柜中的开关不带漏电保护器也会跳闸。这种情况多发生在具有输入变压器 T_r 的 UPS 上,如图 6.4 所示。由于该变压器在设计中为了节约成本而将磁通密度取得过大,以致绕组匝数较少,这就导致了启动时在建立励磁电流的过程中电流过大,使配电柜中的开关 S 跳闸。我们可采取补救措施,如图 6.4 中虚线所示,加进了一个电阻和接触器构成的 RK 缓冲环节,其做法是将电阻 R 串接在输入线上,接触器的常开触点与其并联;接触器的线包(绕组)接在 UPS 一端的输入变压器两端。

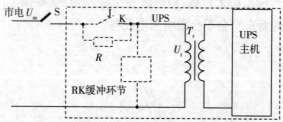

图 6.4　具有输入变压器的 UPS 的原理方框图

RK 缓冲环节的工作原理：首先将配电柜中的开关闭合，市电 U_{in} 加到 UPS 的输入端。当闭合 UPS 输入开关 S 时，由于 J 是常开触点，输入电流只好经由电阻 R 流入变压器初级，由于 R 将输入电流限制在一个不会使配电柜开关跳闸的定值 I_n 上，即

$$I_n = U_{in}/R \tag{6.1}$$

随着变压器初级励磁电流的建立，变压器初级电压 U_t 逐步升高，输入电流逐步减小，即

$$I_n = (U_{in} - U_t)/R \tag{6.2}$$

当 U_t 上升到某一值时，接触器 J 动作，触点闭合，市电进入正常送电状态，过程结束。由于整个过程均在毫秒级，故电阻的功率也不必太大，只要能承受电流的冲击即可。

（2）UPS 所带的 IT 设备在运行中有 50% 出现了故障

用户：某研究所。

地点：南方。

故障现象描述：该研究所购置的某品牌 UPS 所带的卫星设备在运行中有 50% 出现了故障，而 UPS 虽然工作正常，但却频繁切换到电池供电模式，怀疑是由于 UPS 的供电问题所致。

处理：问题出现后，该研究所和供货商的工程师联合做了一系列测试，得出一些图形，研究所也提出了一系列问题，要求对测量图形的过程中的问题做出合理的分析与解释，并采取有效措施。在这之前，该研究所停止了对此品牌 UPS 的购买协议的执行。

事情出现后，工程师对供电线路进行检查后发现输入电路的开关将火线与零线同时接到输入断路器的触点上；UPS 的输入频率范围根据用户要求调整到 ±0.1Hz；对另一个使用该 UPS 的信息中心也做了调查，回答是未出现任何异常。

对测试结果的分析如下。

①空载时的测试波形：为了找出 IT 设备故障的原因，工程师用示波器对 UPS 进行了 24h 的监控，其结果图如 6.5 所示。从图 6.5（a）和（b）可以看出，空载时，无论输入电压（L–N 电压）如何变化，输出电压火线和零线之间的 L–N 电压都基本稳定在一个确定的数值，但此时的零地电压（N–E 电压）却出现了明显的 1.2V 电压值。由于 UPS 输出端无负载，即电流等于零，不会在零线上产生任何压降，那么这个电压是从何而来？会不会影响用电设备？

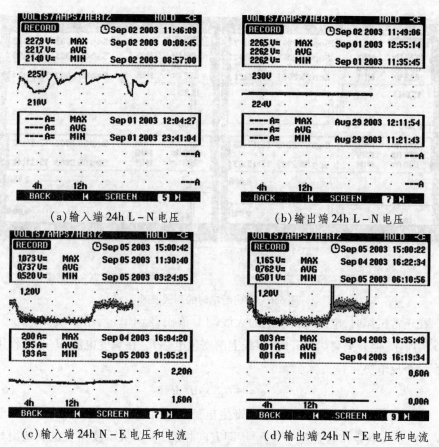

(a) 输入端 24h L－N 电压

(b) 输出端 24h L－N 电压

(c) 输入端 24h N－E 电压和电流

(d) 输出端 24h N－E 电压和电流

图 6.5　空载测试波形

由于 UPS 的零线和地线都是和外供电系统连接在一起的,所以这个电压是由于同一条零线上其他设备的用电和电流的瞬变而产生的,对设备无任何影响。因为构成干扰的三要素是干扰源、传导干扰的途径和受干扰的设备,设备只有两根电源线(火线和零线)连到机内整流器的输入端,地线并未引入,所以零地电压到用电机器上的通路已断,所以不能构成干扰。

②空载时模拟断市电:测试 UPS 输入端及输出端 N－E 电压和输入电流的变化(火线和零线同时切断),结果如图 6.6 所示。从图中可以看出,当市电被切断以后,零地之间仍出现了明显的 15V 上冲电压。那么这个电压来自何处? 对用电设备有何影响?

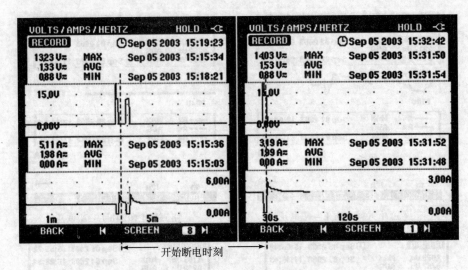

开始断电时刻

（a）输入端 24h N－E 电压及零线电流　　　　　（b）输出端 24h N－E 电压

图 6.6　市电断电时的测试波形

在正常工作时，电流 I 从市电的火线端 L 流出，经 UPS 后由零线 BA 流回，如图 6.7 所示，但开关突然断开时，零线上的寄生电感 L_{AB} 在瞬变电流 $\mathrm{d}I/\mathrm{d}t$ 的作用下产生一个反电势：

$$e = -L_{AB} \times \mathrm{d}I/\mathrm{d}t \qquad (6.3)$$

这个反电势的大小取决于零线寄生电感的大小和开关断开的速度，这里是 15V。由于反电势和电流差一个负号，即方向相反，所以从示波器上也反映出如图 6.6 所示相反的图形。由于此时已经关机，即使不关机，对负载也无影响。

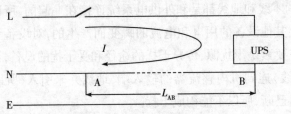

图 6.7　UPS 与电网连接原理图

③加普通设备负载：当给 UPS 加轻负载时，对 UPS 进行 24h 监视，从图 6.8 的测试图中可以看出两点。其一，无论输入电压如何变化，输出电压一直非常稳定；其二，在 UPS 输入端出现了一个幅度很大的上冲，而到了输出端却又不见了，是不是被负载吸收后形成了对负载的干扰？

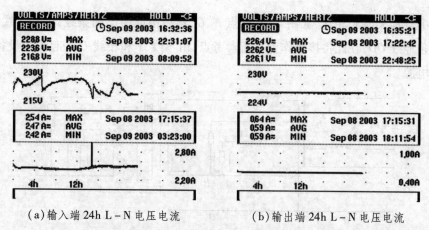

(a)输入端24h L-N 电压电流   (b)输出端24h L-N 电压电流

图6.8 给 UPS 加轻负载的测试图(一)

由图6.9可看出,输入电流出现一个上冲脉冲,而且还没反映到输出,这是因为已被输入滤波器所抑制,不是干扰设备的结果。如果对设备有干扰,最低限度也应该在负载设备输入端有脉冲出现。所以,在输入端出现的干扰脉冲是由于被输入滤波器吸收而不能反映到输出端,也就谈不上干扰。

图6.9是另一幅在24h监视中出现的被认为异常的图形。用户的问题是:为什么输入端有多个电压上冲,而输出端却只有一个? 这会不会就是影响负载稳定性的因素?

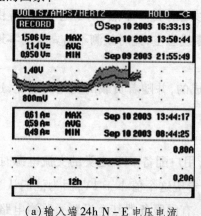
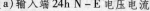
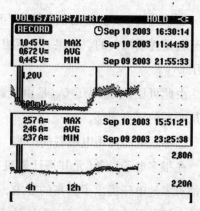

(a)输入端24h N-E 电压电流   (b)输出端24h N-E 电压电流

图6.9 给 UPS 加轻负载的测试图(二)

在这个测试图中,因为是带载情况,由于输入滤波器的抑制作用,输入端的多个上冲都被吸收掉了,因而没有反映到输出端。在输出端出现的上冲,是由负载正常运行中的电流瞬变引起的,这和下面的电流图是对应的,所以不会影响负载。下面的电流阴影部分是高频电流波形,由于示波器在较低的频段不能展开,所以只能显示一片阴影,不过包括了电流瞬变的成分,其中频率较低者形成的电压较低,被包括在电压阴影中。

(3)几个问题的说明

①零地电压的形成。

我国的供电一般在变电站(或类似变电站的供电点)的Δ/Y变压后,其次级绕组的中点和大地 E 相连,如图 6.10 的点 N、O,然后由此引出两条线,一条零线 NC 和一条地线 OO,在此将接地作为交流参考点,由零线 N 和相线 U 一起作为设备的供电电源。

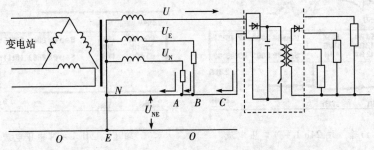

图 6.10　零地电压及其传输路径

图 6.10 中的三相电压分别带了单相负载,如果规定由变压器流出的电流方向为正,那么由零线流回中点 N 的电流方向就为负,如图中箭头方向所示。很明显,负载电流的数值由左至右是逐渐加大的,所以电压也是由左至右逐渐加大。如果以 O 点为参考点(因要求接地线又粗又短,故可把 NO 看作一点),由于零地电压 U_{NE} 逐渐增大,可知:

$$U_{AO} < U_{BO} < U_{CO} \tag{6.4}$$

如果地线 OO 的截面积足够大,可将这条线看作是一个点,则零地电压 U_{NE} 由左至右是逐渐加大的。如果 NO 不相连接,即零线悬空,此时就测不出真实的零地电压 U_{NE}。

由此可见,零地电压 U_{NE} 是由负载电流形成的,并随着负载的变化而变化,这就是所谓的零点漂移。

②零地电压对用电设备的影响。

在很多电子设备(尤其是计算机)负载中,用户配备 UPS 之类的交流电源时,大都对零地电压提出了很高的要求,不少用户希望这个值小于 1V,因为他们认为零地电压是影响机器运行可靠性的主要因素。有的服务器甚至设置了监测电路,在零地电压高于某一值(比如 1.2V)时就无法启动。有时机器出了故障也归因于零地电压太大。那么零地电压对作为负载的电子设备究竟有多大的影响呢? 只有明白了这一点才可有的放矢地去寻找解决方法,因此我们要首先搞清楚零地电压的传输路径。

目前电子设备和供电电源的连接方式有两种:负载为输入端有隔离变压器的情况和负载的电源中间有隔离变压器的情况,如图 6.11 所示。

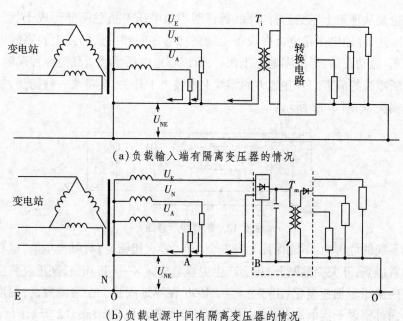

（a）负载输入端有隔离变压器的情况

（b）负载电源中间有隔离变压器的情况

图6.11　UPS 的不同负载结构情况

a. 负载为输入端有隔离变压器的情况。图6.11（a）是负载为输入端有隔离变压器的情况，为了方便讨论，只取出一相进行讨论。这种负载形式在要求较高的负载上目前还有应用，比如线性电源等。可以看出，单相电压的相线和零线只能到达输入变压器 T_i 的初级绕组输入端，其电压也只能直接加到输入变压器 T_i 的初级绕组线圈上，即相电压不论是相线还是零线都到此为止，再往后的通路已被隔断，至于地线根本就进不了输入端，零地电压也就无从说起。

b. 负载的电源中间有隔离变压器的情况。图6.11（b）是负载电源中间有隔离变压器的情况，这种负载电源形式目前使用最多，应用于最广的 PWM 电源上。由图6.11（b）可以看出，单相电压的相线和零线加到输入整流器的输入端，经整流后的电压被滤波成直流，而后加到高频变压器 T_m 的初级绕组，如果单相电压的两条线在整流器上不算终点，那么在该高频变压器的初级绕组上已是终点，再往后的通路已被隔断。

从以上两种负载结构形式可以看出，单相电压的相线和零线都只能加到用电设备电源变压器的初级绕组，再往后的电通路均被隔断，即传递零地电压的途径已被隔断，所以无法形成干扰。

某处的一个数据中心用了数台160～320kVA 的 UPS，未装 UPS 前的零地电压为4.5V，装上 UPS 后也未加任何措施，在近三年的运行时间中一台 UPS 也从未发生过任何问题；某证券公司计算机房，用了三台10kVA UPS，零地电压在10V 以上，在三年的运行当中也未出现任何干扰问题；还有一些地方使用小功率单相 UPS，一直没有接地，而是悬空运行好长时间，也未出现问题，只是偶然间用户发现零地之间有100多伏电压，因此给厂商电话问怎么办，厂商的回答是：如果不放心，将一端接地即可。

不论是从理论上还是运行实践，都证明零地电压对负载不能形成干扰。实际上如前所述，零地电压是电流在设备上做完功后在回到中点的路上和零线电阻形成的电压，做功在前，形成零地电压在后，所以零地电压干扰负载是一种误解。

c.断零线的危害。一些地方的零线上也装上了开关，会带来一些隐患，造成不必要的损失，如图 6.12 所示：

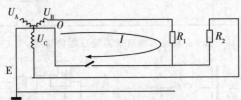

图 6.12　断零线示意图

断零线的危害为：不能保证人身安全，万一零火接错，将有触电危险，这在家用电器中常碰到；开关突然断开，将会产生尖峰电势，$e = -Ldi/dt$，长期重复将使零地电缆的绝缘套加速老化；由于 $e = -Ldi/dt$ 在零地间是一个衰减震荡，幅度很大时将会向外辐射干扰电波，形成空间干扰；零线断开以后，图 6.12 所示的负载 R_1 和 R_2 的 220V 电源 U_A 和 U_B 就没有了回到中点的通路，但构成 U_A 和 U_B 的 380V 线电压 U_{AB} 就是 R_1 和 R_2 的电源电压，二者功率相差很大，如 $R_1 = 100\Omega$，功率 $P_1 = U^2/R_1 = 484W$，$R_2 = 1000\Omega$，功率 $P_2 = U^2/R_2 = 48.4W$，那么 R_2 分得的电压 U_2 为：

$$U_2 = \frac{R_2}{R_1 + R_2} \times 380V = \frac{1000\Omega}{100\Omega + 1000\Omega} \times 380V \approx 345V \tag{6.5}$$

220V 的负载因不能承受 345V 的高压而被烧毁，因此当零线断开时很可能烧毁一台或几台设备。

（4）UPS 带固定负载时的测试结果

为了进一步确定 UPS 的问题，给 UPS 加上一个固定负载。从 UPS 输入端测得电流波形的幅值为 62A，但在其输出端却发现峰值电流值为 65.4A，如图 6.13 所示。

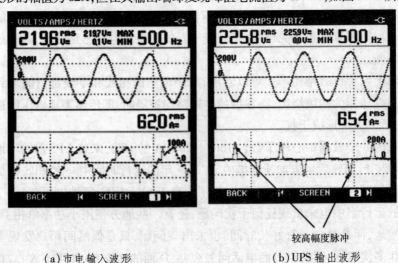

较高幅度脉冲

（a）市电输入波形　　　　　　　　（b）UPS 输出波形

图 6.13　UPS 带固定负载时输入和输出的电压/电流测试图

UPS 输入电流包括 UPS 本身的负载电流和其负载的工作电流。该 UPS 是一个在线式电路,输入输出是隔离干扰的,即输入波形和输出波形没有任何关系。该 UPS 的输入端采用了功率因数校正,使输入电流波形近似为正弦波,所以输入电流的谐波分量非常小。输出端连接的是一个整流负载,所以输出电流呈脉冲状。脉冲幅度和输入电流幅度不一样,脉冲幅度和负载端整流电路的滤波电容量有关,电容容量较小时,脉冲电流的宽度大,幅度就低;电容容量较大时,脉冲电流的宽度就小,为了保证原来的电流面积(固定负载),幅度必然增高。这属于正常工作,不是干扰。

因此,UPS 工作一切正常,负载设备故障和 UPS 无关,需另找原因。

(5)对 UPS 频繁切换到旁路供电的分析

一般 UPS 对输入电压频率的要求范围是 $50Hz \pm (2.5 \sim 3Hz)$,但用户所用的 UPS 具有将输入电压频率限制在 $50Hz \pm 0.1Hz$ 的调整能力。有的用户觉得 $50Hz \pm 0.1Hz$ 的电压频率更能保证用电的可靠性,于是要求装机工程师将输入电压频率调整到这个范围。换言之,当输入电压频率超出这个范围就转到电池供电模式。我国对市电频率的规定范围是 $50Hz \pm 0.2Hz$,已经很稳了,再调到上述范围已没有实际意义。对一般小容量发电机来说,由于频率偏移较大,还是建议将输入电压频率的要求范围调回到 $50Hz \pm 2.5Hz$。

经过对以上问题的逐一分析,可知 UPS 无故障,经调整后一切问题得到解决。

2. 对 UPS 逆变器功率管烧毁的分析

(1)故障现象

某品牌负载功率因数 $F = 0.8$,额定容量 $S = 80kVA$ 的 UPS。装机后加载验机,验机条件是只加电阻负载,有功功率 $P = S \times F = 80kVA \times 0.8 = 64kW$。开机后面板上的 LCD 也显示 64kW,30min 后输出断电,经检查发现 UPS 逆变器烧毁。

(2)问题

验机功率还没达到 100%,是什么导致逆变器烧毁,是 UPS 的实际功率不够,还是其他原因?

(3)解答

①一般 UPS 的输出功率构成。

对一般的 UPS 而言,它的逆变器是按有功功率设计的,无功功率由与其并联的电容器提供,如图 6.14 中的电容器 C 所示。那么电容器 C 中的无功功率是从何而来呢?

②无功功率的建立过程。

空载正半波:当正半波电压输出时,在输出端首先遇到的是电容器 C 的电抗,为了建立起有效值 220V 的稳定输出,必须在这个电抗上建立起这个电压,根据欧姆定律,得出下列式子。

$$U = I_C \times X_C = 220\text{V} \tag{6.6}$$

电流 $I_C = \dfrac{U}{X_C}$ 必须通过电容 C，或给电容充电，其电流的流动路径如图 6.14(a) 空载正半波所示。在正半波时，逆变器功率管 S_1 和 S_4 闭合，电流的路径是：

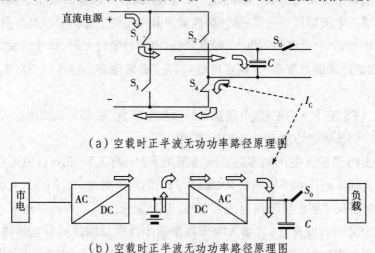

（a）空载时正半波无功功率路径原理图

（b）空载时正半波无功功率路径原理图

图 6.14 空载时正半波无功功率的产生与流向图

直流电源" $+$ "$\rightarrow S_1 \rightarrow C+ \rightarrow C- \rightarrow S_4 \rightarrow$ " $-$ "，此时电流是从" $C+$ "流入的，所以这是电容器被充电的过程，一直到正半波结束，电容已被充满。为了更直观一些，图 6.14(b) 给出了路径示意图。

空载负半波：当负半周时，空载负半波如 6.15(a) 图所示。控制电路将逆变器功率管 S_1 和 S_4 关断，将逆变器功率管 S_2 和 S_3 闭合，电流路径为：

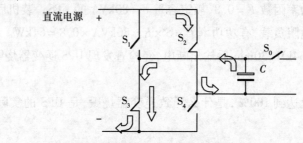

（a）空载时负半波无功功率路径原理图

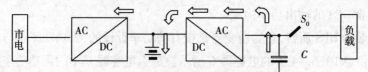

（b）空载时负半波无功功率路径示意图

图 6.15 空载时负半波无功功率的产生与流向图

直流电源" $+$ "$\rightarrow S_2 \rightarrow C- \rightarrow C+ \rightarrow S_3 \rightarrow$ " $-$ "，此时电容处在放电或反向充电状态，电流是从" C " $+$ 流出的。为了更直观一些，图 6.15(b) 给出了路径示意方框图。

图 6.16 是空载时正负半波无功功率的流向图。交流电流就是这样周而复始

地作用于电容器 C。可以看出，电流流入电容和从电容内流出，就好比向一个杯子内注水接着又把水倒出来，理想情况下一点儿也没损失，在电路上意味着没有做功，所以没有功率损耗。这个电容上电流流入又流出所产生的功率就是无功功率，接下来就是加负载了。

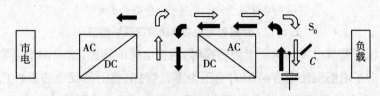

图 6.16　空载时正负半波无功功率流向路径原理图

③加载情况下的无功功率流动路线。无功功率在电容中形成后，是如何向负载输送的呢？从前面的讨论中可知，这种感性负载是需要无功功率的，所以才有了电源输出阻抗为容性的结构。现以图 6.17（a）为例，讨论无功功率在电路中的行为。

一般当 UPS 空载起动后，才闭合负载开关 S_o，从图 6.17（a）中可以看出，当输出电压为正半波时，控制电路使逆变器的功率管 S_1 和 S_4 处于导通状态，这时输出电容 C 上的电压为正。在开关 S_o 闭合瞬间由于负载电压为零，根据水往低处流的道理，不论有功功率还是无功功率都必然流向负载，有功电流流向电阻负载 R，无功电流流向负载的电感分量 L，如图 6.17（a）的实心箭头（有功电流）和空心箭头（无功电流）所示，它们各成回路。为什么不是一个回路呢？实际上这是为了分析方便而人为地分开的。这个过程中电容电流给电感充电，这时电感上的电势方向和电流一致，是下正上负。基尔荷夫第二定律为回路电压之和为零，电感和电容构成的电路就满足了这个条件。

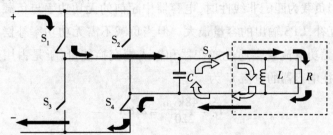

（a）正半波加载情况下的无功功率流动路线

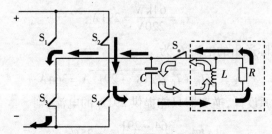

（b）负半波加载情况下的无功功率流动路线

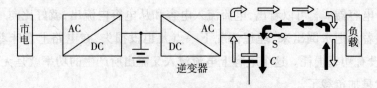

（c）加载情况下的无功功率流动路线方框图

图 6.17 加载时无功功率流向路径原理图

当电压正弦波过零且向负半波转换时，根据电感的特性，这时由于电容上的电荷全部流向了电感而使电容两端的电压为零，这时电感上的反电势极性已变为上正下负，由于电感上的电压比电容器电压高，所以电感电流开始流向电容器，如图6.17（b）的空心箭头所示。但此时逆变器的功率管已变为 S_2 和 S_3 导通，那么电感电流是否也流向逆变器呢？从图6.17（b）中可以看出，如果电感电流随着有功电流（实心箭头）一起流过功率管 S_3，该电流只有去的路而无返回的路，即使有也是经过一些电路，沿路电阻增大了。

负半波过零后，在下一个正半波到来时电感上的反电势极性又变为下正上负，和电容上的电压极性形成了同向串联的结构。上述过程不断重复。因此，无功功率在电容和电感中来回转换，在理想情况下能量是不消耗的，所以不需要专门的电路去产生无功功率。

图6.17（c）是加载情况下的无功功率流动路线，图中明显地表示出了无功功率在 UPS 和负载之间的交换情况。

建立无功功率的过程是通过逆变器实现的。逆变器就好像一个电流通道，无功功率的电流在空载时利用这个通道和直流电源交换能量。

④负载功率因数 $F=0.8$，额定容量 $S=80\text{kVA}$ 的 UPS 带 $P=64\text{kW}$ 纯电阻负载时的情况。当负载为匹配非线性时，电容器中超前的无功功率与负载中滞后的无功功率完全互补，UPS 输出的容量最大。但当负载不需无功功率补偿的电阻负载时，电容器的无功电流就会通过逆变器和输入端交换能量，于是占用逆变器的通道，这时候送往电容器的电流 I_C 为

$$I_C = \frac{48\text{kvar}}{220\text{V}} = 218\text{A} \tag{6.7}$$

送往负载的有功电流 I_P 为

$$I_P = \frac{64\text{kW}}{220\text{V}} = 291\text{A} \tag{6.8}$$

此时逆变器实际送出的电流 I_S 为

$$I_S = \sqrt{I_C^2 + I_P^2}\ \sqrt{218^2 + 291^2}\ \text{A} = 364\text{A} \tag{6.9}$$

但按64kW 的原设计，逆变器只能提供291A 的电流，则

$$\Delta I\% = \frac{364-291}{291}\% = 25\% \tag{6.10}$$

电流的过载必然导致很大的功率损耗,因为 IGBT 管上的功耗和电流的平方成正比,即功耗 $P_d = I^2 R$,如果设电流通过 IGBT 的电路电阻不变,那么它的功率将过载:

$$\Delta P = (364 - 291)^2 R_{IGBT} = 5329 R_{IGBT} \qquad (6.11)$$

$5329 R_{IGBT}$ 的过载量将使逆变器的结温升高,一般当电流过载到125%时,10min后就转旁路。逆变器结温的附加升高量不能被原设计的散热器面积及时散出去,于是就形成了积累效应。热积累的结果是使结温进一步升高,最终将管子烧毁。尽管逆变器已经过载,但由于电流传感器是被安装在 UPS 输出端的,如图6.18所示,逆变器被电容器分去的那一部分电流没有经过电流传感器,因此在 UPS 面板的 LCD 上根本显示不出所有电流的情况,显示的仅仅是流入负载的那一部分有功电流,这就是 UPS 逆变器看起来不过载而实际过载故障的原因。

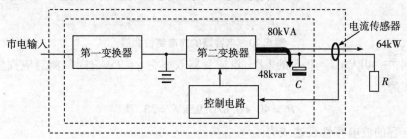

图 6.18　UPS 结构原理图

一般在 UPS 中防止逆变器过载的措施是在逆变功率管的散热器上安装温度传感器,当散热器上的温度达到一定数值时自动将负载切换到旁路。但近些年由于商业原因,几乎所有 UPS 都不安装温度传感器了。

3. 对于经验故障的分析

(1)UPS 的电池投入时烧断保险丝

虽然各种品牌的中大容量 UPS 的电路结构差不多,但在操作过程上出于不同的考虑而各有差异。有的 UPS 在初次启动时,首先合上输入断路器开关,接着合上电池开关,再按下逆变器启动按钮;而有的 UPS 在合上输入断路器后,每一步都要按照面板屏幕上的提示步骤进行,否则就会出故障。

用户:某事业单位。

地点:北京。

事故概况:UPS 开机,当闭合40kVA 的 UPS 输入断路器后,操作员未等屏幕提示,凭经验就合上了电池开关,结果启动失败。再重新启动时 UPS 已无法开机。经检查发现电池保险丝烧断,更换保险丝后,按照正确步骤启动一切正常。

问题:一般 UPS 的电路结构如图6.19所示,为什么有的 UPS 在合上输入断路器后,就可以合上电池开关,而有的 UPS 就不可以?

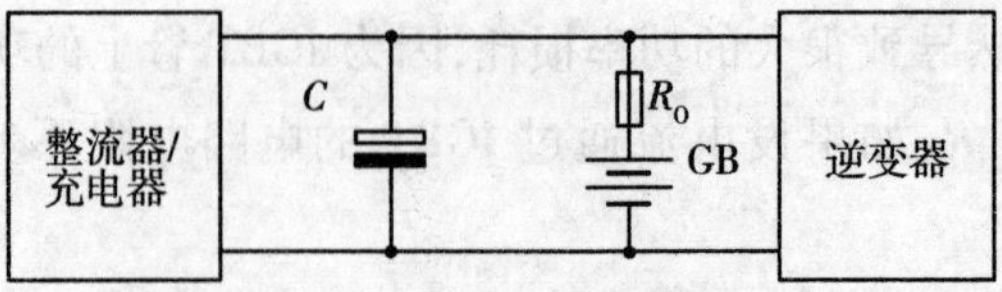

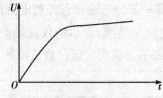

图 6.19　一般 UPS 的原理方框图

有的 UPS 只能按照屏幕上提示的操作的情况多出现在中大容量 UPS 中,因为大容量电容的充电时间长,一般几十安培的保险丝的正常熔断时间在几十毫秒以上(短路故障除外,此种情况是爆炸而不是熔断)。图 6.20 是电容器的充电特性曲线。为了说明问题,现以 40kVA 的 UPS 为例。

图 6.20　电容器的充电特性曲线

例:一 40kVA $F = 0.8$ 的 UPS,设逆变器效率为 $\eta = 95\%$,则整流器应提供的直流功率为

$$P_I = 40 \times 0.8/0.95 \text{kW} = 33.7 \text{kW} \tag{6.12}$$

电容的放电特性表达式为

$$U_L = U_N e^{-\frac{t}{\tau}} \tag{6.13}$$

式中:U_N——电容 C 上的额定电压,此处取 300V;

U_L——电容放电下限电压,此处取整流滤波电压的纹波系数为 5% ,故取 $U_L = 0.95 U_N = 285 \text{V}$;

t_d——放电时间单位为 s,此处取 6ms;

τ——放电电路时间常数,$\tau = CR$;

C——滤波电容,单位为 F;

R_D——负载电阻,单位为 Ω。

其各点电压关系如图 6.21 所示:

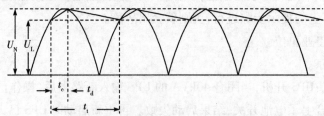

图 6.21　整流后电容上的充电波形

根据图 6.21 可以算出电容量和放电电阻。逆变器满载时的输入功率 $P_I = 33.7 \text{kW}$,于是

$$R_D = \frac{U_N^2}{P_I} = \frac{300^2}{33.7 \times 10^3} \Omega = 2.67 \Omega \tag{6.14}$$

将式(6.14)整理后得

$$\ln\frac{U_L}{U_N} = -\frac{t_d}{CR_D} \tag{6.15}$$

将式(6.15)整理后,并代入数字得

$$C = -\frac{t_d}{R_D\ln\dfrac{U_L}{U_N}} = -\frac{6\times10^{-3}}{2.67\times\ln0.95}\mathrm{F} = 45\times10^{-3}\mathrm{F} = 45\,000\mu\mathrm{F} \tag{6.16}$$

一般逆变器可过载到150%(30s),需要的最大输入电流为

$$I_{in} = \frac{40\times1.5\times10^3}{0.95\times300} = 210(\mathrm{A}) \tag{6.17}$$

假如取熔断电流为300A的保险丝,在电容未被充电时就接入电池,设充电电路电阻为0.1Ω,那么电池接入瞬间的电流就是3000A。在这样大电流的冲击下,保险丝必然会受到一定的损害,当电容的容量较小时,充电电压上升较快,但在没来得及断开时,电流就减小了,这就给保险丝埋下了隐患。如果电容的容量较大,充电电压上升很慢,大电流的冲击时间较长,保险丝就不能按常规方式慢慢熔断,几乎是以爆炸的方式断开。

电池接入后,电容充电电流的变化规律如下:

$$I_C = \frac{U_{GB} - U_{GB}(1 - \mathrm{e}^{-\frac{t}{CR_C}})}{R_C} \tag{6.18}$$

式中:I_C——电容充电电流,单位为A;

$\quad\quad U_{GB}$——电池电压,取300V。

将式(6.13)整理并代入上述数字后,得出充电电流大于300A的时间为104ms,如此长的时间足可使保险丝断裂。而实际中的电容量比计算值还要大,因此时间将会更长。所以合上输入开关后,必须等到充电器给电容充电到一定电压时再投入电池。

但10kVA UPS就不会出现烧断保险丝的情况。因为以前10kVA以下的UPS输入整流器大都采用二极管而不是可控硅,没有软启动功能,一合闸就给电容器充电,且不是前沿很陡的阶跃电压,而是正弦波,又由于滤波电容容量很小,所以使得电容充电不是从很的大电流开始,因此不会损害二极管。另一方面,合上交流输入闸刀后接着闭合电池开关,其中的间隔是秒的数量级,电容电压早已充到额定值,故不会出现烧断保险丝的情况。

(2)与UPS电池连接的继电器被烧毁

用户:某电业局。

地点:江西。

事故:UPS内外电池连接时继电器被烧毁。

事故分析:UPS被运到现场后,用户电工在安装过程中发现其输出端零线未接

地,根据以往经验零线是必须接地的,于是就将其接了地。安装完毕后,开始加交流市电启动,一切正常。然后模拟市电掉电,当断开输入闸刀时,发现 UPS 机内冒烟并伴有焦糊味道。经检查发现连接 UPS 内外电池的继电器被烧毁。图 6.22 是 UPS 内外电池连接电路图。

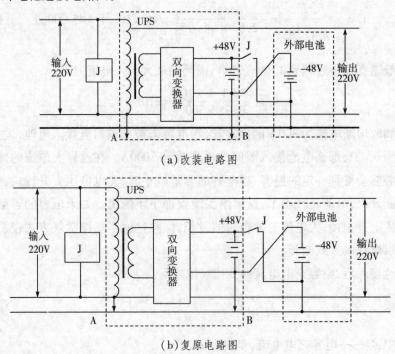

(a) 改装电路图

(b) 复原电路图

图 6.22　内外电池连接电路图

该电业局有 −48V 的后备电池组,因此就外购了几套直流电压为 48V 的 UPS,因该 UPS 的 48V 电池组在机内是负极接零线和地,如图 6.22(b)所示。为了在市电断电时能将外部的 −48V 后备电池组和 UPS 机内电池并联,厂家就将机内 +48V 电池组负极悬空,并在机内装入一继电器 J 与外部电池相连,如图 6.22(a)所示。继电器的控制绕组接在 UPS 输入端,市电正常供电时,继电器触点处于断开状态,图 6.22(a)所示。市电断电时,触点闭合,如图 6.22(b)所示。图 6.23 是接地点连接后的情况。如果 A、B 两点悬空,内外电池就达到了并联的目的。然而如果 A、B 两点与地接通,由图 6.23 很明显地看出,继电器 J 已将两组并联后的 48V 电池正负极短路,强大的短路电流必将继电器烧毁。

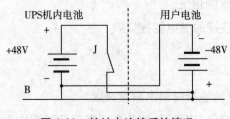

图 6.23　接地点连接后的情况

4. 对生产工艺监督或施工不严导致的故障的分析

（1）变压器起火

用户：某高速公路指挥中心。

地点：河北。

故障概况描述：两台 2×60kVA UPS 在用户场地安装调试完毕后交付运行，总负载量小于 15kVA。机器运行一周后，技术人员正在调试计算机，突然发现一台 UPS 风道出口处冒烟并伴有火苗，于是当机立断切断配电柜上 UPS 的输入开关。UPS 输出电压都为零。经检查发现是 UPS 变压器起火。

事故出现后，用户向厂家提出了如下问题，厂家也给出了相应的回答。

①变压器为什么起火？

变压器是一个非常可靠的部件，导致其起火的主要原因有绕组匝间短路（包括电压击穿绝缘层）、负载短路、铁心由于涡流过大使温度升得很高等。后两个原因引起的是整个变压器的燃烧，而绕组匝间短路引起的是局部的燃烧。这里的变压器燃烧不是变压器铁芯或绕组铜燃烧线，而是指绝缘物的燃烧。

现场检查发现变压器没有浸漆，这是导致此次故障的主要原因。变压器只有不到 1/6 的地方有起火痕迹，如图 6.24 虚线圈定的部分，由此可看出是局部短路造成的。

图 6.24　变压器故障部位示意图

那么是什么原因造成的短路呢？厂家工程师从散落到底板上的炭渣中发现了一些比小米粒还小的焊锡颗粒。毫无疑问，这是被烧熔的焊锡滴落在底板上时摔碎形成的。变压器是由铜（紫铜）和铁（矽钢片）构成的。很明显，焊锡是外来物，带尖的焊锡颗粒落入绕组层间，经运输中的颠簸、工作时的震动和绕组遇热膨胀时的压挤而逐渐刺破绝缘层，形成短路。强大的电流使绕组铜带升温至发红，熔解了焊锡，点燃了绝缘层和其他绝缘物，温度的极度升高使铜带膨胀，绝缘层被破坏使膨胀了的铜带压挤在一起形成更严重的短路，所以起火是必然的。

当然也不排除由于变压器的质量问题造成的故障。但不论是什么原因，造成的后果是相同的。

②为什么发生故障的那一台 UPS 不能单独退出系统？

这和 UPS 的联结方式有关，在冗余并联的情况下，由于两台 UPS 的变压器输出端是并联连接，如图 6.25 所示，两台 UPS 共同承担负载。如果故障出现在变压器次级之前，在测量传感器和控制电路的作用下，属于哪一台 UPS，这台 UPS 就会退出系统。而如果故障出现在并联的次级，这是一个公共部分，无法分辨出属于哪一台 UPS，因此变压器次级电流增加，两台 UPS 供给的初级电流也同时增加，一直到两台 UPS 都感到过载，才同时退出系统。用户认为这种设计不合理，但这是一个客观事实，不能改变。目前所有品牌的 UPS 尚无一个有效的解决办法。换言之，没有一家厂商可以分出并联在 UPS 负载端的并联变压器的故障属于哪一台 UPS，所以在这种情况下任何一台 UPS 都无法单独退出系统。

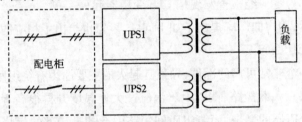

图 6.25　UPS 冗余并联图

③当切断输入的交流市电后为什么不能实现电池供电？

实际上能使变压器铜带炙热到发红的电流已使两台 UPS 的逆变器因无法承受而转旁路，即两台 UPS 的逆变器已同时退出工作，改由市电供电。此时有两个原因不能使电池供电：其一是负载正在旁路上，无法使电池供电；其二是虽然断掉了输入，即使因输入断电又能将负载切换回来，但由于短路的过载现象仍然存在，逆变器仍然不能启动短路负载。只有把两个并联的变压器断开，没有故障变压器的那一台 UPS 才可启动。所以当切断输入交流后不能实现电池供电是合理的。

④为什么这样大的电流不能使 UPS 机器内的输入断路器跳闸？

从以上分析可知，UPS 已感到过载并已转旁路供电。旁路的过载能力要比逆变器大得多，如可过载 10 倍 200ms，如果时间再长一些，随着火势的蔓延，绝缘层被破坏的面积会急剧增大，如果等到静态开关截止或断路器跳闸，那将是一个很难收拾的局面。庆幸的是还没等到输入断路器动作就及时切断了电源，避免了一次全机燃烧灾难的发生。按道理说，一般 UPS 都具有旁路过载到一定值后自动断电的功能，但本事件却没有。

由此可知，变压器最基本的浸漆灌封工艺还是应遵守的，如果变压器经过了浸漆灌封工艺处理，即使在这之前落入焊锡，但由于浸漆后的绝缘漆已将异物包裹和固定，也不会落入异物。当然，变压器内落入异物是工艺流程中制度不严所致。如果是变压器本身的质量问题，问题就很严重了。

（2）UPS 空载时电压为正常值 220V，带上负载后就降到了 110V

用户：某机关。

地点：北京。

故障概况描述：输出为半桥逆变器的 UPS，在市电正常时输出带载也正常，一旦市电供电改为电池供电模式工作时,空载电压正常,然而一加负载,电压就降到额定值的一半(110V),好像额定电压是虚的。

由故障概况描述,我们可以猜测是否为以下原因:

①零线和机器没有连接好。由于两个变换器功率管输出和机器的零线一起构成输出电压的火线与零线,如图 6.26(a)所示。而机器的零地线 NE 接在两个电压(C_1、GB_1 和 C_2、GB_2)之间,如果外地线和机器的零地线 NE 未连接好,则在市电供电时,就变成了输出只有火线而无零线,因此无输出电压。但这里是市电正常时输出带载也正常,故不存在零线和机器没有连接好的问题。

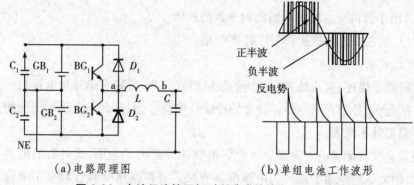

（a）电路原理图　　　　　　（b）单组电池工作波形

图 6.26　电池组连接不好时所造成的输出不正常情况

②一组电池接触不良。由故障现象可知,电池供电空载时输出电压正常,一旦加负载输出电压就变成了额定值的一半。出现这种情况的可能性有两个:一个是电池容量不足,使整个电压波形的幅度下降,一般不会是额定值的一半。第二种就是只有正弦半波输出,这样的话又有两种可能性:一种是半桥逆变器半个桥臂上的功率管发生故障,但市电供电时一切正常,则说明所有功率管都是完好的。排除了上述几种可能性后,就剩下最后一种可能,就是半个桥臂上的电池失效。根据这种分析检查发现,图 6.26(a)所示的电池组 GB_1 没接好,等于只有一组电池在工作,市电正常时,电容 C_1、C_2 可保证工作正常进行。一旦市电供电改为电池工作时,GB_1 供不出电,负半波由电池提供能量,另外半波是空的。由于输出电压不足,经反馈后使脉冲展到最大宽度,一个脉冲结束后,L 的反电势经 BG_1 向 C_1 充电,负半波多个脉冲的反电势可为 C_1 补充一定的电压。转为正半波时,C_1 上的电荷可以供给 BG_1 用一下,但数量有限,不过因是空载,消耗的功率很小,加之负半波电压很高,测量结果显不出来,当带负载时就变成了半波,电压很快就降下来了,而且正好是额定值的一半。将此点接好后,一切恢复正常。

（3）有的 UPS 开机后,测得的输出电压不是 220V,而是一个比该值低得多的值

这种情况多出现在全桥逆变器加输出变压器时。有的人习惯于测量输出火线和地之间的电压,当输出变压器次级绕组的两端悬空时,就会出现测量电压值不正确的现象。如图 6.27 所示,变压器两输出端 A、B 均未接地,当用电压表测量时,

由于 A 和 B 之间不能形成回路,实际上只是测量一个悬空点的电压,这时的测量值只能定性地表明 A 点有无电压。如果测量 BE 之间的电压,其值也差不多,而 AB 两端一定是 220V,这时只需将 A、B 的任一端接地就可以了。

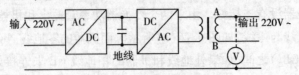

图 6.27 　UPS 原理方框图

5.对安装和维护上的缺欠导致的故障的分析

(1)由于装机时的检查不细致而导致的故障

用户:某几处电信机房和工厂计算中心。

地点:北京。

故障概况描述:这几处有着相同的故障模式,UPS 安装完毕并加电运行一段时间后突然起火,甚至将电池铅锡合金的接线柱熔化。但起火后,主机与电池相连的空气断路器并不跳闸。

经检查发现金属电池架多处被电解液腐蚀并露出了金属,此外有的电池外壳有裂缝,因此认定电池的起火与电池漏液有关。并根据这个假设画出了电池漏液与短路故障原理图,如图 6.28 所示。

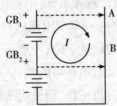

图 6.28 　电池短路故障原理图

图 6.28 中粗线条代表金属电池架,电池放置在上面。电池外壳均为塑料制成,内装铅合金极板与硫酸溶液,重量很大,在运输中若不小心很容易使外壳出现很细小的裂缝,一般不仔细检查很难发现。又由于外壳的弹性的挤压,电池一般是不流出电解液的。因此,在加电开机时没有任何不正常的迹象。但机器开始运行后,就开始为容量不足的电池组充电,充电的初期是恒流式的,电流较大,在起化学反应时电解液温度升高。一方面,由于是密封结构,化学反应中释放出的气体在不达到一定压力前将无法向外排放;另一方面,发热的电解液体积也变大。这两部分的压力都对外壳形成较大的压强,使原来那些不易察觉的裂缝开始变宽,导致电池的电解液开始流出,经过一段时间后,流出的电解液将机架表面的涂层腐蚀掉而直达具有导电性能的金属部分,如图中虚线箭头所示。这时,电池架的金属部分 AB 就在一个或几个电池的正负极之间形成了电流通路。这个通路的电阻几乎为零,所以电流很大,强大的电流在极板和接线柱连接处的电阻较大处产生很高的热量,一直高到使这些部位熔化的程度,同时也点燃了塑料外壳。

由于强大的短路电流是在机架和滇池之间流动,不经过任何开关,所以电流再大也不会触动与其无关的开关,所以开关并不动作。

(2)不恰当的电池操作程序而导致起火

用户:某化纤厂。

地点:江苏。

故障概况描述:由于 80kVA UPS 的电池长期没有做充放电维护,且无法在轻载下快速放电,于是维护人员就将 384V 电池的连接电缆从 UPS 上取下,用另外的负载放电。按照要求放电到 320V 时断开负载,重新将电池的两条电缆线接回 UPS,此项工作自始至终都由一人完成。接好后,按顺序开机,当闭合电池闸刀后,马上就听到爆炸声,机内还有黑烟冒出。

经检查发现逆变器二极管、功率 IGBT 和与电池并联的电容全部损坏。

导致这些器件损坏的原因一般有三个:一个是电流原因,如短路;一个是电压原因,如过压;再一个就是电池反接。

很明显,此次故障不会是短路电流造成的,即使是短路,损坏的也只能是电池,因为短路使得电容和其他各器件上的电压为零;也不会是过压,因为这些器件的耐压都是根据电压的要求选择的,即使有个别器件因老化使耐压降低。最后一个原因就是电池反接。

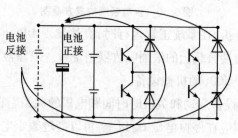

图 6.29 UPS 逆变器电池连接图

图 6.29 是 UPS 逆变器电池连接情况。由图中可以看出,电池反接后,电源极性是下正上负,正好是二极管桥电流的方向。这相当于将电池短路,强大的电流流过二极管,这时只要有一个桥臂的二极管未被烧断,则二极管的钳位作用使电容的反相电压低于 4V,电解电容就处于被保护之中。如果电池的容量足以将各串联二极管支路全部烧断的话,电池的高压就会全部反向加到反向电容的两端。如果电容不是立即被烧断,强大的电流导致导线起火,瞬间大功率损耗使温度升高,壳内气体剧烈膨胀就会使电容爆炸。

由于一般逆变器的二极管都和功率三极管密封在同一个模块内,表面看起来是功率模块坏了,实际是二极管坏了。如果电容被烧断后,电池电压仍未被断开,就有可能使那些反向耐压不够高的 IGBT 烧毁。

因此,千万不要接反电池的极性。

所以导致上述故障的原因是:自始至终都是单独一人在场操作。虽然操作人员有经验,但这种带有危险性的作业,至少应有两个人在场,一人操作,一人监督和检查。

6. 对配置和安装不合理导致的故障的分析

(1) UPS 前面加参数稳压器导致的故障

用户:高速公路。

地点:某省。

故障概况描述:UPS 前面加参数稳压器的配置导致 UPS 出现烧毁输滤波器的现象,甚至起火,并且还会将并接在 UPS 输出端的浪涌吸收器烧坏。现将一处故障作为例子进行分析。

该处是 30kVA 的参数稳压器带 40kVA 的 UPS。在正常运行时,UPS 前面突然冒烟,接在其输出端的浪涌吸收器被击毁,参数稳压器输出断电且 UPS 不能转电池供电,我们通过以下方面进行分析与处理。

① 供电系统构成:为了分析问题,首先将构成系统的方框图画出,如图 6.30 所示。该系统由参数稳压器、UPS、负载端的浪涌吸收器和负载构成。

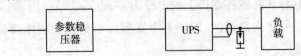

图 6.30 供电系统构成方框图

② 故障检查与分析:在系统正常运行时,突然发现 UPS 输出断电,UPS 显示过载、电池不放电、输出端负载上的浪涌吸收器被烧毁。跟踪检查结果发现参数稳压器输入电网上有一个 500t 的机械设备。

图 6.31 是 500t 设备启动和关机时时间和电压的关系。在正常工作时,参数稳压器的输入电压范围应在停振电压 U_S 以上,可以高过额定电压 U_N,允许高出的值取决于谐振电容的耐压。在大型设备启动时,会造成参数稳压器无法接受的市电电压下陷。由于这个输入市电电压下陷超出了参数稳压器正常工作的范围,于是就停振。但由于参数稳压器在正常工作时储存在内部的无功功率为 3 倍以上,一旦停振,这些能量就会在瞬间释放出来,于是就产生一个上冲幅值极大的衰减震荡,如图 6.32 所示。这个冲击衰减震荡向前后两个方向传输,首先碰到的是 UPS 输入滤波器,滤波器上有浪涌吸收器,由于这个幅值和宽度都远远超过了浪涌吸收器的动作电压电平,而标准规定浪涌吸收器允许的通导电流时间一般不超过 25μs,但由于这个震荡持续时间很长,故将浪涌吸收器烧毁。紧接着该强大的能量、陡峭的前沿振荡波继续向前传播,由于持续时间长,UPS 旁路静态开关 S 无法阻挡,在 dU/dt 大于 20V/μs 的情况下,位移电流将静态开关可控硅 S 打开,使振荡波长驱直入,到达 UPS 输出端,如图 6.33 所示,接着又烧毁输出负载端的浪涌吸收器,并在 UPS 输出端的电流传感器上造成过载的假象,这种"过载"使正常工作的逆变器关闭,同时将 UPS 的旁路静态开关 S 打开。但此时旁路电压超出限额,即使

浪涌过去后,由于参数稳压器输出电压已经断电,静态开关S就会马上关闭。这就造成了市电(参数稳压器输出)掉电时电池不放电的现象,使UPS输出电压为零。

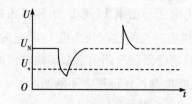

图6.31 500t 设备启动和关机情况

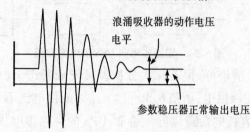

图6.32 参数稳压器停振后强大的无功功率激起的冲击震荡波形情况

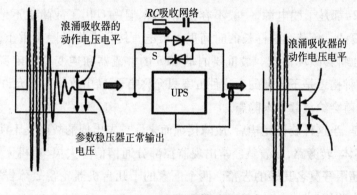

图6.33 超额浪涌传输情况

由于上述故障现象不断出现,经分析是由参数稳压器引起,建议将其断开,由市电直接给UPS供电。在取消参数稳压器期间一直到接受检查的半年中,该处的两台UPS无一故障。另一方面,有关科研机关的实验表明,当参数稳压器带非线性负载时,其容量要比负载大数倍,而这里则用15kVA的参数稳压器带16kVA的设备,另一个用30kVA的参数稳压器带40kVA的设备,这本身就不符合要求。尤其是整流负载所产生的高次谐波,如果引起参数稳压器的谐振,也会产生高幅度的电压损坏设备。

(2)双路输入电压接在同一台UPS设备上导致的故障

用户:某电视台。

地点:北京。

故障概况描述:该电视台为了电源的可靠供电,配置了双路市电供电。为了使用UPS的可靠,分别采购了两家国际名牌产品数台。在两路市电的使用上,该电视台采用了将两路输入市电电压接在同一设备上的方案,其设备接线情况如图6.34

所示,即市电 1#接在 UPS 的旁路开关上,市电 2#接到 UPS 的输入整流器上。在两路市电均正常供电时,主要由市电 2#供电,由于旁路开关这时是断开的,市电 1#只是一个频率参考源,使输出电压与市电 1#同步,以便在市电 2#断电时能平滑地切换到市电 1#,这就保证了供电的连续性。在市电 1#断电时,由于市电 2#正常,UPS 只是失去了参考频率,这时逆变器就改用内部振荡器输出的标准频率输出 50Hz 电压。这样不论哪一路市电断电都可保证供电不间断。

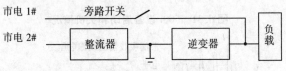

图 6.34　双路市电向 UPS 供电方案图

上述方法乍看似乎很好,但若深入分析就可发现隐患。由分析可看出,市电 2#断电时切换到市电 1#供电,由图 6.36 可知,这时的供电已不再用 UPS 的整流器和逆变器,而是市电直接向负载供电。通常,UPS 的旁路市电供电被视为应急的、临时性的措施,质量是没有保障的。而这里有可能是较长时间的供电,因为市电 1#和市电 2#都是干线电源,一般不容易出故障,且一旦出了故障也不是在短时间内可以修复的。负载在这样长的时间里由市电直接供电将是隐患重重,市电中的各种干扰也将会破坏负载。最重要的是 UPS 的整流器和逆变器被闲置而无法利用,显然这种构思是不合理的。这种方案只允许市电 1#出故障而不允许市电 2#出故障,否则就会给负载带来隐患。

事实是,当这样装机完毕后,故障接踵而来。首先出现的故障是不明原因的所有机器"集体"转旁路,接着就经常出现监控部分通信信号失灵、单机无故转旁路、电池电压超限等莫名其妙的告警。两个厂家的十几台机器轮番故障告警不断,电视台只好在节假日请厂家工程师坐镇值班。

在很多重要场合为了保证可靠的供电,就采用双路供电。一般的方法是平时由一路供电,而另一路备用。当二者之一发生故障时,另一路照常供电。这就是一主一备的目的。而图 6.34 的电路连接方式显然将两路市电都用上了(同时接到同一个设备上),虽然按 UPS 来说是一主一备,但和市电的一主一备不是一个概念。

UPS 初期的设计为:它的逆变器永远跟踪旁路,而旁路的电压频率就是整流器的输入电压频率,因此当旁路的电压频率或幅度超出范围时,就表明输入市电故障,于是 UPS 就改由电池以标准频率供电。这是多年来 UPS 的正常工作程序。

如果两路市电共同向 UPS 供电:一路接整流器,另一路接旁路。假如接整流器的一路(2#)因故障断电,而 UPS 测得旁路的电压和频率却是正常的,若按 UPS 的正常设计不应该由电池供电。但由于输入已断电,必须由电池供电,为达此目的就必须临时修改原来的测量和控制电路。假如接旁路的一路因故障断电,按 UPS 的正常设计应该由电池供电,而这时整流器的输入电压正常,不应该由电池以标准频率供电。这样不管哪一路市电因故障断电时,都不能像原设计那样自然、自动地转为电池供电,而是要人为地规定一种。但不管规定哪一种,都没有发挥备用市电的作用,而且还必须"临时"修改原设计。这种临时修改已成熟的电路可能会影响UPS的其他性能,尤其是在原来电路设计的基础上,由散件控制发展到IC控制,继而又发展到PC控制。

以上发展都是以原来的电路为基础一点点加上去的。但这就带来一个问题:以前设计该点的信号也许只有一个用途,但到了PC控制时就可能用在了几个地方。临时修改很可能考虑不周全,某系统的十余台60kVA UPS就是因为采用了图6.34的方法:两路市电共同向UPS供电,几乎在近三年的时间里异常现象不断。

图6.35是双路市电向UPS供电的合理方案图。这种方法是在输入配电柜内将两路市电经转换开关ZK转换成一路市电供给UPS,这样就给用户带来了莫大的好处:任何一路市电断电,都可使负载全面处于UPS的保护之下,并且由于电池只有几秒钟的过渡放电时间,因此可使这种切换在负载无感觉的零切换时间下进行,使用户避免了上述方案的担心。而且对两路市电的可靠性要求一样,真正实现了两路市电一主一备的要求。这种方案的优点在于:

①UPS可以不做任何修改地照原设计与输入市电连接,方便了装机、调机和维护,保证了原性能的完整性和正确性。

②达到了市电一主一备的原设计目的。1#故障时2#投入,反之亦然。

③任何一路市电故障都不与UPS发生直接关系,因为任何一路市电故障时,对UPS而言,它的输入电压永远是正常的,都不需要电池放电,避免了电池频繁放电。像图6.35那样,两种市电故障情况下必有一种情况放电,况且市电故障时间较长,一般不是半个小时就可以解决的,起码需一个小时以上的延时,增加了投资。

④减少了配电盘到UPS的接线电缆,节约了人力、物力,减少了麻烦。

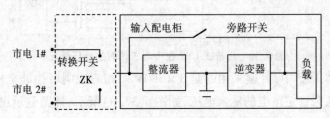

图6.35 双路市电向UPS供电合理方案图

(3)对玩忽职守导致的电池起火的分析

用户:某部队。

地点:广西。

故障情况描述:该部队数据机房更换电池组,由于某种原因由部队自己安装,一组新电池安装完毕,随即加电投入运行后就离去,从此半月内再无人问津,半月后机房起火,电池全部烧毁。

一般电池安装完毕后尚需由其他人员复查一次，看是否安装牢固，此后应连续几天跟踪巡视，看是否有发热点。但此机房负责人员半月期间没有再光顾一次。安装时有的连接处没有完全紧固致使接触处发热，进而发烫，进一步造成接触不良，这样一个正反馈过程导致该连接处温度过高引燃连接电缆，火焰油烧穿了上一层电池造成漏液，硫酸腐蚀到机架造成短路，导致故障范围扩大，以致烧毁全部电池。

7. 对不切合实际地追求高指标导致的故障的分析

（1）输入电压范围太宽导致的故障

用户：某航空公司和某卫星地面站。

地点：北京。

故障概况描述：某品牌 UPS 在一年之中连续三处有电容爆炸。

一般的电子设备几乎都有适应一定输入电压范围的性能。UPS 也有其输入电压范围。关于 UPS 输入电压范围的问题一直备受用户关心，用户总是希望 UPS 允许的输入电压范围越大越好，这在小功率时已形成了固定思维，尤其是后备式 UPS。在小功率情况下实现较大范围的输入电压很容易，如图 6.36 所示。因为功率小，可以用一个多抽头的变压器通过继电器触点进行调节，不少后备式 UPS 允许输入电压的变化范围为 ±30%，甚至更宽。

然而用抽头变压器与继电器调节输入电压的办法只适合很小的功率，最大也不会超过 5kVA。因此，在大功率设备中必须采用接触器。然而接触器在和大功率变压器结合就会使 UPS 变得非常庞大，价格也会明显增加，失去市场竞争力。因此，一般人们不会采用这种方案。

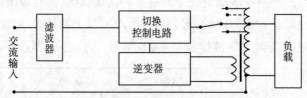

图 6.36　后备式 UPS 在市电工作时的稳压情况

在大功率 UPS 中，普遍采用的是 $3 \times 380\text{V}$ 三相三线制可控硅全桥整流器，利用相控的方法来稳定市电的输入电压，如图 6.37（a）所示，该图显示出了整流输出电压的稳定过程。由图 6.37（b）可以看出，当输入电压为额定值 380V 时，在控制角 α_1 的作用下，整流器输出电压为：

$$U_\text{o} \approx 424\text{V}$$

当输入电压升高 20% 到 456V 时，其输出电压按全波整流应是 645V，但由于控制角由 α_1 已被调整到 α_2，减小了导通时间，其结果使整流器输出滤波后的电压面积 S_2 和 380V 时的 S_1 相等，即输出电压仍然是 $U_\text{o} = 424\text{V}$。同理，当输入电压降低 20% 到 304V 时，其输出电压按全波整流应是 430V，但由于控制角又被调整到 α_3，使整流器输出电压面积 $S_3 = S_1$，电压仍然是 $U_0 \approx 424V$。

输入电压的最低值受电池充电电压限制，为了保证电池的浮充电压稳定在指定值，输入电压就不能过低，否则，就会使电池长期处于"吃不饱"的状态，从而导致服务寿命降低。输入电压的上限取决于整流器滤波电容 C 的耐压程度，目前大部分电容都是耐压 450V 的产品，一般 32 节 12V 电池的情况下，根据上述调节原理，浮充电压可以稳定在 438V 左右。所以 450V 再加上 20% 的余量，540V 已足够。但遇到异常情况时，就会造成严重的后果。所谓异常情况，多指可控硅失控的情况，如温度高到一定值时就可以根据可控硅的漏电流增加而将其打开。电压瞬变时的位移电流也可触发可控硅，使可控硅变成二极管整流器。如果此时的市电电压峰值超过了电容 C 的耐压，就可将电容爆破。由图 6.37(b) 可以看出，当输入电压升高 20% 到 456V 时，其输出电压按全波整流就是 645V，已远远高于 540V，在这里就是因为供应商声称他的产品可允许输入电压有 ±25% ~ ±30% 的变化范围而迎合了用户的心理。当然，一般都是基于可控硅的相控原理而不考虑异常情况提出的，虽然迎合了用户的心理，却埋下了隐患。一是因为电容在工作中由于温度的升高而使耐压降低，二是由于这几个地方的市电电压波动太大，因此容易出现爆炸电容事件。

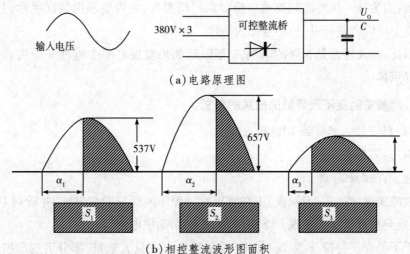

（a）电路原理图

（b）相控整流波形图面积

图 6.37 中大功率 UPS 调节输入电压的情况

因此，要求输入电压范围宽的用户一定要弄清输入稳压的电路和电容的耐压而后行，因为随着电容耐压的提高，机器的造价也抬高了。换言之，售价也相应抬高了。

（2）三年担保的电池使用两年后屡屡出现故障

用户：数据中心。

地点：北京、浙江。

故障概况描述：与 UPS 配套的国内某著名品牌电池使用两年后屡屡出现故障，有的漏液、有的端电压升高，有的容量降低。

一般用户都希望自己购买的机器既好用又便宜,对电池也是这样,甚至舍得花钱买 UPS 而舍不得买电池,不少用户把电池放在了一个"凑合着用"的位置。他们忘记了 UPS 之所以被称为不间断电源,就是因为有电池的缘故。如果取消了电池,就不是不间断电源了。

电池是"养兵千日用在一时",一年 365 天也可能用不着电池,但也可能就在几分钟之内需要电池供电。如果电池在这"一时"需要起作用的时候却起不了作用,从某总意义上讲,这台机器就白买了。很多时候往往就是因为这"一时"的失误所造成的损失远远大于购买 UPS 时的费用。

有的用户明知道低价的电池寿命是 3~5 年,但在标书中却硬性规定厂家必须承担 3 年的担保。而这无异于终生担保。据国际上统计,设计寿命为 5 年的电池,一般的使用寿命只是 2 年到 2.5 年。有些用户对电池失效的认识就是"放不出电来了"。若运气好,3 年之内市电故障很少发生,即使出现停电现象,时间也很短,可使电池"安全"度过担保期。但这时电池的容量按正规要求已经失效。如果用户所在地频繁停电,电池则由于频繁地放电而失效较快,该数据中心就是这种情况。电池使用 2 年后,由于失效换了许多。由于更换电池,导致 UPS 频繁停机。UPS 频繁停机导致的损失已远远超过购买电池费用的两倍,因此给用户带来更多的麻烦:因为换一块电池就要送一份要求停机报告,主管要根据情况批示,且一般都在晚上或深夜进行,用户必须派人陪伴。

因此,建议寿命是 5 年的电池,2 年以后如果发现有一个电池开始失效,就应该全部更换。

8. 对规章制度不严导致的故障的分析

(1)外来闯入者导致 UPS 起火

用户:某邮电局。

地点:深圳和东莞。

故障概况描述:一天深夜,正在值班的工程师闻到一股焦煳味,并听到 UPS 告警声,赶到隔壁机房后发现 UPS 在冒烟,赶忙切断供电闸刀。

拆下外壳进行检查,发现在 UPS 控制板上有一只大老鼠,部分毛皮已被烧焦。控制板位于机器的上层空间内,和下层空间约有 4cm 的缝隙,上面被外壳封顶。下层空间底板处有一个很大的电缆孔。老鼠就是从这里钻入的,电缆空旁边是输入输出接线排,老鼠进入控制板后被电压击惊,恐慌之间误入机器上层,却又处处遭电击,在击倒处将电压短路,烧焦皮毛而死。

工程师又对隔壁机房值班室进行检查,发现有饼干之类的食物碎渣,于是引来了老鼠,加之没有防止老鼠进来的措施,才导致此次事故的发生。

(2)市电停电时 UPS 也断电

用户:某火车站售票处。

地点:南方。

故障概况描述:某火车站候车室售票处突然打电话通知 UPS 供应商,告知 UPS 故障,现象是市电停电后 UPS 也无输出电压,售票无法进行,并声称要求赔偿损失。

UPS 供应商的工程师火速赶到现场,看到购票者排了很长的队伍在等待。经检查 UPS 发现电池柜不见了。没有电池又如何在市电断电时保证继续供电呢?经寻找在一个角落里找到了电池柜。当问到为什么不把电池柜和 UPS 相连接时,回答是"不知道"。因为 UPS 原来不在此处,是之后搬过来的,一直就这样使用,也无人交代还有电池!

有的 UPS 在没有电池的情况下也可以工作,可在面板的 LCD 中查到一些指标,但仅有一个提示,既无动作也不告警。再加之后来的值班人员不懂,不知道检查哪些项目,才导致此次故障。

9. 对市电电压浪涌导致的故障分析

用户:某些数据中心。

地点:多处。

故障概况描述:浪涌电压出现时经常导致 UPS 输出断电。市电出现浪涌是常见现象。如雷电造成的电压浪涌,大型设备关机造成的浪涌以及群体负载集体关机造成的浪涌等,都会对设备造成冲击。不少地方由于浪涌幅度大和持续时间长导致 UPS 输入滤波器的浪涌吸收器造成不可逆的击穿,致使其输出电压也掉电。

UPS 输入端短路时通常对机器无影响,但当输入端滤波器上的压敏电阻击穿短路时,就会导致输出断电。要弄明白其中的原因,我们先来分析一下两种结构的 UPS。

(1)Delta 变换式 UPS

①人为短路、偶然零火线搭接短路及掉电时的情况。

Delta 变换式 UPS 主静态开关的控制信号不是同时加到两只可控硅上的,而是分别触发的,这就和其他双变换 UPS 电路的做法不同,后者的触发信号和此处的旁路静态开关是一样的,只是两只可控硅是同时触发的。正是由于这一点的不同,导致主静态开关具有特殊的功能:当 UPS 市电输入端掉电或短路时,能及时切断输入端到主逆变器的通路,有效地保护静态开关,使其免遭烧毁的危险。下面以图 6.38 做具体分析。

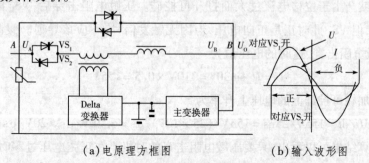

　　　　　(a)电原理方框图　　　　　　　　　(b)输入波形图

图 6.38　UPS 输入短路或掉电时的静态开关工作情况

从图 6.38（b）可知，由于 Delta UPS 输入功率因数近似为 1，所以电流和电压是同相的，主静态开关就是在这种条件下发挥特殊作用的。由于静态开关由可控硅 VS_1 和 VS_2 构成，以下对两只可控硅的工作情况进行讨论。

a. 当输入电压为正半波时，VS_1 被打开，这时对应静态开关输出端 B 的主逆变器也输出正半波，如果此时 UPS 输入端 A 短路或掉电，不管哪一种情况，此时 A 点的电压 $U_A = 0$。由于这时的主逆变器仍在输出正半波，故 B 点的电压 $U_B > 0$，导致 VS_1 因反向偏压而截止。又因为输入端不管是否短路，由于并联在电网上众多设备输入阻抗的并联结果，也近似为短路。由于 Delta UPS 的 VS_1 和 VS_2 是分别触发的，在正半波时，VS_2 也正处于截止状态，所以 VS_1 截止时，整个静态开关是完全关断的，这就防止了反灌电流的发生。

b. 当输入电压为负半波时，VS_2 被打开，这时静态开关输出端 B 的主逆变器也输出负半波，如果此时 UPS 输入端 A 短路或掉电，不管哪一种情况，此时 A 点的电压 $U_A = 0$。由于这时的主逆变器仍在输出负半波，故 B 点的电压 $U_B < 0$，导致 VS_2 因反向偏置而截止。由于在负半波 VS_1 不被触发，此路也不通，整个静态开关处于完全关断状态，也防止了反灌电流的发生。

c. 当输入正弦波电压过 0 时，由于控制电路尚未得到是正半波还是负半波的指令，因此无法发出是触发 VS_1 还是打开 VS_2 的控制脉冲，故 VS_1 和 VS_2 均不导通，加之主逆变器也无电压输出，静态开关两端电压 $U_{AB} = 0$。如果此时输入端 A 短路或掉电，UPS 的测量与控制电路因得到输入端无电的信息，立即就封锁打开 VS_1 和 VS_2 的触发脉冲，于是就隔断了静态开关两端的联系。同时，电池通过主逆变器继续向负载不间断地供电。

从对电路结构的讨论可以看出，无论何时 UPS 输入端掉电或短路，Delta UPS 都会安全地和不间断地向负载提供可靠的能量。

②输入端压敏电阻击穿时的情况。

输入残压时间通常为毫秒级，而压敏电阻对雷电或电压浪涌的反应时间则小于 25ns。在可控硅的指标中规定，该器件两端的电压上升率要求为

$$dU/dt < 20V/\mu s \tag{6.19}$$

否则就会由于位移电流过大而打开可控硅。压敏电阻击穿后，VS_1 因电压反向而截止，但 VS_2 此时正是正向电压，但因无触发信号，不应该导通。假设在相位 30° 时压敏电阻击穿，这时的电压值为

$$U = U_m \sin 30° = 310V \times 0.5 = 155V \tag{6.20}$$

此时加在可控硅上的电压上升率为

$$dU/dt = 155V/25ns = 155V/(25 \times 10^{-3})\mu s = 6.2kV/\mu s \gg 20V/\mu s \tag{6.21}$$

由计算结果可以看出，只要压敏电阻击穿的时机不在正弦电压过零时，静态开关就有被打开的可能。一般压敏电阻被击穿而导通的时间都被限制在 20 ~ 25μs，

雷电尖峰的宽度模型大都小于该值(以后有可能规定为50μs),此后压敏电阻又恢复到高阻状态。这对静态开关无损害,否则由于电压尖峰的宽度大于25μs而使压敏电阻形成不可恢复的击穿状态,这将对UPS形成威胁。

a.如果主变换器输出端有电流传感器,将会因测出过流而使变换器停止工作,按程序将负载切换到旁路,但此时旁路电压为零,造成输出停电。

b.如果主变换器输出端没有电流传感器或传感器的反应速度太慢,将会使IGBT的瞬时寄生可控硅电流超过掣住电流值而造成失控,导致管子炸毁,静态开关的可控硅也将会因此而受损。

(2)传统双变换UPS

传统双变换UPS的主静态开关接法尽管和Delta UPS不同,输入端正常短路或掉电时对UPS也无影响。但当输入端压敏电阻击穿时,由图6.39可以看出,它的旁路开关也有相同的危险,即旁路静态开关也有可能被位移电流打开,由于此现象表现在输出端,对逆变器也表现为过流,因此逆变器将会因测出过流而被迫停止工作,按程序将负载切换到旁路,但此时旁路电压为零,造成输出停电;如果主UPS输出端传感器的反应速度太慢,也将会使IGBT的瞬时寄生可控硅电流超过掣住电流值而造成失控,导致管子炸毁,静态开关的可控硅也将会因此而受损。

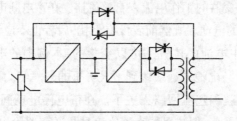

图6.39 传统双变换UPS原理方框图

因此,不论哪一种结构的UPS,在输入电压浪涌的持续时间由于大于25μs而导致压敏电阻不可逆导通后,都会使输出断电,除非压敏电阻瞬时断裂。

10.UPS对IT设备干扰的分析

(1)大屏幕为何遭受干扰

时间:2005年某月。

地点:某市证券公司。

故障现象:该证券公司采用了某品牌UPS,在市电供电时一切工作正常;但市电停电时,大屏幕信号就乱码,发光二极管开始闪烁不定,无法正常显示。

诊断原因:根据在市电供电时一切工作正常和市电停电时,大屏幕信号就乱码的现象确定和UPS有关。因为这时只有UPS在供电,经检查发现UPS和电池柜分别位于大屏幕的两侧,如图6.40所示,初步判断干扰可能来自UPS和电池柜的连接线。但电池柜和UPS之间是直流电流,直流电流是不会产生干扰的,怎么可能影响到大屏幕呢?

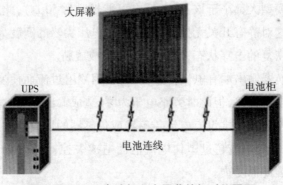

图6.40　UPS、电池柜和大屏幕的相对位置图

一般来说电池连线形成干扰必须具备三个因素：干扰源、传递干扰的途径和受干扰的设备。

①干扰源。

a. 一般 UPS 逆变器取电流的途径：在市电断电时，在线式 UPS 除去输入整流器停止工作（停止工作的整流器是不会产生任何干扰的）外，逆变器的工作状态并未改变，唯一改变的就是电池组由浮充状态转为放电状态。一般来说，电池是直流放电给逆变器，在市电供电时也是直流供电给逆变器，但不产生干扰。如图6.41(a)所示，在市电供电时，逆变器的工作电流来自整流器。在市电断电时，逆变器的工作电流来自同一条路线上的电池。既然前者没有干扰，后者也不应该有。图6.41(a)是一般的理论图，实际中电池的位置是可以变化的，本例中的电池位置就变成了图6.41(b)的样子，UPS 与电池的连线跨到了大屏幕的另一侧。这时在市电停电期间的逆变器的工作电流就和整流回路无关了。在市电停电期间，电池向逆变器提供直流工作电流干扰大屏幕，但这里的直流应该是与逆变器输出 PWM 电压一致的脉动电流。

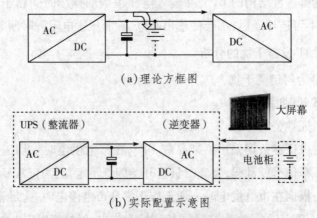

（a）理论方框图

（b）实际配置示意图

图6.41　UPS 电池放电形成干扰的配置因素

b. 逆变器的调制工作原理与电池脉动电流的形成：现代 UPS 的输出正弦波电压是用脉冲宽度调制（PWM）的方法形成的，如图6.42 的右图所示。逆变器是按图中脉冲的形式开关的，不同的脉冲宽度组合包含了正弦波的成分，逆变器输出端

的波形是一组脉冲链,该波形经 LC 滤波后才显现出正弦波形。左图所示的是半桥逆变器,C_1、GB_1、BG_1、D_1 构成正半波桥,C_2、GB_2、BG_2、D_2 构成负半波桥,两个电池组的公共点接中(零)线。一般高频机 UPS 多用此电路。因为该电路结构可省掉隔离变压器,尽管多用了一组电池,但这两组电池的容量只是原来一组电池组的容量,不过是多了一组电池壳而已。一组电池壳不但比一个变压器的价格便宜,而且重量更轻,也不发热。

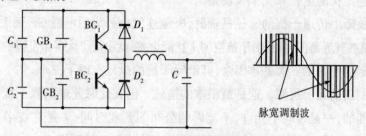

图 6.42　脉宽调制原理图

　　不论是半桥电路还是全桥电路,目前都采用的是脉宽调制技术,所以逆变器工作的方式都是开关模式,输出的波形都如图 6.43 所示。逆变器的工作是开关式的,意味着电池提供的电流也是脉冲式的,逆变管开启时电池提供电流,逆变管关闭时,电池因失去电流通路而不提供电流。尽管在逆变器的输出端的电流有正负之分,如图 6.43(a)所示,但对电池而言,所提供的电流脉冲却是一个方向的。换句话说,电池和 UPS 逆变器之间的电池连线上的电流不是稳定的直流,而是一个脉冲链,如图 6.43(b)所示。一般 PWM 的调制频率目前大都是 8 ~ 50kHz,80kVA 以上的单机 UPS 为 8 ~ 10kHz,即最大脉冲宽度为 125μs;80kVA 以下的单机 UPS 为 10 ~ 50kHz,最大脉冲宽度为 100μs。

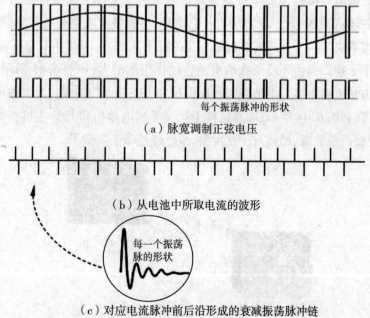

图 6.43　逆变器工作时的输出电压和输入电流的对应关系

以 80kVA 以上的单机 UPS 而言，尤其是高频机，其脉冲宽度为 $20 \sim 50\mu s$，在这样的宽度下其前后沿的陡度会很高，但一般小于 $0.1\mu s$。而在这 $0.1\mu s$ 之内是数个周期的衰减振荡，如图 6.43(c) 所示，即对应的频率都在 10MHz 以上，其波长已到了以米计算的范围，在 UPS 距电池柜数米的距离已是半个以上波长，所以电池连线此时就成了发射天线。其发射的信号就形成了干扰，这就是干扰源。

②传递干扰的途径和受干扰设备。

此次故障中传递干扰的途径是辐射，电池连线向外发射电磁波。而大屏幕的受干扰电路就在其屏幕的背后，由于抗空间干扰能力差，就出现了大屏幕乱码的现象。

针对形成干扰的三大基本因素，其消除干扰的途径有以下三个。

①抑制或消除干扰源。这是最根本的措施。但在此时此地消除干扰产生的机制是不可能的，一是时间不允许，不能影响公司的营业时间；二是在技术上有一定难度，因为电流脉冲是不能消除的，既然有电流脉冲会发射干扰。

②增强受干扰设备的抗干扰能力。此种方法在这里是不可行的，一是大屏幕是成形的设备，二是大屏幕在市电供电时并无干扰现象发生。因此，大屏幕厂家不会更改自己的电路，证券公司更不会同意更改。

③抑制或切断传递干扰的通路。此时就只剩下这一条途径。有两种方法可以实现这个目的：一是电池连线改用铠装电缆，电缆的金属铠装接地；二是将电池柜移到 UPS 一边，使连线尽量短，这样可将发射"天线"的发射范围缩小到一个可控的空间。因为移位是最方便、最快捷和最省钱的方法，因此先从此处入手，结果将电磁移位后就消除了干扰现象。

为什么将电池柜移位后干扰现象就消除了呢？实际上大屏幕是由多个基本 LED 方块拼凑而成的，每一个方块有一套电路，尽管各套电路是一样的结构，但受干扰的程度取决于与干扰源的距离和自身的抗干扰能力，因此并不是所有 LED 方块都遭受了干扰。但由于反干扰的电池连线作用范围大，如图 6.43 所示，所以接受干扰的方块电路也多。电池柜经过移位后和 UPS 并在了一起，大大缩短了发射干扰的范围，如图 6.44 所示，而且这些干扰又受到电池柜和 UPS 主机柜金属外壳的屏蔽，已被严重衰减，即使有干扰发射，也已经是微乎其微了。

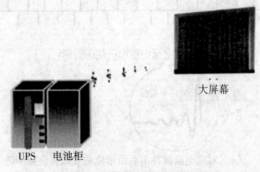

大屏幕

UPS　电池柜

图 6.44　重新配置后的原理示意图

（2）B超机的图像因何扭动

用户：某市医院。

故障现象：B超机由市电供电时一切正常，但用UPS供电时就出现了画面扭动的现象。

诊断和分析：此种现象肯定和UPS有关，而且是由干扰造成的。UPS对外干扰有两种，即传导干扰和辐射干扰。传导干扰是由输出端经电源线送到负载端，一般来说UPS的输出电压失真度很小，不会对负载造成影响，除非UPS输出电压本身失真严重；而辐射干扰信号多来自可控硅整流器和逆变器，因整流器脉冲和逆变器调制脉冲前后沿的上冲衰减振荡不易消除，就会对外形成干扰。

采取的措施：先将B超机远离UPS，以衰减辐射干扰信号，但移到6m的距离尚无效果。看是否为另一种干扰——传导干扰，给B超机输入端加一个滤波器后就消除了干扰，由此看来，是UPS的逆变器脉宽调制脉冲所致。

（3）海上和口岸通信因何中断

用户：某海上交通安全监督局。

故障现象：该用户新购置一台10kVA国产工频机UPS放置在一楼，通信机房在五楼，发射天线在六楼。在未用UPS时一切正常，但UPS一开机，听筒里一片噪声，和海上无法通话。

诊断与分析：首先按传导干扰采取措施，但加滤波器无济于事，那么极大可能是辐射干扰。首先建议用户将通信设备从UPS上拆下，改为市电供电，一切正常。再让UPS空载起动，通信马上中断，由此判断是辐射干扰。再建议用户将UPS移到50m距离处，看通信是否恢复。但用户无条件将UPS放到50m距离的条件。查看UPS说明书，并无看到符合某一干扰标准EMI的条款，厂家也没有做此实验。

为此建议用户重新购买通过干扰标准FCC的UPS，用户照做后，即使UPS放到通信机房也不影响通信了。

11. 对输入功率因数过低导致的故障的分析

（1）空调机投入时导致发电机工作失常

用户：某机场雷达站。

机器规格：60kVA UPS前面配威尔信175kVA发电机，雷达负载约30kVA，后来又另加了45kVA的空调机负载，如图6.45所示。

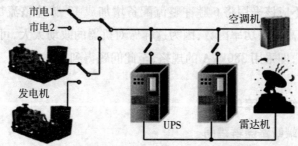

图6.45 某雷达站UPS供电系统配置

故障现象：在不加空调负载时一切运行正常，包括市电停电时的发电机运行。验机工作是在 12 月份进行的，但次年 5 月后由于天气变暖，空调机开始启动，在市电供电时尚且无事，但切换到发电机时，发电机运行失常，输出电压明显降低。这种失常只是电压降低而不是停机，说明过载不严重。

检查与分析：该 UPS 为 6 脉冲整流输入，输入功率因数 $F \leqslant 0.8$，按照正确的配置，前面的发电机应为 UPS 的 3 倍，这里采用了威尔信标准规格 175kVA 的发电机，由于负载不满 70%，认为尚可。而且在验机时 100% UPS 负荷下运行正常，所以这样的配置认为合理。但增加了 45kVA 空调负荷，空调机的输入功率因数更低时，发电机就不能正常运行了。由于当时条件的限制，不可能再增大发电机的容量，况且 UPS 的输入功率因数还可提高。因为 UPS0.8 的功率因数已占用 30% 的无功功率，如果将 UPS 的输入功率因数提高，过载现象不会太严重，就可将功率给补上，于是将 UPS 配备成 12 脉冲整流，将输入功率因数提高到 0.95，使电机的输出有功功率提高了，于是系统工作恢复了正常。

（2）UPS 满载时发电机工作为何失常

用户：某机场航管楼。

一般情况：此航管楼购置了 80kVA 进口某品牌 UPS，按照 UPS 说明书上介绍的输入功率因数为 0.8，配备了一台威尔信标准规格 275kVA 的发电机，发电机的功率与 UPS 的功率之比为 3.4∶1。当机器安装完毕后验机时发现，UPS 带满负荷时发电机因带不动而关机。但在另一处的航管楼在同样条件下采用另一品牌输入功率因数为 0.8 的 UPS 时就一切正常。

检查与分析：检查人员又仔细查看了该品牌 UPS 的说明书和电路图，发现该 UPS 的输入端附加了一个自耦调压器，如图 6.46 所示，导致输入功率因数降低。

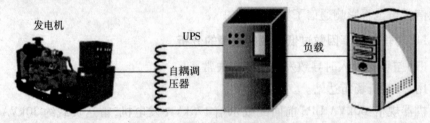

图 6.46 某航管楼 UPS 配置略图

措施：这里不应该采用将 6 脉冲整流配备增加成 12 脉冲整流加 11 次谐波滤波器的方法来提高输入功率因数，因为这样做对机器的改动太大，可将发电机的功率提高一个规格，即采用 380kVA 的规格，至此问题得到解决。

三、配电系统的故障与处理

1. UPS 输出端断路器群跳闸

时间与地点：2014.9.30，北京某国家机关数据中心。

故障描述:该数据中心两台100kVA容量的UPS并联连接,并联输出连接两台输出配电柜,每一台输出配电柜配35只输出断路器,如图6.47所示。

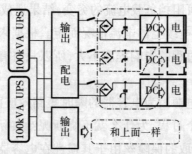

图6.47 某国家机关数据中心机房供电系统原理方框图

系统一直供电正常,已工作了3年左右。突然在半夜两点配电柜1#8只断路器同时跳闸,系统停止工作。

经检查发现IT设备电源故障,一台电源输入短路,两台电源输入保险丝烧断。

既然断路器跳闸前系统一直工作正常,如果无外来因素不可能一群断路器同时跳闸。调查结果是附近都是政府机关,一无重型设备启停,二无天电干扰,因是国庆前夕天气晴朗,无风无雨,因此只可能是内部原因。

故障原因和顺序应该是这样:首先是一台设备电源出现短路故障→瞬时将输入电源220V短路(将电压拉向地)→配电柜1#所有设备电源因输入瞬时断电导致整流滤波后的电容器储能放电→短路电源的断路器跳闸,将其他设备电源的输入电源接通→在断电瞬间负载大的设备电源已将电容器储能放完,负载小的设备电源电容器储能未被放完,即电容器储能的放电程度不一样→因电容器的容量都在几千微法,因此放完容量的电容器因初加电时的短路电流大、时间长而将输入保险丝烧断;而负载小、放电程度小的电容器无短路现象,则输入断路器因不过载而无反应;一些中间状态的电容器放电程度较大,初始充电电流较大已达到输入断路器的过载程度,所以对应的这些断路器跳闸。当然,也不排除这些断路器由于机械开关反应时间上的差异本来要跳闸,但由于响应慢了一点没来得及跳闸,因此出现了只有8个断路器跳闸的现象。

那为什么配电柜2#上的所有断路器都毫无反应呢?经检查发现短路故障出现在输出配电柜1#上的断路器,而输出配电柜1#到UPS输出端的电缆长35m左右,配电柜2#也是这样,因此有70m长的距离。当输出配电柜1#瞬时短路发生时70m长电缆的电感反电势起了作用。根据自感量公式,70m长的电缆的自感量L_0为

$$L_0 = 2l\left(\ln\frac{4l}{d} - 0.75\right) \tag{6.22}$$

式中:L_0——单股导线的自感量,单位为μH;

l——导线的长度,单位为cm,这里是7000cm;

d——导线的直径,单位为cm,这里是35mm^2的电缆,即$d = 0.67$cm;

于是
$$L_{\mathrm{O}} = 2 \times 7000 \left(\ln \frac{4 \times 7000}{0.67} - 0.75 \right) \mu H \approx 138.5 \mu H \qquad (6.23)$$

这样大的电感量足可阻挡负载电流的突变,结果造成配电柜2#电压的瞬时下降,至于下降的幅度根据电缆上的电流情况而定。根据未受影响的程度来看电压下降量不大。由于这些过程的影响程度不大,所以只将有故障的三个电源更换掉后,系统就正常启动工作了。

市电恢复时有两个电源因为电容器的瞬时短路效应而使输入保险丝烧断,而电源每次加电时都有这个过程,为什么就不烧断呢?实际上这些电源在设计时已考虑到这个问题,所以选取的保险丝由于其惯性在电容器充电全过程中是不会烧断的,但是我们有时保险丝在无短路和过载的情况下也会自然烧断,更换以后就一切运行照常了。其原因是在正常工作一段时间后少数或个别保险丝夹由于弹力变弱而使接触电阻变大,从而使接触点温度升高,热量传到保险丝上使其变软而弯曲,这时保险丝的端头已变细,如果电流过大,很容易被烧断。保险丝在长时间有较大电流流过时也会发热变软而弯曲,经受不住较大电流的冲击。上述保险丝的烧断就属于这些的情况。

2. 断路器越级跳闸

(1)配电柜输出断路器工作正常,输入断路器跳闸

地点和用户:北京某政府信息中心。

用户怀疑是负载突变导致输入断路器跳闸,因请来的专家断言是负载突变把输入断路器给"顶"开了。

检查结果:输入断路器为100A,输出为10路32A断路器,如图6.48所示。

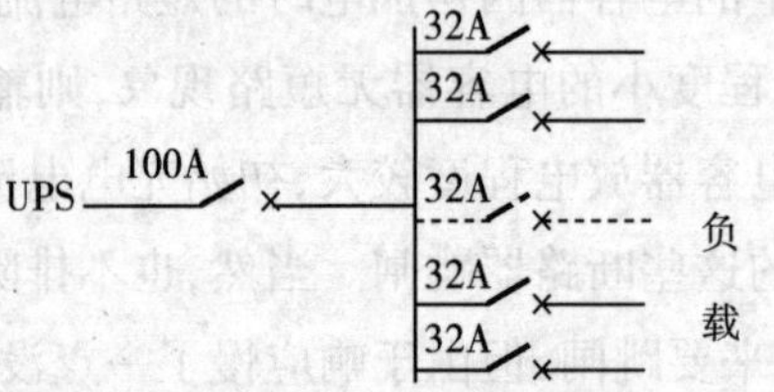

图6.48　北京某区政府数据中心机房供电系统原理方框图

经分析,违背了"输入断路器电流容量等于或大于所有输出断路器电流容量之和一定值"的原则。

输出32A断路器的工作电流只要不超过标称值就算正常。从前面章节的讨论可知,当这种微型断路器过载到1.13倍额定值时一个小时以后跳闸,即输出断路器的工作电流不能超过11.3A。由此看来,输出10个断路器的工作电流之和已接近输入断路器跳闸值,如果这时任何一路负载加大都可以导致输入断路器跳闸。

处理措施:更换更大容量的输入断路器。

(2)当负载短路时,负载的断路器不跳闸,输入断路器跳闸

地点和用户:北京某银行信息中心机房。

故障现象:"2+1"结构的300kVA UPS,如图6.49所示。由于一逆变器功率管早期失效穿通导致UPS短路。

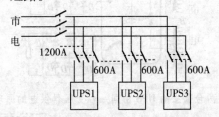

图6.49 某银行数据中心机房供电系统原理方框图

跳闸原因分析如下:

这是一台1400A的框架式断路器,脱扣电流值和脱扣时间可以设置。用户将配电柜输出断路器工作电流整定到600A,输入断路器工作电流整定到1200A。

"2+1"结构的300kVA UPS,每一路UPS的电流约450A,所以600A的整定值合适;又因真正的负载为2×300kVA,输入断路器1200A的整定值也合适。

问题出现在它们对短路脱扣电流的整定值都是10倍,而且又是一样的脱扣时间$t \leqslant 0.1s$。因为并联连接的UPS故障转旁路时必须同时切换,这样一来三台UPS同时呈现短路状态。但由于三台UPS同时短路的电流还没达到10倍额定值前就满足了输入断路器的脱扣条件,所以输入断路器就提前跳闸了。

当输入断路器为12 000A跳闸时,输出断路器上UPS的电流为:

$$\frac{12\ 000A}{3} = 4000A$$

也就是说三台UPS刚刚到达脱扣值的2/3时输入断路器就跳闸了。

处理措施:将输入断路器的脱扣时间调整到0.1s以上,或将三台UPS的脱扣电流调整到较小的倍数,如5倍。

3. 对雷击和雷干扰导致的故障的分析

时间和地点:2015年6月,武汉某银行数据中心机房。

事件情况描述:该数据中心两台独立300kVA的UPS分别向各自的负载供电,但这两台UPS被连接在同一台变压器上,如图6.50(a)所示。一天夜里,故障出现前外面正在下雨,远处有雷声,机房所在地区并无雷电。突然机房因UPS关机而停电,输入断路器S_2和S_3跳闸。检查结果是两台UPS的输入整流器全部烧毁。

经分析,可能是由以下原因引起:

(1)一般干扰

首先看一般干扰的假设,这两台均为工频机UPS,输入整流器为可控硅,如果是外来一般干扰,则有两种类型:电网电压波动和干扰脉冲。对于电网波动自有可控硅整流器的相控处理,属正常范围工作。如果是常模干扰脉冲,问题也不大,随电网进入的干扰脉冲被防雷器和UPS输入滤波器处理后,还有整流器后面强大的电容滤波器,也不会损坏整流器,原因是可控硅的过载能力非常强。如果是共模干扰脉冲,也被UPS前面的滤波器处理了。

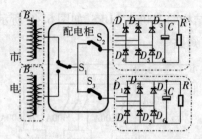

（a）两台孤立的 UPS 由同一台变压器供电的原理图

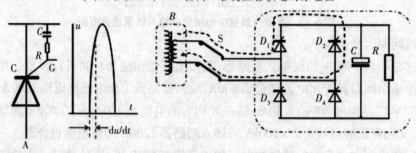

（b）可控硅控制极抗干扰环节结构图　　（c）取出（a）图的一路电压讨论

图 6.50　某银行数据中心机房供电系统原理方框图

如图 6.50（b）所示，在可控硅控制极输入端都加装了抗干扰滤波环节，除正常控制信号外，一般外来信号都不会起作用，即外来干扰的假设已被排除。

（2）雷电干扰

第二种原因就是雷电。尽管机房所在地区无雷电，但武汉下雨有雷声。如果雷电靠近电网，就有可能在电网上感应出强大的浪涌电压。可控硅除了正常控制脉冲可以将其开通外，高温时的漏电流可以将其打开；当可控硅阳极 A 和阴极 C 间的电压上升率 $\mathrm{d}u/\mathrm{d}t \geqslant 20\mathrm{V}$ 时，其位移电流也可以将它打开，如图 6.50（b）所示。根据查看的情况机房温度不高，可以排除温度原因。UPS 前面只有第二级防雷器，就是说进入 UPS 的电压叠加着 2000V 以上的雷电电压脉冲。一般雷电电压脉冲的宽度为 $25\mu\mathrm{s}$，此时的电压上升率 $\mathrm{d}u/\mathrm{d}t \geqslant 100\mathrm{V}$ 导致的位移电流已经足以打开所有的可控硅，如图 6.50（c）所示。如果按照正常的工作方式当可控硅 D_1 打开后，电流的路径应该是 $D_1 \rightarrow C, R \rightarrow D_4$ 流回电网，但此时由于 D_2 的导通，使电流经 D_1 和 D_2 直接流回电网，这将这一路电压短路，强大的电流将可控硅烧毁，使两路输入断路器跳闸。

为什么不是雷电将可控硅击毁呢？如果是雷电将可控硅击毁，可控硅应该是爆炸，并且一定伴随着后面电路的灾难性故障，能击毁可控硅的强大电压也会击毁这一路电压上的其他用户。

第二部分

空气调节篇

第七章 湿空气的物理性质和焓湿图

一、湿空气的组成和物理性质

1. 干空气

绕地球周围的空气称为大气。大气中含有多种气体、水蒸气和污染物质。从大气中去除全部水蒸气和污染物质时,所剩即为干空气。干空气是由氮、氧、氩、二氧化碳、氖和其他一些微量气体所组成的混合气体。

2. 湿空气

干空气与水蒸气的混合气体称为湿空气。

湿空气中的水蒸气含量很少,来源于海洋、江河、湖泊表面的水分蒸发,各种生物(人、动植物等)的生理过程以及工艺生产过程。在空气中,水蒸气所占的百分比是不稳定的,常常随着季节、气候、湿源等各种条件的变化而改变。

湿空气中水蒸气的含量虽少,但其变化会引起湿空气干、湿程度的改变,进而对人体感觉、产品质量、工艺过程和设备维护等产生直接影响,这是不容忽视的。同时,空气中水蒸气含量的变化又会使湿空气的物理性质随之改变,所以本章将着重研究这方面的问题。

干空气中氮、氧、氩的含量是非常稳定的。而二氧化碳的含量则随植物生长状态、气象条件、海水表面温度、污染状态等有较大的变化。然而由于其平均含量非常小,所以其含量的变化对干空气性质的影响可以不予考虑。在研究干空气物理性质时,允许将干空气作为一个整体来对待。

二、湿空气的状态参数

湿空气的物理性质除和它的组成成分有关外,还决定于它所处的状态。湿空气的状态通常可用压力、温度、比容等参数来表示,这些参数称为湿空气的状态参数。下面分述空调工程中湿空气的几种常见状态参数。

1. 压力

(1)大气压力

地球表面的空气层在单位面积上所形成的压力称为大气压力,它的单位为帕(Pa)或千帕(kPa)。

$$1Pa = 1N/m^2 \tag{7.1}$$

式中:N——牛顿。

大气压力还有多种使用单位,如气象上习惯用巴(bar)或毫巴(mbar)表示,物理上习惯用标准大气压或物理大气压(atm)表示,各单位间的关系见表7.1。

表7.1 大气压力单位换算表

帕(Pa)	千帕(kPa)	巴(bar)	毫巴(mbar)	物理大气压(atm)	汞柱(mmHg)
1	10^{-3}	10^{-5}	10^{-2}	$9.869\,23 \times 10^{-6}$	$7.500\,62 \times 10^{-3}$
10^3	1	10^{-2}	10	$9.869\,23 \times 10^{-3}$	$7.500\,62$
10^5	10^2	1	10^3	$9.869\,23 \times 10^{-1}$	$7.500\,62 \times 10^2$
10^2	10^{-1}	10^{-3}	1	$9.869\,23 \times 10^{-4}$	$0.750\,062 \times 10^{-1}$
101 325	101.325	1.013 25	1 013.25	1	760
133.332	0.133 332	$1.333\,32 \times 10^{-3}$	1.333 32	$1.315\,79 \times 10^{-3}$	1

大气压力不是一个定值,它随着各个地区的海拔高度的不同而有所差异,同时还随着季节、天气的变化而变化。海平面上的标准大气压力为1013.25mbar。例如,我国东部的上海市海拔高度为4.5m,夏季压力为1005mbar,冬季为1025mbar,而西部青海高原的西宁市海拔为2261.2m,夏季压力为773mbar,冬季为775mbar,气压比沿海城市低很多。大气压力不同,空气的状态参数也要发生变化。因此在空调系统设计和运行中使用的一些空气参数,如果不考虑当地气压的大小,就会造成一定的误差。

(2)工作压力

在空调系统中,空气的压力是用仪表测出的,但仪表指示的压力不是空气压力的绝对值,而是与当地大气压力的差值,称之为工作压力(以前称为表压力)。它不能代表空气压力的真正大小。

(3)绝对压力

绝对压力是与理想真空相比较的压力值,等于表压和当地大气压之和。

工作压力与绝对压力的关系为

$$绝对压力 = 当地大气压 + 工作压力 \tag{7.2}$$

凡未指明压力是工作压力的,均应理解为绝对压力。如附表1~附表4中的压力均是绝对压力。

以下举例说明绝对压力在空调中的应用。

①在北京调试空调机。

加氟利昂22,用压力表检查空调压缩机的吸气压力值是4.8,求压缩机内的氟利昂22的沸腾温度。

解:北京当地的大气压力 =1atm。

北京的压缩机的绝对压力 = 当地大气压 + 工作压力 = 1 +4.8 =5.8。

查附表3.1得沸腾温度是4.79℃。

②在西宁加氟调试空调机。

用压力表检测空调压缩机的吸气压力值是4.8,西宁的大气压力:773mbar。

绝对压力 = (773/1013.25) + 4.8 = 0.76 + 4.8 = 5.6。

假设绝对压力 = 5.6 是正确的,那么在西宁还得继续加氟,使空调压缩机的吸气压力(工作压力) = 绝对压力 - 当地大气压 = 5.8 - 0.76 = 5.04 才是正确的。

③在西藏拉萨校核压缩机最低压力保护设定值。

压缩机的最低吸气(绝对)压力值是1.5(Liebet 的标准),低于此值压缩机自动停机。在西藏拉萨只有0.64标准大气压。校核空调压缩机的最低吸气压力。

最低工作压力 = 绝对压力 - 当地大气压 = 1.5 - 0.64 = 0.86。

在北京的最低工作压力 = 绝对压力 - 当地大气压 = 1.5 - 1 = 0.5。

在北京:工作(表)压力为0.5时压缩机低压保护。

在西藏拉萨:工作(表)压力为0.86时压缩机低压保护,如果把工作(表)压力0.5定为压缩机低压保护,则会损坏压缩机。

(4)水蒸气分压力

气体分压力是指混合气体中各组成气体单独占有混合气体容积,并具有与混合气体相同的温度时所产生的压力。道尔顿定律指出混合气体总压力等于各组成气体分压力之和。大气既然是由干空气和水蒸气组成的,那大气压力必然是水蒸气分压力和干空气分压力之和,即

$$P = P_g + P_q \qquad\qquad (7.3)$$

式中:P——湿空气压力,即大气压力;

    P_g——干空气的分压力;

    P_q——水蒸气的分压力。

从气体分子运动的观点来看,气体分子越多,撞击容器壁的机会越多,表现出来的压力也就越高。因此,水蒸气分压力的大小反映了水蒸气含量的多少。

2. 温度

温度是表征物体冷热程度的物理量。其数值是通过"温标"来实现的,不能直接通过测量获得,而只能借助于冷热不同的物体之间的热交换及物体的某些物理性质随冷热程的不同而变化的特性间接地(如通过温度计)测量,从而获得温度数值。温度是空气调节中的一个重要参数。当空气受热后其内部分子动能增大,表现为温度的升高。

(1)绝对零度

绝对零度是热力学温标的零点,比水的三相点温度低273.16K;任何物质系统到这一温度时,能量最小,因而处于基态,即可能有最低能态。

(2)绝对温度

绝对温度又称热力学温度,是以绝对零度为起始点的温度,用开氏温标测量。

(3)温标

温标通过与温度有关的物理现象来表现,并对温度零点和分度方法做出规定的一种公认的测温体制。

（4）开尔文温标

表示热力学温度的开尔文温标,简称开氏温标,符号为 T,单位为 K。它以气体分子热运动平均动能趋于零的温度为起点,定为 0,以水的三相点温度为定点,定为 273.16K,1K 即为水三相点热力学温度的 1/273.16。

（5）摄氏温标

目前国际上使用的摄氏温标,符号为 t,单位用℃表示。摄氏温标和开氏温标的关系为

$$t = T - 273.15 \approx T - 273 \tag{7.4}$$

式中:273.15——冰点的热力学温度。

（6）干球温度计

干球温度计一般指用来指示空气温度的普通温度计,是干湿球湿度计的组成部分之一。它相对于湿球温度计而言,其球部表面不包潮湿的纱布。

干球温度计所测得的温度称为干球温度,就是实际的空气温度。

（7）湿球温度计

湿球温度计量是指温度计的球部(温包)表面保持潮湿状态的温度计,干湿球湿度计的组成部分之一,通常用沾湿的纱布或棉花包在球表面。

湿球温度计所测得的温度称为空气的湿球温度。

湿球温度计的读数实际上反映了湿纱布中水的温度。当空气的相对湿度 $\varphi <$ 100% 时,必然存在着水的蒸发现象。若水温高于空气温度,蒸发所需的汽化热必然首先取自水分本身,因此湿纱布的水温开始下降。无论原来的水温多高,经过一段时间后,水温终将降至空气温度以下。这时空气向水面传热,此热量随着空气与水之间温差的加大而增加。当水温降到某一数值肘,空气向水面的温差传热恰好补充水分蒸发所吸收的汽化热,此时水温不再下降,这一稳定的温度称之为湿球温度。

显然,当湿纱布的最初水温低于湿球温度时,空气向水面传热,一方面供水分蒸发用,另一方面供水温的升高。随着水温增高,传热量减少,最终达到温差传热与蒸发耗热相等,水温稳定于湿球温度。

（8）湿度计

湿度计是测量空气湿度(通常是相对湿度)的仪器。其种类很多,常用的有干湿球湿度计、通风干湿球湿度计、露点湿度计、毛发湿度计和自记式湿度计等。

（9）干湿球湿度计

干湿球湿度计简称干湿计,由一支干球温度计和一支湿球温度计组成。由于湿球温度与空气湿度有关,当湿度越大时,干、湿球温度差越小;反之,当湿度越小时,干、湿球温差越大。利用这个原理,可根据干球温度及干、湿球温度差查表得到相对湿度。这种湿度计结构简单、价格便宜、使用方便,但测量精度较差,特别是周围空气的流动速度有变化和有热辐射时,对测量结果影响较大。

（10）通风干湿球湿度计

通风干湿球湿度计简称通风干湿计。当干湿球湿度计通风不佳时，湿球的周围很快呈现饱和状态，湿球上纱布的蒸发速度减慢，影响湿球温度的正确性。为了避免上述缺点，对干湿球湿度计用机械或电动通风装置。其仪器顶部装有抽风机，而温度计的球部装有双重辐射防护管，使用时使湿球上的纱布保持潮湿，开动电动机或发条使风扇转动，让空气以一定的速度流过温度计球部。实验证明，当空气流速≥2.5m/s时，空气流速对热、湿交换过程的影响已不显著，湿球温度趋于稳定。因此，要准确地反映空气的相对湿度，应使湿球周围的空气流速保持在2.5m/s以上，以改善测量精度。通风干温计由于精度高，在工农业生产和实验室获得广泛应用。

（11）阿斯曼通风干湿计

对干湿球湿度计用机械或电动通风装置由阿斯曼首创，所以通风干湿球湿度计又称阿斯曼通风干湿计。

（12）手摇干湿计

手摇干湿计是通过手摇干湿温度计使空气能流过干湿球的一种干湿球温度计，常用于现场校准空调机的温湿度显示值。由于空气流动，改善了普通干湿球温度计的性能。

（13）露点

露点是潮湿空气中的水蒸气在冷的光滑表面上开始冷凝时的温度，即在气压不变和空气中水蒸气无增减的条件下，未饱和空气因冷却而达饱和时的温度。

当露点温度为5.5℃时，机房的相对湿度是多少？

当露点温度为5.5℃时，其数值见表7.2。

表7.2　露点温度为5.5℃的饱和空气的水蒸气分压力 Pq.b = 9.01mbar

（饱和空气含湿量 = 5.595g/kg干空气）

温度（℃）	饱和空气的水蒸气分压力 $P_{q.b}$（mbar）	相对湿度1（%）	饱和空气含湿量（g/kg干空气）	相对湿度2（%）	温度（℃）	饱和空气的水蒸气分压力 $P_{q.b}$（mbar）	相对湿度1（%）	饱和空气含湿量（g/kg干空气）	相对湿度2（%）
17	19.32	46.6	12.1	46.2	29	39.95	22.6	25.6	21.8
18	20.59	43.8	12.9	43.4	30	42.32	21.3	27.2	20.6
19	21.92	41.1	13.8	40.5	31	44.82	20.1	28.8	19.4
20	23.31	38.5	14.7	38.1	32	47.43	19.0	30.6	18.3
21	24.80	36.3	15.6	35.9	33	50.15	18.0	32.5	17.2
22	26.37	34.2	16.6	33.7	34	53.07	17.0	34.4	16.3
23	28.02	32.2	17.7	31.6	35	56.10	16.0	36.6	15.3
24	29.77	30.3	18.8	29.8	36	59.26	15.2	38.8	14.4
25	31.60	28.5	20.02	27.9	37	62.60	14.4	41.1	13.6

温度 (℃)	饱和空气的 水蒸气分压 力 $P_{q.b}$(mbar)	相对湿 度1(%)	饱和空气 含湿量 (g/kg干空气)	相对湿 度2(%)	温度 (℃)	饱和空气的 水蒸气分压力 $P_{q.b}$(mbar)	相对湿 度1(%)	饱和空气 含湿量 (g/kg干空气)	相对湿 度2(%)
26	33.53	26.9	21.4	26.1	38	66.09	13.6	43.5	12.9
27	35.56	25.3	22.6	24.8	39	69.75	12.9	46.0	12.2
28	37.71	23.9	24.0	23.3	40	73.59	12.2	48.8	11.5

注:相对湿度1是按标准定义计算的,相对湿度2是按近似公式计算的。可以发现它们的误差不是太大,其误差作为工程计算或实际应用是可以接受的。例如17℃,饱和空气的水蒸气分压力 $P_{q.b}$(mbar),相对湿度1 = 9.01/19.32×100% = 46.6%,其余类推。

3. 含湿量

湿空气是由干空气和水蒸气组成的,其中每千克干空气所含有的水蒸气量称为含湿量 d,即

$$d = m_q/m_g \tag{7.5}$$

式中: m_q——湿空气中水蒸气质量,单位为 kg;

m_g——湿空气中干空气质量,单位为 kg。

若湿空气中含有 1kg 干空气及 $d$kg 水蒸气,则湿空气质量应为 $(1 + d)$kg。

$$d = 0.622 P_q/P_g \tag{7.6}$$

$$d = 0.622 P_q/(B - P_g) \tag{7.7}$$

式中: B——大气压力,单位为 Pa。

考虑到湿空气中水蒸气的含量较少,因而 d 的单位也可用 g/kg干空气 表示,则公式(7.7)变为

$$d = 622 P_q/(B - P_g) \tag{7.8}$$

公式表明,大气压力一定时,水蒸气分压力和含湿量近似为直线关系。水蒸气分压力愈大,含湿量就愈大。如果含湿量不变,水蒸气分压力将随着大气压力的增加而上升,随着大气压力的减小而下降。在空气调节中,含湿量和温度一样也是重要的参数,在空气的加湿、减湿处理过程中都用含湿量来衡量空气中水蒸气量的变化。

4. 相对湿度

相对湿度是空气中水蒸气分压力和同温度下饱和水蒸气分压力之比。

(1)相对湿度计算

$$\varphi = P_q/P_{q.b} \times 100\% \tag{7.9}$$

式中: φ——相对湿度;

P_q——空气的水蒸气分压力,单位为 Pa;

$P_{q.b}$——同温度下空气的饱和水蒸气分压力,单位为 Pa。

在一定的温度下,湿空气所含的水蒸气量有一个最大限度,超过这一限度,多余的水蒸气就会从湿空气中凝结出来。这种含有最大限度水蒸气量的湿空气称为饱和空气。

饱和空气所具有的水蒸气分压力和含湿量,叫作该温度下湿空气的饱和水蒸气分压力和含湿量。如果温度发生变化,它们也将相应地随着变化,见表7.3。

表7.3　空气温度与饱和水蒸气分压力、饱和含湿量的关系

空气温度 t(℃)	饱和水蒸气分压力 $P_{q.b}$(Pa)	饱和含湿量($B=101\ 325$Pa)
10	1225	7.63
20	2331	14.70
30	4232	27.20

由式(7.9)可知,相对湿度表示空气接近饱和的程度。φ 值小,说明空气饱和程度小,吸收水汽的能力强;φ 值大则说明空气饱和程度大,吸收水汽的能力弱。当 φ 为100%时,指的是饱和空气;反之,φ 为零,指的是干空气。相对湿度 φ 和前面所讲的含湿量 d 都是表示空气湿度的参数,但意义却有所不同:φ 能够表示空气的饱和程度,但不能表示水蒸气的含量;而 d 恰与之相反,能表示水蒸气的含量,却不能表示空气的饱和程度。

湿空气的饱和水蒸气分压力 $P_{q.b}$,是一个随温度变化的值。道尔顿定律指出:混合气体中各组成气体的分压力与其他气体的存在无关,而系单独占据混合气体体积时的压力。由此看来,湿空气中的水蒸气既然是处于其自身的压力作用之下,那么水蒸气的饱和压力与温度之间的对应关系也同样适用于湿空气中的水蒸气。因而,湿空气的饱和水蒸气分压力 $P_{q.b}$ 值,可由有关水蒸气的饱和压力和温度关系附表5查得。

(2)相对湿度的近似公式

$$\varphi = d/d_b \times 100\%\qquad(7.10)$$

式中:d/d_b——湿空气的饱和湿度比。

式(7.10)与式(1.9)的计算相比,会有2%~3%的误差(见表7.2)。

5.焓

在空调工程中,湿空气的状态经常发生改变,常需要确定此状态变化过程内热量的交换量。例如对空气进行加热或冷却时,常需要确定空气所吸收或放出的热量。在压力不变的情况下,焓差值等于热交换量,而在空调过程里,湿空气的状态变化过程可以看成是在定压下进行的,所以能够用湿空气状态变化前后的焓差值来计算空气得到或失去的热量。

1kg 干空气的焓和 $d$kg 水蒸气的焓的总和,称为$(1+d)$kg 湿空气的焓。如果取0℃的干空气和0℃的水的焓值为零,则湿空气的焓的表示如下:

$$i = i_g + d \times i_q\qquad(7.11)$$

式中: i——对应于1kg干空气的湿空气之焓, 单位为 kJ/kg$_{干空气}$;

　　i_g、i_q——分别为 1kg 干空气和 1kg 水蒸气的焓, 单位为 kJ/kg。

$$i_g = c_{p.g} \times t \tag{7.12}$$

$$\cdot \, i_q = 2500 + c_{p.q} \times t \tag{7.13}$$

式中: $C_{p.g}$——干空气的定压比热, 在常温下为 $1.005 \approx 1.01$, 单位为 kJ/(kg·℃);

　　$C_{p.q}$——水蒸气的定压比热, 在常温下为 1.84, 单位为 kJ/(kg·℃);

　　2500——0℃时水的汽化潜热, 单位为 kJ/kg。

将比热值代入, 得

$$i = 1.01t + d(2500 + 1.84t) \tag{7.14}$$

或

$$i = (1.01 + 1.84d)t + 2500d \tag{7.15}$$

由式(1.15)可看出, $[(1.01 + 1.84d)t]$ 是随温度而变化的热量, 称之为显热, 即物体在加热或冷却过程中, 温度升高或降低而又不改变其原有的相态所需吸收或放出的热量。而 $2500d$ 是 0℃时 $d$kg 水的汽化热, 它仅随含湿量的变化而变化, 与温度无关, 故称为潜热, 即物体在相变过程中温度不发生变化, 吸收或放出的热量。由此可见, 湿空气的焓将随着温度和含湿量的升高而加大, 随其降低而减小。在使用焓这个参数时必须注意, 2500 较 1.84 和 1.01 大得多, 因而在空气温度升高的同时, 若含湿量有所下降, 其结果湿空气的焓不一定会增加。

1kg 的水在 100℃汽化所吸收的潜热是多少?

$$i_q = d(2500 + 1.84t) \tag{7.16}$$

$$d = 1\text{kg}, t = 100℃, 1\text{kW} = 3600 \times 1000\text{J} = 3600\text{kJ} \tag{7.17}$$

$$i_q = (2500 + 1.84 \times 100)\text{kJ} = 2684\text{kJ} = 0.7455\text{kW} \tag{7.18}$$

1kg 的水在 100℃气化所吸收的潜热约为 0.746kW, 这是空调加湿罐的水蒸气潜热。

1kg 的水在 60℃汽化所吸收的潜热是多少?

$$i_q = (2500 + 1.84 \times 60)\text{kJ} = 2610.4\text{kJ} = 0.725\text{kW} \tag{7.19}$$

1kg 的水在 60℃汽化所吸收的潜热为 0.725kW, 这是空调红外加湿的水蒸气潜热。(红外加湿的水温是 60℃)

6. 空气的密度和比容

(1)空气的密度

单位容积空气所具有的质量称为空气的密度(ρ)。

(2)空气的比容

单位质量的空气所占有的容积称为空气的比容(v)。

密度和比容互为倒数, 因此只能视为一个状态参数。其表达式为

$$\rho = m/V \tag{7.20}$$

$$v = 1/\rho = V/m \tag{7.21}$$

式中：m——空气的总质量，单位为 kg；

V——空气的总容积，单位为 m^3。

因为湿空气为干空气与水蒸气的混合物，两者混合均匀并占有相同的容积。因此，湿空气的密度 ρ 为干空气密度 ρ_g 与水蒸气密度 ρ_q 之和，即

$$\rho = \rho_g + \rho_q \tag{7.22}$$

得（省略中间的推导）湿空气的密度为

$$\rho = 0.003\ 49B/T - 0.001\ 34\varphi P_{q.b}/T \tag{7.23}$$

湿空气的部分状态参数可查阅附表 5，也可用公式计算得出。

三、湿空气焓湿图的制作

前面已介绍了空气的主要状态参数：t、d、B、φ、i、P 及 ρ。其中温度 t、含湿量 d 和大气压力 B 为空气的基本参数，它们决定了空气的状态，并可由此计算出该空气状态的其余参数值。但是这些计算是相当繁杂的，在设计和运行中需要一个线算图，既能联系以上七个参数，又能表达空气状态的各种变化过程，这就是本节要介绍的焓湿图。

线算图有各种形式，我国现在使用的是以焓和含湿量为纵横坐标的焓湿图，见图 7.1。图中除坐标轴以外，还有 t、φ 两组等值线以及 P_q 线、ε 过程线。为了更好地掌握和运用它，下面首先介绍该图的制作过程。

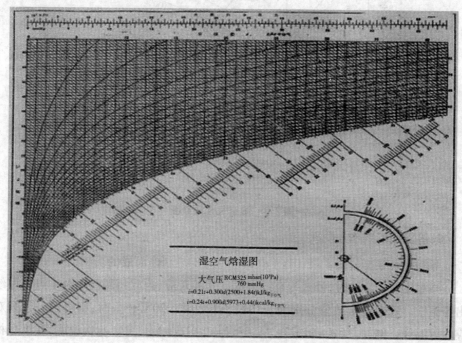

图 7.1 湿空气的焓湿图

1. 选定坐标

一般平面图形仅有两个独立的坐标。而湿空气的状态取决于 t、d、B 三个基本状态参数，因而应有三个独立的坐标。为了能在平面图形上确定空气的状态，就必须假设一基本参数为已知。通常选定大气压力 B 为已知（在空气调节中，空气的状态变化过程可认为是在一定的大气压力下进行的），这样只剩下 t、d 两个坐标参数，就可以进行图形的绘制了。但是，焓 i 与温度 t 有关，为方便起见，可用焓代替温度 t，因此选定 i、d 为坐标轴。

图的横坐标为含湿量 d，纵坐标为焓 i。为使图面开阔、线条清晰，两坐标轴之间的夹角大于或等于 $135°$，在确定坐标比例尺之后，就可以在图上绘出一系列与纵坐标平行的等 d 线及与横坐标平行的等 i 线。实际中，为避免图面过长，常取一水平线代替实际的 d，如图 7.2 所示。

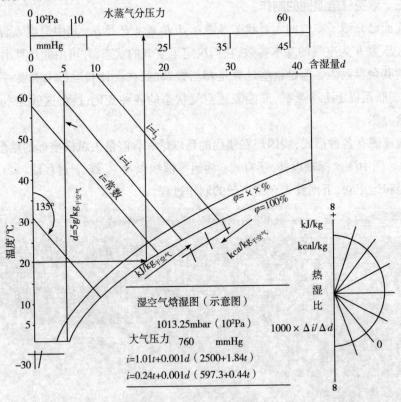

图 7.2　湿空气含湿量图

2. 等温线的制作

等温线是根据公式 $i = 1.01t + d(2500 + 1.84t)$ 制作而成的。

当温度等于常数时，公式为直线方程，i、d 相对应，因此只需已知两个点即可绘出等温线。若温度常数值分别为 $-10℃$、$0℃$、$10℃$、$20℃$……时，则得到一系列对应的等温线。例如，当 $d = 0 kg/kg_{干空气}$ 时，$i = 1.01t kJ/kg_{干空气}$。此例说明，在纵坐标轴上（$\varphi = 0$）时，温度 t 和焓 i 的数值几乎是相等的。

显然,等温线为一组不平行的直线。公式中 $1.01t$ 为截距,$(2500+1.84t)$ 为斜率,由于 t 值不同,每一等温线的斜率是不相同的。但是由于 $1.84t$ 远小于 2500,温度对斜率的影响不显著,所以等温线又近似平行。

3. 等相对湿度线的制作

根据公式 $d=0.622\times\varphi P_{q.b}/(B-\varphi P_{q.b})$ 可以绘制出等相对湿度线。在一定的大气压力 B 下,当相对湿度 φ 为常数时,含湿量 d 值取决于饱和水蒸气分压力 $P_{q.b}$,而 $P_{q.b}$ 又是温度的单值函数,其值可由附表 5 或水蒸气性质表查出。因此,根据 t、d 的对应关系就可以在 $i-d$ 图上找到若干点,连结各点即成等 φ 线。当相对湿度常数值分别为 0%、10%、……、100% 时,则可得到一组对应的等相对湿度线。显然,$\varphi=0$% 的相对湿度线即是纵轴线,$\varphi=100$% 就是饱和湿度线。公式表明,等 φ 线为曲线,因此对应点取得愈多,曲线愈准。

以 $\varphi=100$% 的相对湿度线为界,以下为过饱和区,由于过饱和状态是不稳定的,通常都有凝结现象,所以又称为有雾区;曲线以上为湿空气区(又称为未饱和区),湿空气区,水蒸气处于过热状态。

4. 水蒸气分压力线的制作

公式 $d=0.622\times P_q/(B-P_q)$ 可变换为 $P_q=B\times d/(0.622+d)$。当大气压力 B 为定值时,上式为 $P_q=f(d)$ 的函数形式,水蒸气分压力 P_q 仅取决于含湿量 d。因此可在 d 轴的上方设一水平线,标上 d 值所对应的 P_q 值即可。

以上为 $i-d$ 图的基本组成部分。在 $i-d$ 图上,任意一点都代表空气的一个状态,它的各种状态参数均可由图查出。例如,查 $t=20$℃,$\varphi=100$% 时的焓和水蒸气分压力:在 20℃ 等温线与相对湿度饱和线的交点求得 $i=57.8\mathrm{kJ/kg}_{干空气}$,并由此点画与纵坐标的平行一直线,与 d 上面的水蒸气分压线相交求得水蒸气分压力为 $23.3\mathrm{mbar}$(见图 7.2)。

此外,为了说明空气自一个状态到另一个状态的热湿变化过程,在 $i-d$ 图上还标有热湿比线 ε。

5. 热湿比线的制作

空调过程中,被处理空气常常由一个状态变为另一个状态。在整个过程中,如果空气的热、湿变化是同时进行的,那么,在 $i-d$ 图上由状态 A 到状态 B 的直线连线,就代表空气状态的变化过程,如图 7.3 所示。为了说明空气状态变化的方向和特征,常用状态变化前后焓差和含湿量差的比值来表示,称为热湿比 ε。

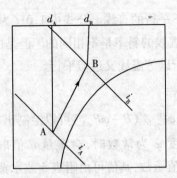

图7.3 空气状态变化在 $i-d$ 图上的表示

$$\varepsilon = (i_B - i_A)/(d_B - d_A) = \Delta i / \Delta d \tag{7.24}$$

总空气量 G 所得到(或失去)的热量 Q 和湿量 W 的比值,与相应于 1kg 空气的比值($\Delta i / \Delta d$),应当是完全一致的。故上式又可写为

$$\varepsilon = \Delta i / \Delta d = G \times \Delta i / G \times \Delta d = Q/W \tag{7.25}$$

由式(7.24)和式(7.25)可知,Δd 和 W 是以 kg 来度量的,若改用 g 为单位,则公式变为如下形式:

$$\varepsilon = \Delta i /(\Delta d/1000) = Q/(W/1000) \tag{7.26}$$

由式(7.25)和式(7.26)可知,ε 就是直线 AB 的斜率,它反映了过程线的倾斜角度,故又名角系数。斜率与起始位置无关,因此,起始状态不同的空气只要斜率相同,其变化过程线必定互相平行。根据这一特性,就可以在 $i-d$ 图上以任意点为中心作出一系列不同值的 ε 标尺线。实际应用时,只需把等值的 ε 标尺线平移到空气状态点,就可绘出该空气状态的变化过程了。

例:已知大气压力为 101 325Pa,空气初始参数为 $t_A = 20℃$，$\varphi_A = 60\%$,当空气吸收 $Q = 10\,000$kJ/h 的热量和 $W = 2$kg/h 的湿量后,温度变为 $t_B = 28℃$,求终状态点。

解:在大气压力为 101 325Pa 的 $i-d$ 图上,按 $t_A = 20℃$、$\varphi_A = 60\%$ 确定出空气初状态点 A。已知空气所吸收的热量与湿量,则热湿比:$\varepsilon = Q/W = 10\,000/2 = 5\,000$。

根据此值,在图的热湿比标尺上找到相应的 ε 线,然后过 A 点作该线的平行线,即为空气状态变化过程线。此线与 $t = 28℃$ 等温线的交点 B,就是空气终状态点,如图 7.4 所示。

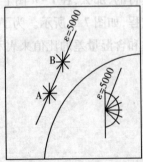

图 7.4　用 ε 线确定空气终状态图

由图可知，$\varphi_B = 51\%$ 、$d_B = 12\text{g}/\text{kg}_{\text{干空气}}$，$i_B = 59\text{kJ}/\text{kg}_{\text{干空气}}$。

实际工程中，除了上述平行线法作热湿比线外，还采用在状态点直接绘制 ε 线的方法。如上例中热湿比为 5000，即

$$\varepsilon = \Delta i / (\Delta d / 1000) = 5000, \Delta i : \Delta d = 5 : 1 \tag{7.27}$$

根据 Δi 与 Δd 的比例关系就可进行 ε 线的绘制。Δd 可取任意值，如 $\Delta d = 4\text{g}/\text{kg}_{\text{干空气}}$，则 $\Delta i = 5 \times 4 = 20\text{kJ}/\text{kg}_{\text{干空气}}$。现分别作空气初状态点 A 的 Δd 等含湿量线与 Δi 等焓线，两线交于 B′ 点，AB′ 连线即为 ε = 5000 的空气状态变化过程线，如图 7.5 所示。AB′ 与 28℃ 等温线的交点 B，就是空气终状态点。

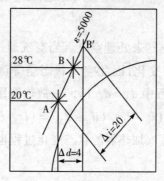

图 7.5　ε 线绘制原理图

上面介绍了 $i-d$ 图的组成和绘制，但图中尚缺少空气的另一参数——密度（或比容）的等值线。这是因为在空调范围内，空气的密度变化不大，一般在 1.26 ~ 1.12kg/m³ 之间，在计算时常取 1.2kg/m³，因而在 $i-d$ 图上不再标出。

还需指出，在不同的大气压力 B 下，如果 φ 值相同，用式(7.24)求得的 d 值则不同。d 值随着大气压力 B 的增加而减少，随着 B 的减少而增加，因此绘出的等 φ 线也不同。计算时，对于不同的大气压力应采用与之相应的 $i-d$ 图，否则，所得的参数将会有误差。但在大气压力相差不大时，所得结果误差不大。如大气压力减小 1000Pa 左右时，空气的比容、含湿量只增大 1% 左右，相对湿度减小 2% 左右，这时采用一个 $i-d$ 图，工程上是允许的。但当大气压力变化大时，就需要有若干张 $i-d$ 图。

四、空气状态变化过程在 $i-d$ 图上的表示方法

由前述可知，$i-d$ 图不仅能确定空气的状态和状态参数，还能显示空气状态的变化过程，其变化过程的方向和特征可用热湿比 ε 值表示。图 7.6 绘制了空气状态变化的几种典型过程，现分述如下。

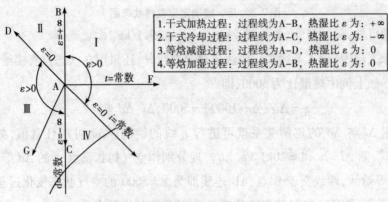

图 7.6　几种典型的空气状态变化过程

1. 干式加热过程

空气调节中常用电加热器来处理空气。当空气通过加热器时获得了热量，提高了温度，但含湿量并没有变化，因此空气状态呈等湿增焓升温变化，过程线为 $A \sim B$。由于在状态变化过程中 $d_A = d_B$、$i_B > i_A$，故热湿比 ε 为

$$\varepsilon = \Delta i / \Delta d = (i_B - i_A)/(d_B - d_A) = (i_B - i_A)/0 = +\infty \tag{7.28}$$

空气经表面式热水或蒸汽加热器的状态变化过程也属此类。

2. 干式冷却过程

与上述过程相反，空气在含湿量不变的情况下冷却，其焓值必相应减少，过程变化为等湿减焓降温，如图中 $A \sim C$。由于 $d_A = d_C$，$i_C < i_A$，故

$$\varepsilon = (i_C - i_A)/(d_C - d_A) = (i_C - i_A)/0 = -\infty \tag{7.29}$$

当空气通过表面式冷却器时，如冷却器的表面温度低于空气温度但又高于空气的露点温度，则空气中的水蒸气不会凝结，此时空气被等湿冷却。

3. 等焓减湿过程

图中 $A \sim D$ 表示等焓减湿过程，其 ε 值为

$$\varepsilon = (i_D - i_A)/(d_D - d_A) = 0/(d_D - d_A) = 0 \tag{7.30}$$

用固体硅胶吸湿剂处理空气时，水蒸气被吸附，空气含湿量降低。而凝结所放出的汽化热使得空气温度增高，但焓值基本不变，只略为减少了水所带走的液体热。故用此法可近似获得等焓减湿升温过程。

4. 等焓加湿过程

等焓加湿过程线为图中 $A \sim E$。由于状态变化前后焓值相等，因而热湿比为

$$\varepsilon = \Delta i / \Delta d = 0/\Delta d = 0 \tag{7.31}$$

此过程一般用循环水（即湿球温度的水）喷淋空气而实现。在喷淋的过程中，空气温度降低，相对湿度增加，空气传给水的热量仍由水分蒸发返回到空气中，因而空气焓值不变。在该状态变化过程中，由于和外界没有热量的交换，故称为绝热加湿过程。此时，循环水温将稳定在空气的湿球温度。

此过程和湿球温度计表面空气的状态变化过程相似。严格地讲,空气的焓值是略有增加的,其增值为蒸发到空气中的水的液体热。由于这部分热量很少,因而近似认为绝热加湿过程是一个等焓过程,仍用图中 A ~ E 表示。

以上介绍了空气的四个状态变化过程。从图 7.6 可看出,代表这四个过程的 $\varepsilon = \pm \infty$ 及 $\varepsilon = 0$ 两条线将 $i - d$ 图分成了四个象限,并各具特点,见表 7.4。

表 7.4　空气状态变化的四个象限及特征表

象限	热湿比	状态变化
I	$\varepsilon > 0$	增焓加湿升温(或等温、降温)
II	$\varepsilon < 0$	增焓减湿升温
III	$\varepsilon > 0$	减焓减湿降温(或等温、升温)
IV	$\varepsilon < 0$	减焓加湿降温

5. 湿球温度和露点温度在 $i - d$ 图上的表示方法

(1)湿球温度

湿球温度在 $i - d$ 图上的表示方法,如图 7.7 所示。当空气流经湿球,由于空气与水之间存在热湿交换现象,而在湿球周围形成了一层与水温相等的薄饱和空气层。设该饱和空气状态为 B,原气状态为 A。空气在由 A 状态变为 B 状态的过程中,传给水的热量又由水以潜热的形式带了回来,因而空气焓值基本不变,A ~ B 可近似为等焓过程。在 $i - d$ 图上由 A 点作等焓线与 $\varphi = 100\%$ 饱和线交得 B 点,该点的温度是湿球温度 t_s。

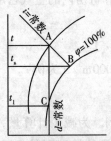

图 7.7　湿球温度和露点温度在 $i - d$ 图上的表示

(2)露点温度

空气的饱和含湿量将随着空气温度的下降而减少。现把不饱和状态的空气 A 沿等含湿量线冷却,图 7.7 所示。随着空气温度的下降,对应的饱和含湿量减少,而实际湿量并未变化,因此空气相对湿度增大。当温度下降至 t_L 时相对湿度达 100%,这时空气本身的含湿量也已饱和,如再继续冷却,则会有凝结水产生。由此可知,t_L 为空气结露与否的临界温度。空气沿等含湿量线冷却,最终达饱和时所对应的温度即为露点温度,饱和点 C 为露点。显然,空气的露点温度只取决于空气的含湿量,当含湿量不变对,露点温度亦为定值。由于含湿量和水蒸气分压力呈对应关系,因此,露点温度也可理解为饱和水蒸气分压力所对应的温度。

在空气调节中,常用等湿冷却将空气温度降到露点,再进一步冷却使水蒸气凝结,从而达到干燥空气的目的。

例:已知某地大气压力 $B = 101\,324\text{Pa}$,温度 $t = 20℃$,相对湿度 $\varphi = 60\%$,求空气的湿球温度和露点温度。

解:在 $B = 101\,325\text{Pa}$ 的 $i-d$ 图上,如图7.8所示,按 $t = 20℃$、$\varphi = 60\%$ 确定空气状态点 A,过 A 点引等焓线($i = 42.54\text{kJ/kg}_{干空气}$)与 $\varphi = 100\%$ 线相交得 B 点,B 点的温度即为空气状态点 A 的湿球温度。$t_s = 15.2℃$。过 A 点引等湿线($d = 0.0088\text{kg/kg}_{干空气}$),与 $\varphi = 100\%$ 线相交得露点 C,露点温度 $= 12.0℃$。

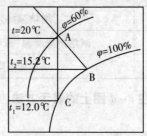

图7.8 由空气状态确定湿球温度、露点温度

五、冬季机房加湿量的计算

1. 机房加湿量的计算内容

①大气压力(Pa)。

②空气密度(kg/m^3):新风和机房内的空气密度。

③新风含湿量($\text{g/kg}_{干空气}$)。

④机房空气含湿量($\text{g/kg}_{干空气}$)。

⑤机房加湿量(kg/h)(以 $1000\text{m}^3/\text{h}$ 为例)。

2. 干空气密度的计算

以表7.5中的七个城市为例。为减少计算量,将海拔高度接近的城市归为一个区:北京、上海、广州、海口,使用的焓湿图是标准大气压($101\,325\text{Pa}$),其他三个城市不再划分。利用公式计算干空气密度 ρ。

表7.5 冬季机房加湿量(机房按 $t = 23℃$、$\varphi = 32.2\%$ 计算,最低露点温度:5.5℃)

地名	大气压力(Pa)	室内干空气密度 $\rho(\text{kg/m}^3)$	新风温湿度			新风含湿量 d_1 ($\text{g/kg}_{干空气}$)	机房空气含湿量 d_1 ($\text{g/kg}_{干空气}$)	空气含湿量 Δd ($\text{g/kg}_{干空气}$)	机房加湿量 G (kg/h)
			干球温度 $t(℃)$	干空气密度 $\rho(\text{kg/m}^3)$	相对湿度(%)				
北京	101 900	1.21	−12	1.353	45	0.6	5.66	5.06	4.85
上海	102 500	1.21	−4	1.312	75	2.02	5.66	3.64	4.8
广州	101 800	1.21	5	1.27	70	3.78	5.66	1.88	2.39
海口	101 600	1.2	10	1.248	85	6.49	5.66	−0.83	−1.04

地名	大气压力(Pa)	室内干空气密度 $\rho(kg/m^3)$	新风温湿度			新风含湿量 d_1 (g/kg干空气)	机房空气含湿量 d_1 (g/kg干空气)	空气含湿量 Δd (g/kg干空气)	机房加湿量 G (kg/h)
			干球温度 $t(℃)$	干空气密度 $\rho(kg/m^3)$	相对湿度(%)				
西安	97 830	1.15	−8	1.29	67	1.28	5.79	4.51	5.82
乌鲁木齐	91 970	1.085	−27	1.30	80	1.04	6.17	5.13	6.67
拉萨	64 830	0.85	−8	0.764	28	0.21	8.84	8.63	6.60

根据式(7.23),令 $\varphi = 0$,$\rho = 0.003\ 49B/T$,设:下标 0 为 $B_0 = B = 101\ 325$ Pa 时的空气状态参数,下标 1 为机房所在地的大气压力 B_1 时的空气状态参数。

$$\rho_0 = 0.003\ 49B_0/T \tag{7.32}$$

$$\rho_1 = 0.003\ 49B_1/T \tag{7.33}$$

式中:T——开尔文温标,$T = 273 + t$。

$$\rho_1 = \rho_0 \times B_1/B_0 \tag{7.34}$$

西安:

室外温度 $t = -8℃$,$T = (273 - 8) = 265$ K,$B = 97\ 830$。

室外干空气密度:$\rho = (0.003\ 49 \times 97\ 830/265)$ kg/m³ $= 1.29$ kg/m³。

室内温度 $t = 23℃$,$T = (273 + 23)$ K $= 296$ K。

室内干空气密度:$\rho = (0.003\ 49 \times 97\ 830/296)$ kg/m³ $= 1.15$ kg/m³。

拉萨:

室外温度 $t = -8℃$,$T = (273 - 8)$ K $= 265$ K,$B = 64\ 830$。

室外干空气密度:$\rho = (0.003\ 49 \times 64\ 830/265)$ kg/m³ $= 0.85$ kg/m³。

室内温度 $t = 23℃$,$T = (273 + 23)$ K $= 296$ K。

室内干空气密度:$\rho = (0.003\ 49 \times 64\ 830/296)$ kg/m³ $= 0.764$ kg/m³。

3. 机房空气含湿量的计算

设:①d_0 为大气压力 $= B_0$ 水蒸气分压力为 P_q 的空气饱和含湿量(g/kg干空气)。

②d_1 为大气压力 $= B_1$ 水蒸气分压力为 P_q 的空气饱和含湿量(g/kg干空气)。

③P_q 空气中水蒸气分压力(mbar)。

③B_0 为海平面大气压 1 013.25 mbar。

根据公式(7.8)有

$$d_0 = 622 \times P_q/(B_0 - P_q) \tag{7.35}$$

$$d_1 = 622 \times P_q/(B_1 - P_q) \tag{7.36}$$

得

$$d_1/d_0 = (B_0 - P_q)/(B_1 - P_q) \tag{7.37}$$

式中,根据温度,d_0、P_q 可查表获得。

因为露点温度为 5.5℃ 时,

$$P_q = 9.01 \text{mbar}, d_0 = 5.595 \text{g/kg}_{干空气}, B_0 = 1013 \text{mbar}, d_0/(1013 - 9.01) = 5617$$

$$\tag{7.38}$$

得

$$d_1 = 5617/C \tag{7.39}$$

$$C = (B_1 - 9.01) \tag{7.40}$$

北京：

$$B_1 = 1013 \times 765 \text{mmHg}/760 \text{mmHg} = 1020 \text{mbar}（将 mmHg 转化为 mbar）$$

$$\tag{7.41}$$

$$C = B_1 - 9.01 \text{mbar} = 1011 \text{mbar} \tag{7.42}$$

$$d_1 = (5617/1011) \text{g/kg}_{干空气} = 5.56 \text{g/kg}_{干空气} \tag{7.43}$$

乌鲁木齐：

$$B_1 = (1013 \times 690/760) \text{mbar} = 920 \text{mbar} \tag{7.44}$$

$$C = B_1 - P_q = (920 - 9) \text{mbar} = 911 \text{mbar} \tag{7.45}$$

$$d_1 = (5617/911) = 6.17 \text{g/kg}_{干空气} \tag{7.46}$$

西安：

$$B_1 = 978.3 \text{mbar} \tag{7.47}$$

$$C = (978.3 - 9) \text{mbar} = 969.3 \text{mbar} \tag{7.48}$$

$$d_1 = 5.78 \text{g/kg}_{干空气} \tag{7.49}$$

拉萨：

$$B_1 = (0.64 \times 1013) = 648.3 \text{mbar} \tag{7.50}$$

$$C = (648.3 - 9) \text{mbar} = 630.3 \text{mbar} \tag{7.51}$$

$$d_1 = (5617/630.3) \text{g/kg}_{干空气} = 8.91 \text{g/kg}_{干空气} \tag{7.52}$$

4. 机房加湿量的计算

机房加湿量计算公式为

$$G = L \times \rho \times \Delta d / 1000 \tag{7.53}$$

式中：G——加湿量，单位为 kg/h；

L——新风量，单位为 m^3/h；

ρ——新风干空气密度，单位为 kg/m^3；

Δd——室内空气含湿量与新风空气含湿量的差，单位为 $\text{kg/kg}_{干空气}$。

第八章　机　房　空　调

一、机房的热负荷

1. 数据中心设计规范(GB 50174—2017)中机房的负荷计算

数据中心设计规范(GB 50174—2017)中列入的负荷计算如下。

7.2　负荷计算

7.2.1 电子信息设备和其他设备的散热量应根据设备实际用电量进行计算。

7.2.2 空调系统夏季冷负荷应包括下列内容:

    1. 数据中心内设备的散热;

    2. 建筑围护结构得热;

    3. 通过外窗进入的太阳辐射热;

    4. 人体散热;

    5. 照明装置散热;

    6. 新风负荷;

    7. 伴随各种散湿过程产生的潜热。

该负荷计算中没有涉及空调机的风机发热量。

2. 各品牌空调机厂商对风机发热量的说明

STULZ 在直接蒸发型空调和冷冻水空调的技术规格备注:机房热负荷必须加上风机吸收功率。

Liebert 从 Liebert PEX 开始就在机组技术规格冷冻水机组制冷量中备注:机房负荷计算需计入风机功耗。

但对直接蒸发型空调来说,总制冷量和显冷量为机组的净制冷量,负荷计算时无须额外考虑风机功耗。

3. 机房热负荷要新增空调机风机发热量的原因

①空调机风机发热量的数值比人体散热量和照明装置散热量大得多,不能忽略。

②在大型数据中心内,末端空调机可能有上千台,如果按平均每台 6kW 计,应在 6000kW 以上(少了几台冷冻水机组),其影响不可低估。

③空调机风机发热量是空调制冷量的 7% ~8% ,最高为 15% 左右。

④在数据中心规划设计中,按其选用的冷冻水机组额定制冷容量小了 10% ~ 15%(不能忽略不计)。

冷冻水机组额定制冷容量的选取与末端空调机标注的制冷量是否含风机发热量无关,与机房热负荷总量(包括空调风机发热)有关。

国家标准中,在计算机房热负荷的项目中没有风机功耗的,应该增加风机功耗。

4. 机房热负荷中没有电气再加热的原因

电气再加热是机房热负荷的一部分。它的使用时间是夏季,当相对湿度高、空调机除湿出现低温时,空调电加热开始工作:如果机房热负荷与电加热之和小于空调机制冷量,则空调机与电加热可能一直工作下去,直到相对湿度达标;如果机房热负荷与电加热之和大于空调机制冷量,则机房的温度升高,电加热可能停止工作,或相对湿度下降达标,电加热就停止工作。

机房的热负荷小于空调机制冷量时,电加热投入使用。从该条件可知:如果机房热负荷等于或大于空调机的制冷量,在除湿时,机房的温度不会过低,所以电加热不会投入运行。电气再加热工作是因为空调机的制冷量大于机房的发热量,所以在计算机房热负荷时可以不考虑电加热。

5. 影响空调机风机功率的因素

①离心风机的电功率比 EC 风机的电功率大,但在价格上前者比后者低。

②向后送风的离心风机比向前送风的离心风机电功率大。

③有的空调机标明其机外余压可选范围大,这是其最大的卖点,但其电功率也很大。

④产品说明都标注 EC 风机及风机功率,但可以购买离心风机,价格低。所以末端空调机的功率统计是很困难的,它与设计风格有关,也与业主的考虑有关。

⑤双盘管空调机的风机功率比单盘管空调机的风机功率大。

⑥(向上送风)风管送风的空调机风机功率大。

⑦Liebert 空调机的风机功率小,是因为机外余压小,如果要求较大的机外余压,需另配(大功率的)风机,所以空调节能问题的完成掌握在业主和设计者的手中。空调机风机功率举例见表 8.1。

表 8.1 空调机风机功率举例

空调机型号	单盘管	双盘管	制冷量(kW)	风机功率(kW)	风机功率/制冷量(%)	机外余压(Pa)
P2070	是		68.4	(EC)2.6	3.8	20
P2070UR		是	70.1	(EC)4.6	6.6	50
P2070DR		是	70.1	(EC)4.4	6.3	20
*1143	是		100.8	(离心、后送)16.5	16.4	70
*543	是		33	(离心、后送)6.6	20	70
P3120UR		是	120.5	(EC)17.1	14.2	50
P2130	是		119.1	(EC)8.4	7.1	20

注:冷冻水空调机组(*CW),回风 $t=22℃,\varphi=50\%$。

6. 1t 水温升 1℃ 需要的热量

1t 水温升 1℃，需要 1.163kW 的热量。Lt 水温升 Δt℃，需要 $Q = L \times 1.163 \times \Delta t$kW 的热量。

我们验证一下艾默生冷冻水空调机的制冷量是否已去除风机发热量。已知豪华系统：LD/LU 90c；总冷量：157.3kW；流量：6.75L/s；$\Delta t = 5.6$℃；风机：5.6kW。

$$L = 3600 \times 6.75/1000t = 24.3t \tag{8.1}$$

总冷量 $Q = 24.3 \times 1.163 \times 5.6$kW $= 158.26$kW $= (157.3 + 0.96)$kW，显然总冷量中并未去除风机发热量。

7. 加湿器带入机房的热负荷

①红外线加湿器：5kg/h——4.8kW；10kg/h——9.6kW。

②屏式加湿器（即加湿罐）：5kg/h——3.6kW；10kg/h——7.2kW。

红外线加湿器的电功率比加湿罐高 34%，主要是红外线加湿器的不锈钢盘面积大，散热多。

③湿膜加湿器不但不耗能还能吸热，最为环保。

8. 机房冷冻水机组的额定负荷要考虑加湿潜热量的条件

假设：①使用冷冻水空调机；②冷冻水：送水 7℃，回水 12.5℃；③下送，上回；④回风温度为 24℃，$\varphi = 50\%$；⑤数据中心所在地为中国新疆的南疆地区。

采用 CM + 190 空调机，技术参数如下：

进水温度为 7℃，水温升为 5.5℃，回风温度为 24℃，相对湿度 $\varphi = 50\%$，总制冷量为 136.9kW，显冷量为 107.9kW，显热比为 0.788。

设数据中心的总负荷（按国家标准统计）为 1（具体数据可能是几千千瓦，也可能是几万千瓦），末端设备选用 CM + 190 空调机，机房回风温度为 24℃，相对湿度 $\varphi = 50\%$。求冷冻水机组的制冷量。

末端设备的显热比是 0.788，风机输入总功率为 7.8kW，占总制冷量的百分比是 7.8/136.9×100% = 5.7%，数据中心实际的显热负荷是 1 + 0.057 = 1.057，冷冻水机组的总制冷量是 1.057/0.788 = 1.34。由于末端设备的显热比是 0.788，比实际布局的空调机数量要多出 34%，因而风机的总发热量也要多出 34%，风机的总发热量占空调制冷量的 7.6%。

修正后的冷冻水机组的总制冷量是 1.076/0.788 = 1.37，计算得出的数据比标准计算值高出 37%。

南疆地区的相对湿度低，要保证回风 50% 就必须不断加湿，而空调机又不断地去湿，从而使冷冻水机组的额定制冷量大大增加。

9. 湿膜加湿器用不好更费电能的原因

把湿膜加湿器集中放到一或二、三处,由于加湿量大,湿膜加湿器附近的空调机的回风湿度高,需要开压缩机除湿。因为是干季(或是冬季),新风干燥,长期加湿,所以压缩机不停地制冷除湿,使空调机的回风湿度高,温度低,于是需要启动加热恒温。有的空调机的加热功率大于压缩机的功率,两者相加所消耗的功率远大于电加湿功率。

10. 湿膜加湿器加湿量大的原因及改善方法

(1)设计方的原因

加湿总量 = 各空调机设置的加湿量之和。

正确的加湿总量 = 新风量×(室内空气含湿量 − 新风含湿量)。

$$Ls = 1.2 \times L \times \Delta d \tag{8.2}$$

式中:Ls——加湿总量,单位为 kg/h;

L——新风量,单位为 m^3/h;

1.2——空气比重,单位为 kg/m^3;

Δd——室内外空气含湿量之差,单位为 $kg/kg_{干空气}$。

实际设计中,新风量的取值应为上式计算量乘以系数。将加湿后的空气用风管分送到各空调机上部。

(2)用户方的原因

用户方唯恐不达标,将加湿器设置在相对湿度上限运行。

(3)改善方法

相对湿度取下限,请参考附表2。当露点温度为 5.5℃时,在西北干燥地区,机房相对湿度取值 50% 是百害而无一利的。

11. 备用及冗余的空调机全开时机房用电量大增的原因

某机房有 11 台空调机,其制冷量是 UPS 输出功率的 2 倍多,仅一台是在备用状态。在现场查找原因:机房呈长条形,吊顶内吸风。其中一(甲)端有 5 台空调机,相对湿度大,在 60% 左右,机房这端热负荷低,温度低(设定温度 22℃,回风温度 21℃左右),空调机制冷、低温、电加热。另一(乙)端热负荷高,空调机回风温度比设定值高,相对湿度低,空调机制冷、加湿。

分析发现,甲端可能有新风从吊顶内吸入,该端吊顶与走廊可能有孔洞;乙端吊顶内密封较严。

在现场做如下调整:

①在甲端:设定温度 24℃,相对湿度 60%,关 2 台空调机。由于设定的相对湿度较高,压缩机只制冷不去湿,从有温度到停机,无须加热。

②在乙端:设定温度24℃,相对湿度40%,关闭加湿的空气开关。运行一天发现空调功耗下降20%多。

③机房吊顶内进一步密封。

④一切准备就绪后,应将甲端5台空调机联网,先按"1+4"模式运行:1台运行,4台备用。备用方式是风机停运,但带电,一旦出现高温报警,备用机立即自动启动1台,这样将进一步节省电能。

空调机运行程序优先顺序:相对湿度φ第一,温度第二。φ高,开压缩机制冷除湿,φ高、温度低,双压缩机就停一台,继续制冷除湿,电加热启动,试图保持恒温。凡是在线运行的空调压缩机都运行,机房此区域的热负荷与所有电加热之和小于空调机制冷总量,机房内就保持低温、高湿状态。上述例子,如果采用"1+4"模式运行,就减少了4台压缩机、8台风机及5台空调机的电加热功率。

12. 监控室屏幕上显示机房内有过热点的原因

新国家标准规定,机房的温度测量应在冷通道内进行。查看现场,机柜形成的冷通道内的温度都在22℃以下,小于设计值24℃,完全合格。查看温湿度传感器,其在吊顶上偏于热通道的位置,显然报警的位置皆位于热通道上。

改进方法:将温湿度传感器从热通道移位到冷通道。

13. 温湿度传感器位于冷通道,监控显示机房内有过热点的原因

①一般情况下,空调机仅负责其对应区域内的送回风,如果某冷通道内的温湿度传感器报警,需在现场查看其对应的空调机。如果显示屏上的温度显示值比左右的空调机显示屏上的温度高,此时一定是压缩机出故障停机了。

②空调压缩机停机维修时,风机仍在运行,空调机显示屏上的温度高。

只要空调机的压缩机停机,都必须及时到现场停止空调机风机。现场维修空调机时,如果关停压缩机,则空调机的风机也必须关停。

二、室内机组

1. 空调机在机房的放置

空调机是下送风、上回风,空调机在机房的放置情况如图8.1所示。

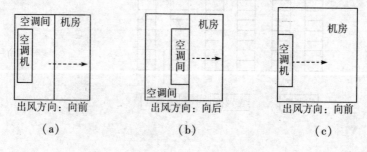

| (a) | (b) | (c) |

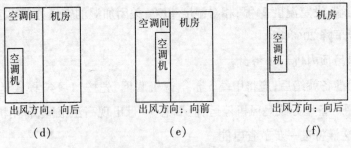

图 8.1　空调机在机房的放置

说明：

图 8.1(a)：空调机的风机出风方向是向前的，空气从空调间送到机房，安装正确。

图 8.1(b)：空调机的风机出风方向是向后的，空调机从背后将空气送到机房，安装正确。

图 8.1(c)：空调机的风机出风方向是向前的，空调机直接将空气送到机房，安装正确。

图 8.1(d)：空调机的风机出风方向是向后的，空调机从背后将空气送到空调间的墙面后反射到前面，由于阻力增加，通风截面变小，噪音大，空调机的功率大，安装不正确。

图 8.1(e)：空调机的风机出风方向是向前的，空调机将空气送到前面的空调间墙面，再反射回来从空调机旁通过，再到机房，安装不正确。

图 8.1(f)：与图 8.1(d)一样，安装不正确。

2. 室内空调机与机柜之间的摆放

室内空调机与机柜之间的摆放如图 8.2 所示。

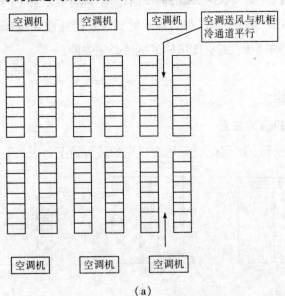

（a）

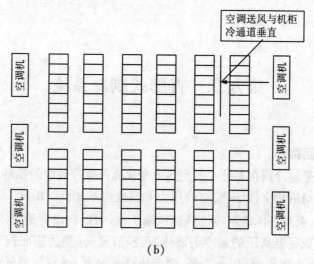

(b)

图 8.2　室内空调机与机柜的摆放位置

说明：

图 8.2(a)：空调室内机的送风方向与机柜形成的冷通道平行，摆放位置正确。

图 8.2(b)：空调室内机的送风方向与机柜形成的冷通道垂直，机柜的出风（热风）要穿过许多机柜，机柜会出现过热现象，摆放位置不正确。

3. 离空调机最近的机柜温度偏高的原因

离空调机最近的机柜地板下，空调机出风速度大，静压就小，其地板出风口的出风量也就小。所以，离空调机近的机柜周围的空气温度较高，特别是高功率的机柜，温度更高，如图 8.3 所示。

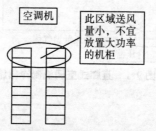

图 8.3　机柜与空调室内机的相对位置

其降温措施如下：

①在机房内的机柜，凡是不装 IT 设备的，将所对应的地板出风口用地板替换。

②只有出风口地板而没有机柜的，用地板替换出风口地板。

③热通道内的风口地板一律拆除。

④减小热负荷小的机柜前的出风口地板的出风口面积。

上述工作完成后，测试地板出风口的出风情况，测量机柜中 IT 设备的温度。如果效果仍不满意，可采用下面的方法：a. 如果有阀门，将其关小。b. 如果没有阀门，从出风口地板的反面用防火软质片状的材料封闭一部分风口。

⑤在离空调机最近机柜的出风口地板前增加 1~2 块出风地板。

第九章　直膨式制冷系统

一、制冷回路

制冷回路是制冷剂在系统中发生热力变化而产生冷效应的循环回路。制冷剂不断地由气相与液相交替变化，它的压力和温度也是如此。图 9.1 为直膨式空调机的制冷回路，高温高压的制冷气体从压缩机排出，经排出管道进入冷凝器，向外界散热后冷凝成高温高压的制冷剂液体，再经节流阀（热力膨胀阀）进入蒸发器。制冷剂（经过热力膨胀阀）压力降低，温度也随着降低，变成低温低压的液体在蒸发器中气化，吸收大量气化潜热从而实现空调机制冷。气化后低温低压气体经吸入管道返回压缩机，提高压力和温度后再进行下一个循环。

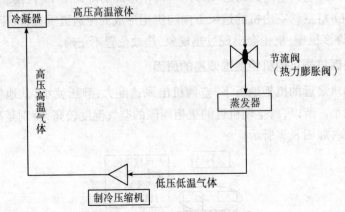

图 9.1　直膨式空调机制冷回路

二、制冷压缩机

制冷压缩机是压缩和输送制冷剂的设备，也是压缩式（制冷）系统的主要组成部分。在消耗外界补偿功的条件下，它以机械方法吸入来自蒸发器的低温低压制冷剂蒸气，又将该蒸气压缩成高温高压的过热蒸气并排放到冷凝器中，使制冷剂能在制冷系统中实现制冷循环。

1. 压缩

压缩是气体由低压变成高压的过程。由热力学定律可知，气体不消耗外功进行压缩是不可能的，所以制冷中，压缩机在电动机拖动下使从蒸发器出来的低压气体压缩成高压气体。

2. 压缩机组

压缩机组是压缩机与电动机的组合体。按压缩机的密封方式分类，有开启式压缩机组、半封闭式压缩机组和全封闭式压缩机组。所有氨压缩机组均是开启式的,小型氟利昂压缩机组多采用全封闭式或半封闭式。

(1)开启式压缩机组

开启式压缩机组是压缩机和电动机没有共同外壳的压缩机组。

(2)半封闭式压缩机组

半封闭式压缩机组是压缩机与电动机直接连接,并一起装在以螺栓连接的密封壳体内的压缩机组。半封闭式压缩机的吸气腔、曲轴箱与电动机的机壳相通,低温回气先冷却电机。对电机绝缘材料耐腐蚀的要求高。

(3)全封闭式压缩机组

全封闭式压缩机组是驱动电机和压缩机装在一个由熔焊、钎焊或其他手段保持气密的外壳里的"制冷压缩机",没有外伸的动件或轴封,一般在安装后不能拆卸。一般低压回气进入壳体后,均先冷却内置电机,而后才被压缩。对电机绝缘材料耐腐蚀的要求较高。

3. 排气压力

排气压力是压缩机排出口处的气体压力。其压力值可在排气端用压力表测得。表9.1为某品牌空调机的排气压力值。

系统设计		kPa(PSIG)R22	系统设计	kPa(PSIG)R22
风冷		1750(251)	最大压力	2275(330)
水冷	18℃~24℃的水	1400(203)	高压开关动作	2760(400)
	29℃的水	1450(210)		

排气压力值与冷凝温度:

①风冷排气压力:1750kPa,对应冷凝温度:45℃。

同一制冷量的室内机,通常有三档散热量的室外机与之对应。在标准测试环境温度35℃的条件下:冷凝温度为45℃(35℃+10℃),与环境温度41℃对应[在环境温度41℃时:实际的冷凝温度为51℃(41℃+10℃)],对应的冷凝压力为2014kPa。

②水冷排气压力:1400kPa,对应冷凝温度:36℃(水温18℃~24℃)。

③水冷排气压力:1450kPa,对应冷凝温度:37℃(水温29℃)。

水冷的排气压力比风冷的排气压力低,因而压缩机的功耗也低。

④最大排气压力:2275kPa,对应冷凝温度:56℃。

⑤高压开关动作值:2760kPa,对应冷凝温度:65℃。

当排气压力为2760kPa时,对应的冷凝温度为65℃,高压开关动作为压缩机停机;当排气压力为2760kPa、高压开关不动作时,应该还有一个安全阀在压力约为2837kPa时打开阀门,让氟利昂喷射出来,从而防止管道爆炸。

第二部分 空气调节篇

4. 排气温度

排气温度是压缩机排出口处的气体温度。它比冷凝温度高得多，可在排气端用温度计测得。它与制冷剂的绝热指数、压缩比、吸气温度、电机冷却情况及气缸冷却情况等有关。吸气温度越高，压缩比越大，绝热指数越大，电机冷却、气缸冷却情况越差，则排气温度越高，否则反之。按规定：排气温度应低于润滑油闪点15℃，即 R22 制冷系统不能超过 150℃。排气温度过高，会引起润滑油的黏度降低甚至结焦，易造成运转部件的损坏。

5. 吸气压力

吸气压力又称"回气压力"，是压缩机吸入口处的气体压力，可由吸气压力表测得。机械压缩式制冷机中，吸气压力一般较蒸发压力低 2~21kPa，随制冷剂性质和蒸发温度而异。实际运用中，常视吸气压力为蒸发压力。压缩机在运转过程中，蒸发温度越低，其吸气压力也愈低。压缩机与室外机组合在一起的吸气压力应该比蒸发压力更低些。

那吸气压力为多少是合适的呢？当吸气压力下降到低压开关设定值时，可能会导致压缩机停机。另外，过高的吸气压力也会降低制冷剂对压缩机电机的冷却能力，可能导致压缩机损坏。最小的（压力开关动作设定值）和最大的（设计运转的）吸气压力设定值见表 9.2。

表 9.2　最小的和最大的吸气压力设定值

吸气压力	最小压力 kPa(PSIG)R22	最大压力 kPa(PSIG)R22
吸气压力	138(20)	620(90)
吸气压力	138(20)	620(90)

注：单系统热气旁通打开运行低压最大压力不超过 700kPa。

6. 压缩机故障

烧毁是"电动机线圈烧毁"的简称，是由于线圈短路或压缩机过载等原因造成电动机线圈烧坏的现象。故障发生后，应及时切断电源，然后拆下电动机调换新的电动机。

查找压缩机故障时首先要确认是电气故障还是机械故障，因为它们的处理程序和内容都不相同。

（1）压缩机的电气故障

电气故障可通过明显的刺激性气味来判断，如果发生严重烧毁，润滑油会变成黑色并呈酸性，在遇到电气故障和制冷压缩机电机被彻底烧坏的情况下，必须采取措施清洁系统，以消除系统中的酸性物质，避免系统再发生此类故障。

（2）压缩机的机械故障

通过闻燃烧气味无法判断出压缩机的机械故障，应尝试转动电机，如果证实为机械故障，则必须更换压缩机。

如果发生电机烧坏的情况,应纠正导致电机烧坏的因素并清洁系统。需要引起注意的是,压缩机电机烧毁通常是由于系统清洁不当所致。

7. 热气旁通阀(用于单系统)

当房间热负荷不高时,单系统机组通过控制热气旁通阀的开关来调节,避免压缩机的频繁启停,同时达到节能的效果。

8. 液路旁通电磁阀的作用

液路旁通电磁阀(只用于水冷系列,开机旁通):水冷系列采用板式换热器作为冷凝器,由于其换热效率较高,结构设计紧凑,相对于风冷冷凝器,其容积较小。开机前板式换热器可能成为系统中温度最低的部件,部分冷媒迁移到板式换热器,在系统开机时,系统高压会在很短的时间内急剧上升到系统高压保护值,从而保护系统。液路旁通电磁阀正是为分流开机时的冷媒而设计的。旁通阀常闭,机组上电压缩机启动,旁通阀打开旁通,液路旁通阀的开启和旁通时间可设置。

9. 镀铜现象

镀铜现象是制冷压缩机的阀板、活塞销、气缸壁等零件表面形成铜原子沉积层的现象。多出现于半封闭或全封闭压缩机中,是压缩机具有铜材料的零部件并用R22作制冷剂而其中含有水分时,产生分解反应和腐蚀作用后产生的一种现象。它可使铜制零部件表面产生缺陷,从而缩短使用寿命,也使运动部件磨合面间的间隙过小而损坏该部件,还会使密封面密封不良。

10. 吸气温度

吸气温度又称"回气温度",是压缩机吸入口处的气体温度。比蒸发温度高,可在吸气端用温度计测得。

11. 过热

过热是将蒸气的温度加热到高于相应压力下饱和温度的过程。过热度是过热蒸气温度与其饱和温度之差。

(1)调节吸气过热度的方法

热力膨胀阀可调节吸气过热度,确定系统的吸气过热度按下面方法操作:

①测量热力膨胀阀感温包位置的吸气管壁的温度。

②从吸气管针阀上取样压缩机吸气压力。

③估计感温包位置与吸气管针阀处之间的压力差。

④把以上两个压力的总和加上1个当地的标准大气压值,查出该饱和压力对应的饱和温度。

⑤感温包位置的吸气温度与该饱和温度之差即为吸气过热度。

(2)吸气过热度的重要性

吸气过热度对压缩机的寿命有较大的影响,如果压缩机长期运行在吸气过热度小或无吸气过热度的情况下，可能会直接导致压缩机产生"液击"，涡旋压缩机的涡旋盘被击碎。

（3）在现场感知吸气过热度的方法

压缩机外壳的中下部的温度应接近室温，不应有结露、结霜的现象。如果结露，说明回气过热度偏低；如果结霜，说明回气中有液态氟利昂；如果外壳的中下部的温度过高，显然是回气过热度偏高。再看看液视镜，若有许多气泡，说明是氟利昂少了，检查漏氟的地方，修理并加氟；若液视镜内无气泡，温度还高，须查找原因。

12. 倒霜

倒霜又称"回霜"，是在机械压缩制冷系统中，离开蒸发器的制冷剂呈液态经回气管路进入压缩机曲轴箱，由于吸热气化而在回气管及曲轴箱外产生霜层的现象。当制冷剂充注过多或供液过多时容易产生此现象，严重时将引起"液击"。

13. 使吸气温度升高的因素

在机械压缩式制冷系统中，以下因素会使吸气温度升高：

①蒸发温度升高。

②制冷剂充注量不足。

③通过节流机构的制冷剂循环量小。

④回气管路太长。

⑤管径太小。

⑥绝热较差。

对于氟利昂制冷系统，吸气过热度为 5℃ ~ 8℃，吸气温度过高会使压缩机消耗功率增加、制冷减小、排气温度升高，润滑油黏度降低甚至结炭，影响系统正常工作。最高吸气温度受排气温度的限制。氟利昂系统的吸气温度最高可达 15℃。过热热度太小则可导致压缩机"液击"，也会增加回气管路绝热层造价。

14. 回气管路太长的空调机

在上述 13 中④、⑤、⑥三条，在一般的空调机中都是在工厂里装置好了：因为绝大多数的机房专用空调机的室内机包含压缩机和蒸发器，其回气管路（从蒸发器出口到压缩机入口）只有 1m 左右，回气管路不会太长，也不会太细，保温也可以。但有一款空调机，它的室外机与压缩机组合为一体，室内外机组之间的距离有多远，它的回气管路就有多长。假如管长是 60m，其回气管长是一般空调机的 60 倍。如果室内外机组在同一平面，回气管径可适当加粗，如果室外机比室内机高，为了回油顺利，回气管径还要变细。该款空调机就是英国的雅利顿。

雅利顿空调机在原产地英国为什么能出色地工作？我们了解一下英国的气候特点，就会明白。

英国属于温带海洋性气候。英国气候的主要特点是全年温和湿润，四季寒暑变化不大。通常最高气温不超过 32℃，最低气温不低于 - 10℃，1 月平均气温

4℃~7℃,河流极少结冰。7月平均气温13℃~17℃。比较凉爽,早晚外出需加外衣。年平均降水量约1000mm。北部和西部山区的年降水量超过2000mm,中部和东部则少于800mm。每年二月至三月最为干燥,十月至来年一月最为湿润。

英国雾气较重,主要是岛国的潮气所致。

英国终年受西风和海洋的影响,全年气候温和湿润,适合植物生长。英国虽然气候温和,但天气多变。一日之内,时晴时雨。

在这样的气候条件下,一台空调机只需要一台冷凝器与之配合,放在任何一个地方都能正常工作,无论春夏秋冬;由于气温低,它的排气温度较我国低,可以做到排气温度小于150℃,从而允许回气温度大于15℃。

而在中国,该款空调机似乎并不适用。

该款空调机在上海的工作状况:室外机垂直安装,冷凝器进风底部的四周安装了许多镀锌水管,冷却水的控制是自动的。环境温度到达某个温度时,冷却水会自动喷出。

15. 曲轴箱加热带

压缩机曲轴箱加热带是在压缩机外壳下部于曲轴箱的位置上安装的一条电加热带,绝缘层外表呈橘红色。

(1)加热带的作用

①当压缩机不工作时,加热曲轴箱,防止氟利昂积存于曲轴箱内。

②当空调机断电,长期未工作再启动时,必须预热24h,否则有可能造成压缩机损坏。

(2)曲轴箱加热带工作原理

①当压缩机工作时,加热带(断电)不工作。

②当压缩机不工作时,加热带(通电)工作,用手摸其表面,烫手。

三、冷凝器

冷凝器又称"液化器",是使蒸气在其中放出热量而液化的热交换器。在制冷系统中,它是制冷剂向系统外放热的热交换器。来自压缩机的制冷剂过热蒸气进入冷凝器后,将热量传给周围的介质——空气或水,而其本身因放出潜热而凝结成液体(即液化)。

制冷剂在冷凝器中放出的热量包括三部分:①在蒸发器中从被冷却介质中吸入的热量;②在压缩机中被压缩时由外加机械功转化的热量;③以及在低压侧管道中流动时从外界传入的热量。

制冷剂在冷凝器的冷却过程可分三个阶段:①过热蒸气冷却为饱和蒸气。②由饱和蒸气冷凝为饱和温度下的液体。③如果冷却介质的流量较大和温度较低,则进一步冷却为过冷液。

按所采用的冷却介质,冷凝器有水冷式、空冷式……

1. 空冷式冷凝器

空冷式冷凝器是以空气为冷却介质的冷凝器。根据冷却空气流动方式的不同,又可分为两种:自然对流空冷式冷凝器,由空气受热后产生自然对流,把冷凝器中的热量带走;强制通风式冷凝器,由风机使空气强制循环,再把冷凝器中的热量带走。

2. 冷凝温度

冷凝温度是气体冷凝时的温度,即制冷剂对应于冷凝压力的饱和温度。与冷却介质(水或空气)的温度及其在冷凝器中的温升、冷凝器的型号有关。通常,用水冷却时,比冷却水进水温度高约5℃~9℃,用空气冷却时,比空气进口温度高8℃~12℃。冷凝温度过高,会引起排气压力过高、排气温度升高,使制冷装置工作效率和压缩机输气系数降低以及轴功率提高等,对制冷系统工作的可靠性、经济性不利。最高冷凝温度受所配电机功率和制冷系统结构强度的限制,但也不能片面追求过低的冷凝温度值,否则将增加水泵、风机的功率消耗。

3. 凝结

凝结又称"冷凝",是由蒸气转变为液体的过程。当蒸气与低于相应压力下的饱和温度的冷壁面接触时,要释放出气化潜热,凝结成液体,并依附壁面上,产生凝结现象。凝结与沸腾是两个完全相反的过程。同一压力下制冷剂的沸点等于冷凝温度,气化吸收的热量等于凝结释放的热量。

4. 相变

相变是物质从一相(固相、液相、气相)转变为另一相的过程。例如,气化、凝结、凝固、升华等。在蒸气压缩制冷循环过程中,制冷剂利用自身气化、凝结的相变过程与外界进行热交换,时而吸热,时而放热,从而达到制冷的目的。

5. 闪发

闪发是突然降低压力所造成的部分制冷剂蒸发的现象。当液体剂在低于0.5℃的过冷度下进入热力膨胀阀或毛细管时,将会产生闪发气体。其结果会使膨胀阀效率降低,并增加管路阻力,有时还会气封干燥器和过滤器。为了避免闪发,液管路中的制冷剂必须有足够的过冷度。

6. 闪发气体

液体制冷剂中的一部分因压力突然降低而汽化所生成的气体。

7. 过冷

过冷是把液体的温度冷却到低于相应压力下饱和温度的过程。

8. 过冷度

过冷度是液体的饱和温度与其过冷温度之差。

9. 室外机的散热量与室内机制冷量的关系

室外机的散热量 = 室内制冷量×1.2。例如,室内机的制冷为20kW,室外机的散热量应该是20kW×1.2 = 24kW。制冷量的0.2倍是压机的电功率(热量)。

为了节省成本,也为了使空调机运行正常,与室内机配套的室外机按室外环境温度分成几档:

Liebert:35℃,38℃,41℃。

Stulz:32℃,37℃,42℃。

海洛斯:30℃,35℃,40℃,46℃。

对于冬天的低温 Liebert 分为二档:≥ -15℃和 < -15℃。

注:①上面标注的温度值是指当地气象台公布夏天最高的环境温度。实际温度可能更高。

②为了满足夏天的高温,室外机的散热量越大越好,但如果太大到冬天就可能会出现低压停机的可能。因此,选择的室外机散热量应该适量。

③美国 Liebert 公司的中国区产品说明书标注的35℃、40℃、45℃,与我国定的标准35℃、40℃、45℃三档相对应。产品实际没有任何变动。

④国外品牌的空调机,不论是原产于国外还是在国内生产的,其性能参数都与原产地的气候相适应。

四、蒸发器

蒸发器是液体制冷剂在其中蒸发的热交换器。在制冷系统中蒸发器是产冷设备。它属于间壁式热交换器,被冷却介质的热量通过管壁或板壁传给制冷剂,制冷剂在低温下蒸发,把热量从蒸发器中带走。

五、干燥过滤器

1. 干燥器

干燥器是除去制冷剂中水分的设备。用于氟利昂制冷系统中,因为水与氟利昂不能互相溶解,当制冷系统中含有水分时,通过膨胀阀或毛细管使饱和温度降低而结冰,形成冰堵,影响制冷系统正常工作。另外,系统中有水分会加速金属腐蚀,因此在氟利昂制冷系统中应该装置干燥器。干燥器为一个耐压圆筒,内装干燥剂,如硅胶、无水氯化钙、活性铝等。

2. 过滤器

过滤器是从液体或气体中除去固体杂质的设备。在制冷装置中应用于制冷剂循环系统、润滑油系统和空调器中。制冷剂循环系统用的过滤器,滤芯采用金属丝网或加入过滤填料,安装在蒸发器液视镜前的进液管处,防止污物进入蒸发器进而进入压缩机气缸里。

3.干燥过滤器

干燥过滤器能从液体或气体中除去水分,又除去固体杂质的设备。由干燥剂和滤芯组合在一个壳体内而成。在氟利昂制冷系统中,一般装在冷凝器至[热力膨胀阀(或毛细管)之前的]视液镜之间的管道上,用来清除制冷剂液体中的水分和固体杂质,保证系统的正常运行。

六、视液镜的作用

视液镜(液镜、视窗)是用来观察制冷剂流动状态的。视液镜内应无气泡,由于圆形纸芯涂有金属盐指示剂,当遇到不同含水量的制冷剂时,它的水化合物能够显示出不同的颜色,根据颜色的差别,可直接知道制冷剂中的含水程度,见表9.3。

表9.3　制冷剂含水量(mg/kg)与视液镜纸芯颜色

制冷剂	SGI 纸芯		
	绿色	无色	黄色
R22	< 60	60 ~ 125	>125

压缩机启动运行,充注制冷剂直到视液镜内无气泡。

七、热力膨胀阀

热力膨胀阀是调节进入蒸发器中挥发性制冷剂量的控制机构。它随着蒸发器压力变化和出口的过热度变化而运作,是压缩式制冷系统中常备的一个节流元件。由感温包、毛细管、膜片、定值弹簧、节流针阀、调节螺丝等零件组成。感温包、毛细管及膜片所组成的密闭系统中充注低沸点工质作为感温系统。它装在蒸发器进口端,而感温包紧贴在蒸发器出口端的管上。从调节特性分析,它属于直接作用式比例调节器。根据其膜片下蒸发压力的引出点不同,热力膨胀阀有内平衡式与外平衡式之分。前者的蒸发压力从阀体内部引出,而后者的平衡压力从蒸发器出口处引出。因此对于阻力损失大(冷量亦较大)的蒸发器均应选用外平衡式。

膨胀阀的自动调节保证蒸发器供应足够的制冷剂,以满足负荷条件的需要。通过测量过热度即可判断膨胀阀的运行是否正常。如果供给蒸发器的制冷剂太少,过热度就会很高;如果供给蒸发器的制冷剂太多,过热度就会很低。正确的过热度设置5℃ ~8℃。

电子膨胀阀的优势:

①反应和动作速度快。

②精确有效地控制过热度。

③蒸发器的供液量能实时与蒸发负荷相匹配。

④可在10% ~100%的范围内精确调节。

⑤变工况、满负荷、变负荷运行维持较高的 COP 值水平。

⑥节能可达8%。

所以电子膨胀阀常与变频空调机配套使用。

八、制冷剂

1. R22 与 R407C 的区别

R22 是单一制冷剂,冷凝温度是一个数值,例如水的冷凝温度100℃,它是一个值;R407C 是几种制冷剂的组合,它的冷凝温度是不相同的。温度差(温度滑差)大约是4.4℃。

2. 温度滑差

温度滑差为在蒸发器或冷凝器中制冷剂相变开始和结束时的温度差值(℃),此差值中不包含过冷度或过热度。

温度滑差是随着非共沸制冷剂,如 R407C 和 R410A 的使用而出现的一个新名词。非共沸制冷剂由几种制冷剂混合组成的,其性质不像单组制冷剂。

3. R407C 的组成

R407C 由 R32(标准沸点 −52℃)、R125(标准沸点 −49℃)和 R134A(标准沸点 −26℃)组成。当 R407C 沸腾时(即蒸发过程),R32 最先沸腾,剩下液体各组成的比例会发生变化,使得平均沸点将会不同,此过程称为分馏。分馏过程中平均沸点的变化值就是温度滑差。R407C 能方便地置换原有制冷系统的 R22,虽然性能有些损失,很多时候只要将制冷系统的部件做一些细微的改变(如将冷凝面积加大些)就可增强性能。

4. 室外机不变,用 R407C 置换 R22 存在的问题

从表9.4可知,用 R407C 的制冷量比用 R22 少5%,某些生产厂商认为显热量变化不大,室外机可以又变,但是由于有 4.4℃ 的温度滑差,R407C 液体的过冷度不足,运行中会出现制冷量下降,压缩机会出现高温高压保护。

表9.4 部分制冷剂的性能

项目	R290	R134A	R404A	R407C	R410A	R507
制冷量	85%	67%	106%	95%	141%	109%
效率	99%	100%	93%	98%	100%	94%
吸气(绝对)压力	94%	59%	121%	91%	159%	125%
冷凝(绝对)压力	90%	68%	120%	115%	157%	122%
温度滑差	0℃	0℃	0.5℃	4.4℃	0.5℃	0℃

表9.4 是参照 R22 的性能(100%),例如,相同容积的压缩机用 R22 的制冷量是100%,用 407C 的制冷量是95%。

第十章 冷冻水制冷系统

一、冷冻水系统

1. 供水系统

（1）环形管网

为保证供水连续性，避免单点故障，冷冻水供回水管路宜采用环形管网，如图 10.1 所示。

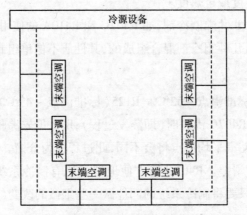

图 10.1 冷冻水供回水管采用环形管网方式

由于冷冻水机组的供回水也可以采用环形管网，因此环形管网也可用于双冷源供回水系统。它对末端空调机没有特殊的要求和限制，因此环形管网的通用性极强。

（2）双送双回管网

对于双冷源供回水管网，为保证供水连续性，避免单点故障，冷冻水供回水管路可采用双送双回方式，如图 10.2 所示。

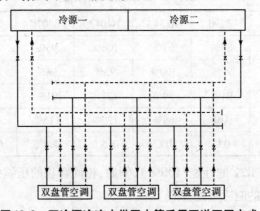

图 10.2 双冷源冷冻水供回水管采用双送双回方式

①双送双回管路的适用范围。

它对末端空调机有特殊的要求和限制：末端空调机必须是双盘管的，每个盘管的制冷量都等于该空调机的额定制冷量。

现已有双盘管的机房专用空调机，适合开放式空调。

②单盘管和双盘管机房专用空调机的技术规格，见表10.1。

表 10.1　单盘管和双盘管机房专用空调要的技术规格

型号	总制冷量	风量（m³/h）	台数	风机功率（kW）	类型	机组重量（kg）	机组尺寸（mm）	备注
P2070	68.4	17000	2	2.6	EC	490	1680×995×1975	单盘管
P2070UR	70.1	18500	2	4.6	EC	560	1680×995×1975	双盘管
P2140	127.4	26100	2	4.5	EC	580	1830×995×1975	单盘管
P3120UR	130.3	35500	3	7.4	EC	880	2730×995×1975	双盘管

从表10.1中数据可以看出：双盘管空调机的风机功率大于单盘管空调机的风机功率。这是因为双盘管空调的风阻大于单盘管空调机的风阻。

2. 双送双回供水的问题

它对末端空调机有特殊的要求和限制：如果微模块中冷冻水管路是环形管网，空调机设计为4台，三用一备即可。如果是双送双回管路，设A管上有1台备用空调机，如果B管上无水，A管上只能提供1台空调机的（1/3）制冷量。

末端空调机必须是双盘管的，每个盘管的制冷量都等于该空调机的额定制冷量。如果末端空调机是单盘管的，它必须在每一回路上布置相同容量和数量的空调机，空调机数量增加了一倍。

如果末端空调机是单盘管的，它对空调机的控制系统提出了特殊的要求：在A管和B管上的2台空调机必须组成一对机组（相当于1台双盘管空调机），该机组中只能有1台空调机工作。设A管上无水，则A管上空调机的风机必须停机。如果不停机，则冷/热通道内的空调送风温度大幅快速上升，B管上空调机的风机工作。

假设微模块的冷冻水供回水管路是双送双回路系统，安装双盘管列间空调机，按"3＋1"配置，它满足的使用要求是：A和B回路，任何一个回路不能工作都能保证IT设备正常工作。

改用单盘管列间空调机完全代替双盘管列间空调机。按下述方式设计：分别在A和B回路布置四台单盘管空调机，制冷量与双盘管列间空调机完全相同，都按"3＋1"配置，很明显，它满足使用要求。

控制系统：A与B都有一套组网控制系统；有冷冻水管路上的值班空调机工作；水阀开启风机运行，备用空调机风机停止，水阀关闭。另外还有一套组网控制系统，它的职能是当A路管路工作时，A路上的一组空调机投入正常工作，B路上的一组空调机不工作。

微模块中冷冻水管路是双送双回管网，空调应设计为（二用一备）×2，空调机设备数量由 4 台增加到 6 台，给控制系统增加了难度：A、B 都必须有自己的网络控制系统，且微模块内还有一套网络控制系统。它控制 A、B 管上的两组空调机只能有一组工作，不工作的另一组空调机的风机必须停，水调节阀关闭。

3. 冷冻水机组名义制冷量的计算

假设：按国标七项＋风机发热计算得出的发热量＝1（有可能是几千千瓦，也可能是几万千瓦），求冷冻水机组名义制冷量。

（1）名义制冷量

名义制冷量就是冷冻水机组铭牌上标注的额定制冷量。为了说明它，先讨论供电设备：变压器。变压器在铭牌上不标 kW，而标注 kVA（千伏安），它的实际输出功率与其所在地电路上的用电设备有关。例如，80kW 负载选多大的变压器？不好计算，因为不知道用电设备的功率因素。

冷冻水系统中设备的服务对象有显热、潜热和显冷比，不考虑显冷比，计算出的额定制冷量肯定不正确。例如，冷冻水系统中的末端设备是制取蒸馏水的，冷冻水机组的输出功率 100% 用于潜热，在新疆的南疆数据中心机房，由于其空气相对湿度低，空调机的显冷比＝1，冷冻水组输出的制冷量 100% 用于消除显热。

（2）举例说明冷冻水机组名义制冷量的计算

考虑的因素：

①冷冻水系统本身冷损耗。如图 10.3 所示，如果水量不变，空调机的进出水温差小于 5℃。冷冻水机组的有效制冷系数为 η_1。

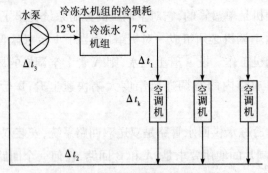

图 10.3　冷冻水能量分配示意图

②如果市电停电，系统中的蓄冷用尽，市电恢复供电，此时冷冻水机组除向末端空调机供冷冻水外，同时还必须向蓄冷设备和供回管道补充冷量。系统平衡的快慢与冷冻水机组制冷量的剩余量有关。冷冻水机组制冷量的使用系数为 η_2（1 － η_2 为剩余系数）。

设：QL 为冷冻水机组的名义制冷量，kW；QJ 为计算机房的热负荷（已包含空调机的风机发热），kW；考虑空调机的显冷比 η_3。

$$QJ = QL\eta_1\eta_2\eta_3 \tag{10.1}$$

式中：η_1——考虑冷冻水系统的冷损耗，有效制冷系数，取 $\eta_1 = 0.95$；

η_2——考虑冷冻水系统停电后补充冷量损耗的使用系数，取 $\eta_2 = 0.85$；

η_3——考虑空调机的显冷比，取 $\eta_3 = 0.8$。

将以上数据代入上式得

$$QJ = QL\eta_1\eta_2\eta_3 = QL \times 0.95 \times 0.85 \times 0.8 = 0.646QL \qquad (10.2)$$

$$QL = 1.55QJ \qquad (10.3)$$

（3）提高冷冻水机组效率的方法

①降温与除湿分开。

②不用低温水，提高冷冻水温，使末端空调机显冷比为 1，即 $\eta_3 = 1$。

$$QL = 1.24QJ \qquad (10.4)$$

$$Q = 1.631 \times L \times \Delta t \qquad (10.5)$$

$$\Delta t = (12℃ - 7℃) = 5℃ = \Delta t_1 + \Delta t_k + \Delta t_2 + \Delta t_3 \qquad (10.6)$$

$$\Delta t_k = 5℃ - (\Delta t_1 + \Delta t_2 + \Delta t_3), \Delta t_k < 5℃ \qquad (10.7)$$

4. 冷冻水自动控制装置

（1）三通调节阀

三通调节阀是有三个出入口与管道相连的调节阀。按作用方式可分为三通合流调节阀与三通分流调节阀两种。在冷冻水空调机中使用的是三通分流调节阀，分流是将冷冻水通过调节阀后分成两路，一个入口和两个出口，它应用于空调自控系统中，如图 10.4 所示。

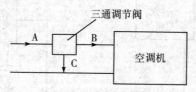

图 10.4　三通调节阀

①当空调机送风温度较高，冷冻水从 A→B 路进入空调机，A→C 路关闭。

②当送风温度低于设定值，A→B 路关闭，A→C 路全开。

③当送风温度介于设定值的上下限之间时，A→B 路和 A→C 路均开，其流量之比根据空调机的热负荷而定。

④当空调机处于备用机和维修状态时，A→B 路关闭，A→C 旁路。

其特点是 A 口始终有水流通过，用于冷冻水系统中需要保持恒定水流量的情况。

（2）二通调节阀

二通调节阀是有一个入口和一个出口与管道相连的调节阀。在冷冻（水冷）水空调机调节冷冻（水冷）水流量，其流量值大小与空调机的热负荷有关，热负荷大，其流量大，在额定负荷时，流量达极值，热负荷减少时，流量降低，当热负荷为零时，流量为零。

（3）二通调节阀和三通调节阀在空调中的应用

三通调节阀由于能保持水系统中的流量不变，主要用于系统较小的水系统中，管道系统比较简单，成本较低。

由于水泵流量与用水设备的流量不可能完美匹配，当设备用水量低于水泵流量，则管道内水压高，反之，水压低。二通调节阀的流量输出受末端空调负荷的影响，管道内的压力也随之波动。所以，在水系统中的送回水管道之间加上压差控制器，当送回水管道之间的压力值超过设定值时，通过压差控制器使电动调节阀开启，让送水向回水旁路，使压差下降保持在设定范围。它主要用于比较大的空调系统中，因为系统大，可变因数多，热负荷的变化范围按设备投入，可能是分批的，备用设备也多。

如果用三通调节阀，冷冻机的制冷量和水泵出水量必须大于或等于全部布置的设备（包括备用机）的发热量，从而造成极大的浪费。如果水泵和冷冻机的容量是按发热量设计的，就会造成末端设备（水流量不足）的制冷量不足，被冷却的设备温度升高。用二通调节阀，备用空调机的阀门自动关闭，值班空调机的水流量阀自动调节，系统中的水流量通过调节在线运行水泵数量、变频控制流量等方法达到节能。由于末端空调机的水流量是可调节的，保证末端空调机制冷量正常输出。

5. 循环水泵与冷冻水机组的位置关系

两者在绝大多数的情况下，都采用图 10.5（a）所示的位置。

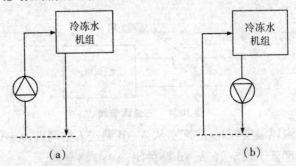

（a）   （b）

图 10.5　循环水泵与冷冻水机组位置关系

为什么不采用图 10.5（b）所示的位置呢？因为在此位置时，冷冻水机组处于冷冻水系统中的末端，压力最低，有可能出现真空（ > −0.8atm），流线不均匀。由于压力低，其还会有气体析出，有可能出现结冰而使冷冻水机组受损。

另外，在 A 级数据中心，由于有连续制冷的要求，在市电停电的情况下，由 UPS 电源向循环水泵供电，有可能造成冷冻水系统因高压泄水而使系统崩溃。冷冻水系统泄水，压力下降，水流量大幅减少，冷冻水机组不能启动，机房温度上升。

但在某案例中有，某宾馆冷冻水系统中的循环水泵与冷冻水机组的位置与图 10.5（b）所示相同，工作却正常。那是因为宾馆空调没有连续制冷的要求。停电则停空调，市电恢复则空调机正常启动。

6. 冷冻水系统泄水事故原因分析

冷冻水机组的启停程序：自动控制。

（1）机组连锁控制

①启动：（冷冻水机组内部）冷冻水蝶阀开启，开冷冻水泵，开冷水机组。

②停止：停冷水机组，关冷冻泵，关冷冻水蝶阀。冷冻水供回管道在冷冻水蝶阀处阻断。

③旁通阀门的电源采用不间断电源供电。

④冷冻水泵：市电停，由不间断电源供电。

（2）冷冻水系统

市电停，冷水机组停机，冷冻水泵关闭，（冷冻水机组内部）冷冻水蝶阀关闭；UPS 为旁通阀和冷冻水泵供电，系统供回水管之间的电动旁通阀门开启［图 10.5(a)］，冷冻泵开启，蓄冷罐供冷冻水。

（3）严重故障

冷冻泵先于旁通阀门开启，系统供回水管之间不通［图 10.5(b)］，冷冻水系统出现高压，高压保护系统运作，泄水。待旁通阀门开启时，系统中的水压低，流量不足，机房温度升高；来电后，旁通阀门和冷冻水泵的 UPS 电源断电，市电恢复供电，冷冻水蝶阀开启，开冷冻水泵。但由于系统压力低，水流量不足，市电恢复后，冷冻水机组不能立即启动，直到由市电供电的补水泵正常工作一段时间，系统管道的水补足了，压力上升，水流速增加，冷冻水机组才能启动。

按图 10.6 布置的系统有三种方法能使其正常工作：

①高压泄水是因为冷冻水泵开启时间比旁通阀门开启早。在冷冻水泵的 UPS 供电回路中加一个时间延迟器，使水泵的开启时间迟于旁通水阀的开启时间，冷冻水系统就不会出现高压。

②设正常的工作水压为 h_1，将高压泄水阀值设定为 $H = h_1 + h_{sp} + 0.02$，其中，h_{sp} 为水泵的压头。假设 $h_1 = 4.5\text{atm}$，$h_{sp} = 5\text{atm}$，正常工作时的压力 H 为 4.5atm，只有当市电停，UPS 紧急开启旁通阀和启动水泵时出现的高压大于等于 9.7atm 时才泄水。

③采用①＋②模式。如果当时间延迟器出现故障，按②设定的高压泄水阀值 9.7 > 9.5 保护冷冻水系统，冷冻水系统中的设备安全压力为 10atm，都很安全。

在冷却数据中心机房冷冻水系统中，冷冻水机组的供回管道之间加了旁通阀，冷冻机正常工作时，旁通阀断开，市电停，由 UPS 电源驱动打开，旁通阀的位置如图 10.6 所示。

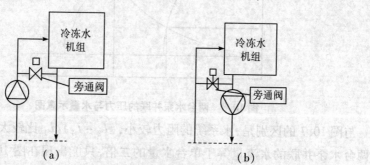

图 10.6　旁通阀的位置

采用图 10.6(a) 所示布置冷冻水泵不会出现高压泄水。如果旁通阀未开通，水泵开启，此时的"高压"只在局部区域产生：水泵前至旁通阀和冷冻水机组的进水管道内冷冻水蝶阀前的管道出现高压，如果冷冻水机组在屋顶，"高压" $= 1.5\text{atm} + h_{sp}$，h_{sp} 是水泵压头。其余管道和设备受到的压力是它们所在地的水的静压力，不大于 h_1，h_1 为正常工作时的水压值。

7. 两台水泵并联

认为两台水泵并联时其水量等于单台水泵流量的二倍，持此观点的人还不在少数。

两台水泵特性曲线的合成：在同一压力下，其水流量等于单台水泵流量相加。但在水系统中，两台水泵特性曲线与阻力曲线交点才是工作时的水流量和压力。阻力曲线越陡，水量越小，阻力曲线越平，水量越大；水泵特性曲线越软，水流量越小，水泵特性曲线越硬，水流量越大；其极限值为两台水泵总流量等于两台（恒流）水泵水流量之和，如图 10.7 所示。

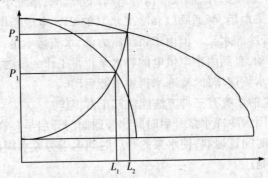

图 10.7 两台水泵并联的压力与水量示意图

单台水泵的流量为 L_1，两台水泵并联的水量不等于 $2L_1$，$L_2 = L_1 + (L_2 - L_1)$，$(L_2 - L_1)/L_1$ 很小，如图 10.8 所示。

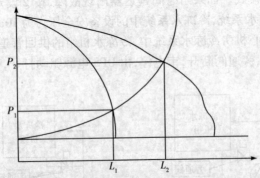

图 10.8 两台水泵并联的压力与水量示意图

与图 10.7 的区别是，水系统的阻力较小，$(L_2 - L_1)/L_1$ 比较大，性能完全相同的两台水泵并联的水流量等于单台水量的二倍，只能出现在图 10.9 所示的情况（两台"恒流"水泵并联）。

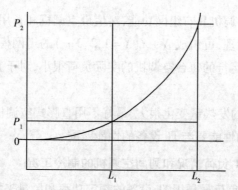

图 10.9 两台"恒流"水泵并联的压力与水量示意图

两台"恒流"水泵并联,总流量等于两台水泵流量相加,即 $L = L_1 + L_1 = 2L_1$,$P_2 = 4P_1$。

二、空调实例

1. 加装假负载试验,温度异常升高

在机房加假负载试验过程中,有时机房内和封闭的通道内的温度会异常升高。现在使用的假负载不是真正的 IT 设备,通常是用电阻丝作为负载的模拟物做成类似于抽屉式的 IT 设备。风机是用普通轴流风扇代替,风量很小,出风的温度很高。现在主流的做法是,将假负载安装在机柜中以后,又用盲板将机柜中的空缺位全封死,由于假负载的风扇出风量很小,回风温升很高,列间空调的送风量降低很多,制冷量很小,从而不能消除假负载带来的温升,于是封闭的通道内和机房的温度越来越高。

如何消除机房做假负载试验时的高温循环?形成高温是由空调机的送风量降低而使制冷量下降所致,解决方法是设法增加空调机的送风量;

①将盲板撤除,从而增加空调机的送风量;

②将微模块的两端门打开,增加空调机的送风量;

③将微模块封闭的通道上部的天花板全落下,增加空调机的送风量。

采取上述几个单项措施都能使不正常的高温降下来。

2. 微模块中列间空调机应具备的功能

微模块的 IT 设备发热量及其风量的总和与列间空调机的制冷量和风量的总和不平衡是绝对的。IT 设备的上架也可能是逐渐的或者就是达不到设计的量。IT 设备的发热量是变化的。

因此,对列间空调机提出如下要求:

①列间空调机的制冷量是可变的,直膨式空调机的压缩机输出功率和冷冻水空调机的水阀开度按照供(回)风温度进行调节。

②列间空调风机的风量是可变的。

③微模块内的空调机具有组网功能,对值班空调机和备用空调机的轮换,以及机组的故障的冗余管理,可组成 $N+X(X=1,2,3\cdots)$ 的组网模式,应对负荷逐渐增加的情况,如果在线运行的每台空调机的实际负荷很小,对于直膨式空调机造成的压缩机损坏率会很高。

④如果 IT 设备的发热量变化很大,最好不用直膨式空调机。

⑤列间空调机的性能要与 IT 设备的性能匹配。

3. 微模块中的 IT 负荷情况和列间空调机的制冷工况

目前,IT 设备的负荷量是用 IT 设备的额定功率和风量来描述的。列间空调制冷工况是用回风温度和制冷量来定义的,风量是固定的,空调机的制冷量 Q_k 必须大于或等于 IT 设备的发热量 Q_i,但仅有此还不够,它没有将风量的因数考虑进去。

我们假设,空调机和 IT 设备安装完后,用盲板将机柜的空缺位全封堵,没有漏风现象,微模块是封闭热通道。

假设空调机的额定送风量 L_k 比 IT 设备的额定进风量 L_i 要大,即 $L_k>L_i$。又假设空调机的额定制冷量 Q_k 等于 IT 设备的额定发热量 Q_i,即 $Q_k=Q_i$。

当把空调机和 IT 设备安装在微模块中时,它们仍是串联关系。IT 设备从机房(冷通道)抽进冷空气,加热后排到热通道,空调机从热通道抽取热空气,冷却后排到房间,如此不断循环。因此,空调机的总风量与 IT 设备的进风量是相等的,即 $\overline{L}_k=L_i$。

其中,$\overline{L}_k$ 和 $\overline{L}_i$ 是空调机和 IT 设备安装在微模块中的实际送风量和进风量,因此,$\overline{L}_k<L_k$。由于空调机的实际送风量小于额定送风量,所以实际输出制冷量 $\overline{Q}_k<Q_k$。空调机的通风量降低,使其制冷量下降,因此,$Q_k<Q_i$。于是,有可能使微模块中的热通道内和机房内的温度逐渐升高。

如何更完整准确地描述微模块中的列间空调机和 IT 设备的工况?还要增加下列两项参数来描述空调机和 IT 设备的性能。

①空调机的冷风比:空调机的制冷量与送风量之比 Δh_k(单位:W/m³)。

②IT 设备的热风比:IT 设备的发热量与其进风量之比 Δh_i(单位:W/m³)。

两者的单位是一样的,都是 W/m³,它将发热/制冷量与冷风量结合在一起,它们描述的对象是单台设备,在一个微模块中,可以是多台空调机并联工作,IT 设备也可以是多台并联工作。

4. 微模块中空调机与 IT 设备之间的关系

①在常温下,1W 的热量加热 1m³ 的空气,温升大约是 3.0℃。

②冷风比、热风比与送回风温差的关系:冷风比为 Δh_k 的空调机,其送回风温差 $\Delta t_k=3\Delta h_k$(不计风机功耗);热风比为 Δh_i 的 IT 设备,其送回风温差 $\Delta t_i=3\Delta h_i$。

③将冷风比为 3.5 的列间空调机和热风比为 5 的 IT 设备串联起来,列间空调

机的风量为5700m³/h,显冷量为20kW,冷源冷冻水。IT设备4台,总风量为800×4＝3200m³/h,总发热量为4×4＝16kW,在开放空间内,因为空调机制冷量20kW＞16kW的IT设备发热量,可以满足IT设备正常工作。空调机的冷风比 $\Delta h_k＝(20×1000)/5700＝3.5W/m³$;空调机的送回水温差 $\Delta t_k＝3×3.5＝10.5℃$;IT设备的热风比 $\Delta h_i＝(4×1000)/800＝5W/m³$;IT设备的进排风温差 $\Delta t_i＝3×5＝15℃$。

将它们串联起来,如图10.10所示。设风道密封绝热,设备串联,空调机的实际总风量 $L_k＝L_i$,L_i 为IT设备的实际进风量。由于IT设备是风扇抽风,风的阻力较大。$\overline{L_i}$ 近似等于额定风量 L_i。$\overline{L_i}≈3200m³/h$,空调机送风 $L_k＝L_i≈3200m³/h＜5700m³/h$。由于其盘管数是固定的,其送回温差不变,为10.5℃。

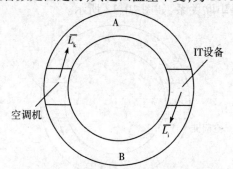

图10.10　空调和IT设备串联示意图

设初始条件:A空间的温度是24℃,B空间亦为24℃,空调开始送风的温度为24℃,IT设备进风温度为24℃,B空间的温度是24℃＋15℃＝39℃。

空调机从B空间抽取39℃的空气,冷却、送风后,A的气温是39℃－10.5℃＝28.5℃。然后28.5℃→升温15℃→43.5℃→降温10.5℃→33℃……A、B空间的温度越来越高。

上述讨论基于空调机送回风温差是不变的情况,但实际情况中,当回风温度与盘管的温差越来越大时,送回温差也会增大,上述的温升趋势不会那么强烈,上升到一定的温度后可能就平衡了。

④在微模块中,列间空调机与IT设备如何匹配?

a. 列间空调机风量 $L_k≥$ IT设备进风量 L_i,当 $L_k＜L_i$ 时,IT设备的进排风温升升高。

b. 列间空调机的冷量 $Q_k≥$ IT设备的发热量 Q_i,如果 $Q_k＜Q_i$,A空间和B空间的温度会逐渐升高。

c. 列间空调机的冷风比 $\Delta h_k≥$ IT设备的热风比 Δh_i,如图10.11所示表示一个热通道封闭的微模块,热通道是B空间,空调机向A空间送风,IT设备从A抽取冷风,向B排风,空调机从B抽热风冷却后送到A。

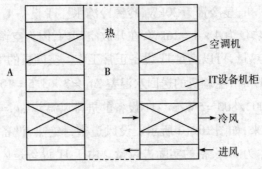

图 10.11　四台空调并联

图 10.11 所示为四台空调机是并联关系，IT 设备机柜是并联关系。空调机群与机柜群（IT 设备）是串联关系，如图 10.12 所示。

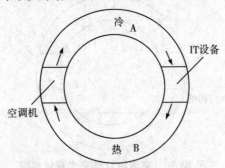

图 10.12　空调机群与机柜群串联关系

⑤如何安排微模块的空调机的开启台数？

配选空调机的台数是由 IT 设备的总发热决定的，大多数设计布图都是对称分布的，空调机布图是可以不是对称的。如果空调机与 IT 设备匹配，一台空调机也能完美地解决散热问题。

由于机房可能是分期投入使用，在一个模块内，IT 设备也可能分期分批上架，因此，发热量是逐渐增加的，空调机开启台数分两种情况处理。

第一，冷冻水空调机。可以全开（N 台），但风机转速应能自动调节；或开一台、两台……在部分空调机开启的情况，余下的不工作（不通冷冻水）的空调机，其风机应停机，否则该空调机的送风是热风。

第二，直膨式氟利昂空调机。如果 IT 设备未全上架，或者是其发热量很低，在某些时段可能更低。如果空调机全开（N 台），每台实际负荷很低，经常启停，在盘管内形成油阻塞，形成高压，容易造成压缩机损坏。

所以，应该使空调机在尽可能接近额定负荷下工作。压缩机不工作的空调机，风机应该停止。

5. 微模块备用空调机的要求

微模块中的空调机应该联网，备用空调机是带电备用的，如果送风或回风温度升高超标，备用机应能自动启动。

t(℃)	bar	t(℃)	bar	t(℃)	bar	t(℃)	bar	t(℃)	bar
−54	0.522	−23	2.177	8	6.406	39	14.965	70	29.959
−53	0.551	−22	2.265	9	6.604	40	15.335	71	30.579
−52	0.580	−21	2.555	10	6.807	41	15.712	72	31.210
−51	0.611	−20	2.448	11	7.014	42	16.097	73	31.850
−50	0.644	−19	2.544	12	7.226	43	16.487	74	32.500
−49	0.678	−18	2.643	13	7.443	44	16.885	75	33.161
−48	0.713	−17	2.745	14	7.665	45	17.290	76	33.832
−47	0.749	−16	2.849	15	7.891	46	17.702	77	34.513
−46	0.787	−15	2.957	16	8.123	47	18.121	78	35.205
−45	0.827	−14	3.068	17	8.359	48	18.548	79	35.909
−44	0.868	−13	3.182	18	8.601	49	18.982	80	36.623
−43	0.911	−12	3.299	19	8.847	50	19.423	81	37.348
−42	0.955	−11	3.419	20	9.099	51	19.872	82	38.086
−41	1.002	−10	3.543	21	9.356	52	20.328	83	38.834
−40	1.049	−9	3.670	22	9.619	53	20.793	84	39.595
−39	1.099	−8	3.801	23	9.887	54	21.265	85	40.368
−38	1.151	−7	3.935	24	10.160	55	21.744	86	41.154
−37	1.204	−6	4.072	25	10.439	56	22.232	87	41.952
−36	1.259	−5	4.213	26	10.723	57	22.728	88	42.763
−35	1.317	−4	4.358	27	11.014	58	23.232	89	43.587
−34	1.376	−3	4.507	28	11.309	59	23.745	90	44.425
−33	1.438	−2	4.659	29	11.611	60	24.266	91	45.277
−32	1.501	−1	4.816	30	11.919	61	24.795	92	46.144
−31	1.567	0	4.976	31	12.232	62	25.333	93	47.025
−30	1.635	1	5.140	32	12.552	63	25.879	94	47.922
−29	1.705	2	5.308	33	12.878	64	26.435	95	48.835
−28	1.778	3	5.418	34	13.210	65	26.999	96	49.774
−27	1.853	4	5.657	35	13.548	66	27.573	—	—
−26	1.930	5	5.838	36	13.892	67	28.155	—	—
−25	2.010	6	6.023	37	12.243	68	28.747	—	—
−24	2.092	7	6.212	38	14.601	69	29.348	—	—

附表2 R134A 温度与压力表

$t(℃)$	bar	$t(℃)$	bar	$t(℃)$	bar	$t(℃)$	bar	$t(℃)$	bar
-40	0.516	-11	1.929	18	5.371	47	12.211	76	24.154
-39	0.544	-10	2.007	19	5.541	48	12.526	77	24.683
-38	0.572	-9	2.088	20	5.716	49	12.848	78	25.221
-37	0.602	-8	2.170	21	5.895	50	13.176	79	25.768
-36	0.633	-7	2.256	22	6.078	51	13.510	80	26.324
-35	0.665	-6	2.344	23	6.265	52	13.851	81	26.890
-34	0.699	-5	2.434	24	6.457	53	14.198	82	27.456
-33	0.734	-4	2.527	25	6.653	54	14.552	83	28.050
-32	0.770	-3	2.623	26	6.853	55	14.912	84	28.654
-31	0.808	-2	2.722	27	7.058	56	15.278	85	29.250
-30	0.847	-1	2.824	28	7.267	57	15.652	86	29.866
-29	0.888	0	2.928	29	7.482	58	16.032	87	30.491
-28	0.930	1	3.036	30	7.701	59	16.419	88	31.128
-27	0.974	2	3.146	31	7.924	60	16.813	89	31.776
-26	1.020	3	3.260	32	8.153	61	17.215	90	32.435
-25	1.067	4	3.376	33	8.386	62	17.623	91	33.105
-24	1.116	5	3.496	34	8.625	63	18.039	92	33.788
-23	1.167	6	3.619	35	8.868	64	18.462	93	34.482
-22	1.219	7	3.746	36	9.117	65	18.893	94	35.190
-21	1.274	8	3.876	37	9.371	66	19.331	95	35.910
-20	1.330	9	4.009	38	9.630	67	19.777	96	36.644
-19	1.388	10	4.145	39	9.894	68	20.231	97	37.393
-18	1.448	11	4.286	40	10.164	69	20.692	98	38.158
-17	1.511	12	4.429	41	10.439	70	21.162	99	38.940
-16	1.575	13	4.577	42	10.720	71	21.640	100	39.742
-15	1.641	14	4.728	43	11.007	72	21.126	101.1	40.470
-14	1.710	15	4.883	44	11.299	73	22.620	—	—
-13	1.781	16	5.042	45	11.597	74	23.123	—	—
-12	1.854	17	5.204	46	11.901	75	23.634	—	—

附表3 R407C 温度与压力表

$t(℃)$	bar	$t(℃)$	bar	$t(℃)$	bar	$t(℃)$	bar	$t(℃)$	bar
-50	0.502	-22	1.943	6	5.548	34	12.913	62	25.552
-49	0.530	-21	2.026	7	5.735	35	13.270	63	26.156
-48	0.560	-20	2.113	8	5.927	36	13.635	64	27.398
-47	0.591	-19	2.201	9	6.124	37	14.007	65	28.035
-46	0.624	-18	2.293	10	6.327	38	14.387	66	28.648
-45	0.657	-17	2.388	11	6.534	39	14.775	67	29.345
-44	0.693	-16	2.486	12	6.746	40	15.171	68	30.018
-43	0.730	-15	2.587	13	6.964	41	15.576	69	30.703
-42	0.768	-14	2.691	14	7.187	42	15.988	70	31.400
-41	0.805	-13	2.798	15	7.415	43	16.409	71	21.109
-40	0.850	-12	2.909	16	7.649	44	16.838	72	32.831
-39	0.893	-11	3.023	17	7.889	45	17.275	73	33.566
-38	0.938	-10	3.140	18	8.134	46	17.722	74	34.313
-37	0.985	-9	3.261	19	8.385	47	18.177	75	35.074
-36	1.034	-8	3.386	20	8.642	48	18.641	76	35.848
-35	1.085	-7	3.514	21	8.905	49	19.115	77	36.635
-34	1.138	-6	3.646	22	9.174	50	19.597	78	37.346
-33	1.192	-5	3.782	23	9.449	51	20.089	79	38.251
-32	1.249	-4	3.921	24	9.731	52	20.590	80	39.080
-31	1.308	-3	4.065	25	10.018	53	21.101	81	39.923
-30	1.369	-2	4.213	26	10.313	54	21.622	82	40.781
-29	1.432	-1	4.364	27	10.614	55	22.153	83	41.653
-28	1.498	0	4.520	28	10.921	56	22.693	84	42.540
-27	1.566	1	4.580	29	11.236	57	23.244	85	43.442
-26	1.636	2	4.845	30	11.557	58	23.806	86	44.360
-25	1.709	3	5.014	31	11.885	59	24.377	86.74	46.191
-24	1.785	4	5.187	32	12.220	60	24.959	—	—
-23	1.863	5	5.365	33	12.563	61	24.959	—	—

t(℃)	bar	t(℃)	bar	t(℃)	bar	t(℃)	bar	t(℃)	bar
−65	0.514	−36	2.144	−7	6.370	22	15.151	51	31.033
−64	0.544	−35	2.237	−6	6.584	23	15.564	52	31.745
−63	0.576	−34	2.333	−5	6.803	24	15.985	53	32.469
−62	0.608	−33	2.432	−4	7.029	25	16.415	54	33.207
−61	0.643	−32	2.534	−3	7.259	26	16.854	55	33.957
−60	0.679	−31	2.640	−2	7.496	27	17.301	56	34.720
−59	0.716	−30	2.749	−1	7.738	28	17.758	57	35.497
−58	0.755	−29	2.861	0	7.986	29	18.223	58	36.287
−57	0.796	−28	2.977	1	8.241	30	18.698	59	37.091
−56	0.839	−27	3.097	2	8.501	31	19.182	60	37.908
−55	0.883	−26	3.220	3	8.768	32	19.676	61	38.739
−54	0.929	−25	3.347	4	9.041	33	20.179	62	39.585
−53	0.977	−24	3.478	5	9.320	34	20.692	63	40.445
−52	1.027	−23	3.613	6	9.606	35	21.214	64	41.320
−51	1.079	−22	3.751	7	9.898	36	21.747	65	42.209
−50	1.134	−21	3.894	8	10.198	37	22.290	66	43.114
−49	1.190	−20	4.041	9	10.504	38	22.843	67	44.035
−48	1.248	−19	4.193	10	10.817	39	23.406	68	44.971
−47	1.309	−18	4.348	11	11.137	40	23.981	69	45.193
−46	1.372	−17	4.508	12	11.464	41	24.565	70	46.166
−45	1.438	−16	4.673	13	11.798	42	25.161	71	47.153
−44	1.506	−15	4.842	14	12.140	43	25.767	72	48.156
−43	1.576	−14	5.016	15	12.489	44	26.385	73	49.175
−42	1.649	−13	5.194	16	12.846	45	27.014	74	50.208
−41	1.725	−12	5.378	17	13.210	46	27.654	74.67	51.737
−40	1.803	−11	5.568	18	13.582	47	28.306	—	—
−39	1.884	−10	5.759	19	13.962	48	28.970	—	—
−38	1.968	−9	5.957	20	14.350	49	29.645	—	—
−37	2.054	−8	6.161	21	14.747	50	30.333	—	—

关键信息基础设施故障技术手册　第一册：机房（台站）部分

附表5　湿空气的密度、水蒸气分压力、焓湿量和焓($B = 101\,325\mathrm{Pa}$)

空气温度 t(℃)	干空气密度 ρ(kg/m³)	饱和空气密度 ρ_b(kg/m³)	饱和空气的水蒸气分压力 P_{qb}(×10²Pa)	饱和空气焓湿量 d_b(g/kg 干空气)	饱和空气焓 h_b(g/kg 干空气)
-20	1.396	1.395	1.02	0.63	-18.55
-19	1.394	1.393	1.13	0.70	-17.39
-18	1.385	1.384	1.25	0.77	-16.20
-17	1.379	1.378	1.37	0.85	-14.99
-16	1.374	1.373	1.50	0.93	-13.77
-15	1.368	1.367	1.65	1.01	-12.60
-14	1.363	1.362	1.81	1.11	-11.35
-13	1.358	1.357	1.98	1.22	-10.05
-12	1.353	1.352	2.17	1.34	-8.75
-11	1.348	1.347	2.37	1.46	-7.45
-10	1.342	1.341	2.59	1.60	-6.07
-9	1.337	1.336	2.83	1.75	-4.73
-8	1.332	1.331	3.09	1.91	-3.31
-7	1.327	1.325	3.36	2.08	-1.88
-6	1.322	1.320	3.67	2.27	-0.42
-5	1.317	1.315	4.00	2.47	1.09
-4	1.312	1.310	4.36	2.69	2.68
-3	1.308	1.306	4.75	2.94	4.31
-2	1.303	1.301	5.16	3.19	5.90
-1	1.298	1.295	5.61	3.47	7.62
0	1.293	1.290	6.09	2.78	9.42
1	1.288	1.285	6.56	4.07	11.14
2	1.284	1.281	7.04	4.37	12.89
3	1.279	1.275	7.57	4.70	14.74
4	1.275	1.271	8.11	5.03	16.58
5	1.270	1.266	8.70	5.40	18.51
6	1.265	1.261	9.32	5.79	20.51
7	1.261	1.256	9.99	6.21	22.61
8	1.256	1.251	10.70	6.65	24.70
9	1.252	1.247	11.46	7.13	26.92

空气温度 t(℃)	干空气密度 ρ(kg/m³)	饱和空气密度 ρ_b(kg/m³)	饱和空气的水蒸气分压力 P_{qb}(×10²Pa)	饱和空气焓湿量 d_b(g/kg 干空气)	饱和空气焓 h_b(g/kg 干空气)
10	1.248	1.242	12.25	7.63	29.18
11	1.243	1.237	13.09	8.15	31.52
12	1.239	1.232	13.99	8.75	34.08
13	1.235	1.228	14.94	9.35	36.59
14	1.230	1.223	15.95	9.97	39.19
15	1.226	1.218	17.01	10.60	41.78
16	1.222	1.214	18.13	11.40	44.80
17	1.217	1.208	19.32	12.10	47.73
18	1.213	1.204	20.59	12.90	50.66
19	1.209	1.200	21.92	13.80	54.01
20	1.205	1.195	23.31	14.70	57.78
21	1.201	1.190	24.80	15.60	61.13
22	1.197	1.185	26.37	16.60	64.06
23	1.193	1.181	28.02	17.70	67.83
24	1.189	1.176	29.77	18.80	72.01
25	1.185	1.171	31.60	20.00	75.78
26	1.181	1.166	33.53	21.40	80.39
27	1.177	1.161	35.56	22.60	84.57
28	1.173	1.156	37.71	24.00	89.18
29	1.169	1.151	39.95	25.60	94.20
30	1.165	1.146	42.32	27.20	99.65
31	1.161	1.141	44.82	28.80	104.67
32	1.157	1.136	47.43	30.60	110.11
33	1.154	1.131	50.18	32.50	115.97
34	1.150	1.126	53.07	34.40	122.25
35	1.146	1.121	56.10	36.60	128.95
36	1.142	1.116	59.26	38.80	135.65
37	1.139	1.111	62.60	41.10	142.35
38	1.135	1.107	66.09	43.50	149.47
39	1.132	1.102	69.75	46.00	157.42

空气温度 t(℃)	干空气密度 ρ(kg/m^3)	饱和空气密度 ρ_b(kg/m^3)	饱和空气的水蒸气分压力 P_{qb}(×10^{2}Pa)	饱和空气焓湿量 d_b(g/kg 干空气)	饱和空气焓 h_b(g/kg 干空气)
40	1.128	1.097	73.58	48.80	165.80
41	1.124	1.091	77.59	51.70	174.17
42	1.121	1.086	81.80	54.80	182.96
43	1.117	1.081	86.18	58.00	192.17
44	1.114	1.076	90.79	61.30	202.22
45	1.110	1.070	95.60	65.00	212.69
46	1.107	1.065	100.61	68.90	223.57
47	1.103	1.059	105.87	72.80	235.30
48	1.100	1.054	111.33	77.00	247.02
49	1.096	1.048	117.07	81.50	260.00
50	1.093	1.043	123.04	86.20	273.40
55	1.076	1.013	156.94	114.00	352.11
60	1.060	0.981	198.70	152.00	456.36
65	1.044	0.946	249.38	204.00	598.71
70	1.029	0.909	310.82	276.00	795.50
75	1.014	0.868	384.50	382.00	1080.19
80	1.000	0.823	472.28	545.00	1519.81
85	0.986	0.773	576.69	828.00	2281.81
90	0.973	0.718	699.31	1400.00	3818.36
95	0.959	0.656	843.09	3120.00	8436.40
100	0.947	0.589	1013.00	—	—

第三部分

建设运维篇

第十一章 装饰装修

一、新建数据中心机房内 IT 设备的平面布局原则

新建数据中心机房内 IT 设备的平面布局原则,一般包含以下五点:

第一,数据中心内的各类设备应根据工艺设计进行布置,应满足系统运行、运行管理、人员操作和安全、设备和物料运输、设备散热、安装和维护的要求。

第二,顺应工作流程,安排机柜和设备的布局位置,有利于机房人员提高工作效率,减少线缆长度。

第三,相同功能的房间和设备以及单台发热密度相近的 IT 机柜,宜相对集中到同一个区域,便于配电和网络布线,以及空调设备的配置定位。

第四,为节省能耗,对单台机柜发热量大于 4kW 的主机房,宜采用活动地板下送风/上回风、行间制冷空调前送风/后回风等方式,并宜采取冷热通道隔离措施。

第五,由于数据中心的建设是一次性建成,而电子信息设备是分期投入的,故要求建筑平面布局应具有灵活性,既要在后期基础设施的施工和安装过程中不影响前期电子信息设备的正常运行,还应兼顾今后扩容改造的需要。

二、新建数据中心机房内 IT 设备的平面布局标准

当新建数据中心机房布置的机柜(架)采用面对面、背对背方式时,IT 设备的平面布局尺寸标准,应符合以下规定。

①用于搬运设备的通道净宽不应小于 1.5m。

②面对面布置的机柜(架)正面之间的距离不宜小于 1.2m。

③背对背布置的机柜(架)背面之间的距离不宜小于 0.8m。

④当需要在机柜(架)侧面和后面维修测试时,机柜(架)与机柜(架)、机柜(架)与墙之间的距离不宜小于 1.0m。

⑤成行排列的机柜(架),其长度超过 6m 时,两端应设有通道,当两个通道之间的距离超过 15m 时,在两个通道之间还应增加通道,通道的宽度不宜小于 1m,局部可为 0.8m。

⑥主机房设备进出门的净宽不宜小于 1.2m,净高不宜小于 2.2m;但是,当有其他机房设备(如精密空调室内机)也要通过此设备进出门搬运时,其净宽、净高宜适当加大尺寸。

对照以上 IT 机柜平面布局的尺寸标准，这里有一个实际案例（活动地板规格为 600mm×600mm，机柜规格为 600mm×1200mm）可供参考，如图 11.1 所示。

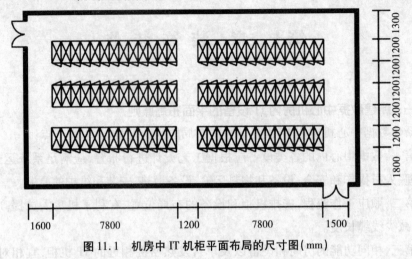

图 11.1　机房中 IT 机柜平面布局的尺寸图（mm）

三、关于设计数据中心机房区域的防水和保温问题

关于数据中心机房区域的防水和保温问题，除了在机房工程建设前期的勘察选址、规划设计阶段就应该提前考虑外，还有不少细节问题在工程建设的深化设计阶段和现场施工阶段也要给予充分重视。主要表现在以下两个方面。

1. 机房内部环境区域

（1）给水排水系统

给水排水系统主要为机房冷冻水供回水管路、加湿器的给水排水、冷凝水排水以及管道的漏水等。对此，提出了以下要求。

①数据中心内的给水排水管道应采取防渗漏和防结露措施。管道采取保温措施时，保温材料应采用不低于 B1 级的材料。

②数据中心不应有与主机房内设备无关的给水排水管道穿过主机房，相关给水排水管道不应布置在电子信息设备的上方。进入主机房的给水管应加装阀门。

③穿过主机房的给水排水管道应暗敷或采取防漏保护的套管。管道穿过主机房墙壁和楼板处应设置套管，管道与套管之间应采取密封措施。

④主机房和辅助区设有地漏时，应采用洁净室专用地漏或自闭式地漏，地漏下应加设水封装置，并应采取防止水封损坏和反溢措施。

⑤应在机房空调机下方设置挡水围堰，其高度不应阻挡空调机下送风，挡水围堰内可设置漏水报警装置。

⑥采用冷冻水的封闭冷通道模块下方区域，应设置挡水围堰，并安装漏水报警装置和联动控制的电磁阀。当发生漏水时，应该能够发出报警信息，同时自动或手动关断冷冻水供水管路。

（2）机房内顶部楼板和地面楼板

在考虑上、下楼板的保温问题时，还需注意装修材料的燃烧性能等级的要求。

2018 年 4 月 1 日实施的国家标准《建筑内部装修设计防火规范》，对数据中心机房装修材料做出了明确规定。机房装修材料燃烧性能等级见表 11.1。

表 11.1　机房装修材料燃烧性能等级

建筑物及场所	建筑规模、性质	装修材料燃烧性能等级									
		顶棚	墙面	地面	隔断	固定家具	装饰织物				其他装修装饰材料
							窗帘	帷幕	床罩	家具包布	
A、B 级电子信息系统机房及装有重要机器、仪器的房间	—	A	A	B1	B1	B1	B1	B1	—	B1	B1

①机房内顶部楼板：考虑到防止其上下温差可能会引起结露，所以应在机房内顶部粘贴 A 级防火保温材料。

如果机房设计有密封式吊顶（俗称闷顶），并且吊顶内布置有供电管线或用电设备的话，则吊顶材料和保温材料都应采用 A 级防火保温材料（比如岩棉、玻璃丝棉等）。

②机房内地面楼板，亦即机房活动地板下设计为静压池的地面。为了避免其上下层温差引起的结露，所以也应在活动地板下的地面楼板表面粘贴不低于 B1 级的保温材料。

2. 机房外部邻近区域

（1）机房上层房间

按照规范要求，"主机房和辅助区不应布置在用水区域（卫生间、开水房、厨房、用水的实验室）的直接下方"。但是在工程实践中，常常由于各种原因无法避免。在这种情况下，可以采取一些补救措施。比如在这些用水区域设置防水地面、挡水围堰或者加高门槛等，以防止用水区域出现漏水、漫溢和渗漏到下层机房。

（2）机房四周外部环境

当与机房围护结构一墙之隔的外部区域设置有开水房、卫生间、暖气设备或者消防水喷淋走廊等用水设施的情况下，也需要采取相应的技术措施。比如隔墙下部做防水层、设置挡水围堰、漏水报警、积水坑以及排水泵等，防止泄漏的水泛滥和渗透到机房活动地板下面。

四、关于机房铺装防静电活动地板的问题

数据中心机房活动地板的铺设应在其他室内装修施工及设备基座安装完成后进行。

活动地板铺设前,应按设计标高及位置准确放线。沿墙单块地板的最小宽度不宜小于整块地板边长的1/4。

活动地板铺设时应随时调整水平,遇到障碍物或不规则墙面、柱面时应按实际尺寸切割,相应位置应增加支撑部件。

铺设风口地板和开口地板时,现场切割地板的切割面应光滑、无毛刺,并应进行防火、防尘处理。

按照国家有关规范,机房铺装防静电活动地板的板面允许偏差和检查方法,见表11.2。

表11.2 防静电活动地板的板面允许偏差和检查方法

项次	项目	允许偏差(mm)	检查方法
1	表面平整	2.0	用2m靠尺和楔形塞尺检查
2	缝格平直	2.5	拉5m线和钢尺检查
3	接缝高低差	0.4	用钢尺和楔形塞尺检查
4	板块间隙宽度	0.3	用楔形塞尺检查

五、数据中心基础设施中各种管线的安装坡度要求

数据中心基础设施中的供配电系统、空气调节系统和给水排水系统的管道及线路都有各自专业的安装坡度要求,现整理归纳如下,以供设计施工时参考。

1.供配电系统

电缆沟和电缆隧道应采取防水措施:其底部排水沟的坡度不应小于0.5%,并应设集水坑;积水可经集水坑用泵排出,当有条件时,积水可直接排入下水道。

电缆排管敷设安装时,应有倾向入孔井侧不小于0.5%的排水坡度,并在入孔井内设集水坑,以便集中排水。

为了排出蓄电池组析出的氢、氧气体,蓄电池室应安装强制排风装置,其通风管道的出风口附近不应有高温环境,并且风管宜顺着气流坡向室外升高,坡度为0.5%,但出风口需要注意防止雨雪倒灌和小动物进入。

柴油发电机:机座基础应采取防油浸的设施,可设置排油污沟槽;机房内管沟和电线沟内应有0.3%的坡度和排水、排油措施。

排烟管水平伸向室外时,靠近机器侧应高于外伸侧,其坡度宜为0.5%。离地高度应符合工程设计规定,无规定时,不宜低于2.5m。排烟管水平外伸口应安装丝网护罩,垂直伸出口顶应安装伞形防雨帽。

2.空气调节系统

制冷设备与附属设备之间制冷剂管道连接时,制冷剂管道坡度、坡向应符合设计及设备技术文件的要求。当设计无要求时,应符合表11.3中制冷设备与附属设

备之间制冷剂管道连接的坡向与坡度的规定。

表 11.3　制冷设备与附属设备之间制冷剂管道连接的坡向与坡度的规定

管道名称	坡向	坡度
压缩机吸气水平管(氟)	压缩机	≥10‰
压缩机吸气水平管(氨)	蒸发器	≥3‰
压缩机排气水平管	油分离器	≥10‰
冷凝器水平供液管	贮液器	1‰~3‰
油分离器至冷凝器水平管	油分离器	3‰~5‰

为了防止因为机房内温湿度控制和新风管道保温的问题,致使机房内新风管道里和新风出风口出现凝结水,宜使新风管道坡向机房内升高,坡度不应小于 3‰。

3. 给水排水系统

空调机和加湿器的房间地面应坡向地漏处,坡度不应小于 3‰;地漏顶面应低于地面 5mm。

冷凝水排水管的坡度应符合设计要求。当设计无要求时,管道坡度宜大于或等于 8‰,且应坡向出水口。

六、关于装修气体灭火系统储瓶间的注意事项

气体灭火系统的储瓶间是储存、分配、喷放灭火气体的源头,更是安装机械应急操作装置的地方。它在整个气体灭火系统中的作用十分重要,直接关系到灭火的成败。

所以,诸如《气体灭火系统设计规范》《建筑内部装修设计防火规范》等多个国家标准都提出了明确的要求。尤其是考虑到储瓶间中的钢瓶、阀门、压力表以及泄压装置,都有可能发生泄漏事故。所以,其中有些要求是非常严格的,现归纳如下。

1. 环境条件要求

①储瓶间宜靠近防护区,储瓶间的门应向外开启,且应有直接通向室外或疏散走道的出口。

②储瓶间耐火等级应符合建筑物不低于二级的有关规定及有关压力容器存放的规定,其内部所有装修均应采用 A 级装修材料。

③储瓶间(预制灭火系统)的环境温度应为 -10℃~50℃。

④储存装置的布置应便于操作、维修及避免阳光照射。操作面距墙面或两操作面之间的距离不宜小于 1.0m,且不应小于储存容器外径的 1.5 倍。

2. 配电与通风要求

①储瓶间内应设置应急照明,且宜使用防爆灯具。

②储瓶间应设机械排风装置，排风口应设在下部，可通过排风管排出室外，风机控制开关应安装在门外墙壁上。

③储瓶间不宜使用机械门锁，宜和机房一样，统一采用门禁系统，火灾时自动释放。

④所有金属设备、管道均应按照有关规范要求进行等电位连接。

⑤储瓶间宜引入不间断电源，以备火灾时抢修使用。

七、关于数据中心安装中的环境噪声限值

为贯彻《中华人民共和国环境保护法》和《中华人民共和国环境噪声污染防治法》，保护环境，保障人体健康，防治环境噪声污染，国家环境保护部和有关部门于2008年发布了《声环境质量标准》。

按区域的使用功能特点和环境质量要求，声环境功能区分为以下五种类型。

0 类声环境功能区：指康复疗养区等特别需要安静的区域。

1 类声环境功能区：指居民住宅、医疗卫生、文化教育、科研设计、行政办公为主要功能，需要保持安静的区域。

2 类声环境功能区：指以商业金融、集市贸易为主要功能，或者居住、商业、工业混杂需要维护住宅安静的区域。

3 类声环境功能区：指以工业生产、仓储物流为主要功能，需要防止工业噪声对周围环境产生严重影响的区域。

4 类声环境功能区：指交通干线两侧一定距离之内，需要防止交通噪声对周围环境产生严重影响的区域，包括4a类和4b类两种类型。4a类为高速公路、一级公路、二级公路、城市快速路、城市主干路、城市次干路、城市轨道交通（地面段）、内河航道两侧区域；4b类为铁路干线两侧区域。

以上各类声环境功能区的环境噪声等效声级限值[dB(A)]，见表11.4。

表11.4　环境噪声等效声级限值

声环境功能区类别		时段	
		昼间	夜间
0 类		50	40
1 类		55	45
2 类		60	50
3 类		65	55
4 类	4a 类	70	55
	4b 类	70	60

另外，这里需要补充说明的是此表中的"昼间"和"夜间"的规定：

"昼间"是指 6:00~22:00 的时段；"夜间"是指 22:00 至次日 6:00 的时段。

当然,如果县级以上人民政府为环境噪声污染防治的需要(如考虑时差、作息习惯差异等)而对昼间、夜间的划分另有规定的,应按其规定执行。

八、保障数据中心机房建设的工程质量的办法

数据中心机房建设工程的质量如何是由诸多因素决定的。一般来讲,从最初的规划设计方案开始,直至工程竣工验收,其间的每一程序步骤都有关系。通常,不论是新建机房,还是改建、扩建机房,都应该遵照规划设计、图纸汇审、工程招标、现场施工、内部验收、竣工验收和问题整改等七个程序步骤来进行,如图11.2所示。

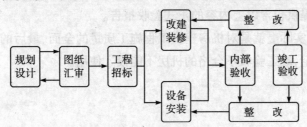

图11.2 机房工程建设的质量控制程序

虽然这七个程序步骤都涉及机房建设工程的质量,但是哪个程序步骤是其中最关键的,这对于建设方来讲,是至关重要的,抓住了关键就能做到事半功倍,就能建设一个质量过硬的数据中心机房。根据我们多年从事数据中心机房设计、施工及检测验收的经验和体会,这个关键就是:图纸汇审和竣工验收。

(1)图纸汇审

图纸汇审就是由第三方专业技术咨询公司,对机房建设的原始规划设计图纸资料进行二次计算、核对和审查。图纸汇审的内容如下:

①技术指标是否符合国家规范和甲方要求;

②数据计算和参数选择是否正确;

③设备和材料的选配是否合理和达标;

④系统间配合是否协调;

⑤图纸绘制是否完整与规范。

经过汇审,消除了原始规划设计图纸中的缺陷与隐患,为下一步编写招标文件(施工招标、监理招标、检测验收招标以及设备材料招标等)提供了指导性依据,也从根本上避免了在后续现场施工中,因原始规划设计的问题可能带来的返工、整改的风险。

(2)竣工验收

竣工验收就是由独立的第三方检测验收专业技术公司依据国家有关规范和设计指标,对数据中心机房的整体系统与设备进行施工工艺、安装情况、运行参数、性能指标以及联动功能等项目模拟实际运行的需要,进行检测、操作和演练。其主要内容如下。

①设备选配安装是否与设计图纸一致；

②材料性能指标是否符合工程要求；

③施工工艺是否合格；

④变载状态下的实测数据、调整数据是否达标；

⑤故障模拟试验；

⑥各子系统间的联动功能；

⑦工程竣工档案资料是否完整；

⑧提出技术整改建议和必要的运维预案；

⑨向甲方提供包含以上内容的正式验收报告。

竣工验收，实际上就是对机房建设工程施工质量的全面、最后的检查关卡。根据国家规范规定，竣工验收不合格的机房不能投入使用。

第十二章　供配电系统

一、电源及供电线路

1. 国家电网供电负荷的规定与数据中心供电分级

按照国家标准《供配电系统设计规范》的规定,国家电网供电系统的负荷分级为一、二、三级,见表 12.1,其中一级负荷中又分出特别重要的负荷这一等级。

表 12.1　国家电网供电系统的负荷分级

等级	负荷分级的规定	供电系统要求	数据中心
一级负荷	特别重要的负荷:中断供电将造成人员伤亡或较大设备损坏或发生中毒、爆炸、火灾等情况的负荷,以及特别重要场所不允许中断供电的负荷	(双重电源 + 应急电源)供电	A 级
一级负荷	符合下列情况之一时,应视为一级负荷。 ①中断供电将造成人身伤害时; ②中断供电将在经济上造成重大损失时; ③中断供电将影响重要用电单位的正常工作	双重电源(电源发生故障时,另一电源不应同时受到损害)供电	B 级
二级负荷	符合下列情况之一时,应视为二级负荷。 ①中断供电将在经济上造成较大损失时; ②中断供电将影响重要用电单位的正常工作	双回路供电	C 级
三级负荷	不属于一级负荷和二级负荷者应为三级负荷	单回路供电	

从表 12.1 中可以看出,国家电网分级的意义和目的在于正确反映对供电可靠性要求的界限,以便恰当地选择符合实际水平的供电系统,提高投资的经济定义。同时,《供配电系统设计规范》也指出:"对特别重要负荷及一、二、三级负荷的供电要求是最低要求,由于各行业的负荷特性不一样,本规范只能对负荷的分级做出原则性规定,各行业可以依据本规范的分级规定,确定用电设备或用户的负荷级别。"

实际上,在我国建设数据中心集中的金融、通信、互联网以及建筑等行业,也都早已制定了适合各自行业特点的规范标准。这些规范标准在对他们的数据中心进行设计、施工、验收以及检测、评估的时候,也是需要熟悉和遵循的。

2. 备用电源、应急电源

备用电源(stand-by electric source)指的是当正常电源断电时,由于非安全原因用来维持电气装置或其某些部分所需要的电源。

应急电源（electric source for safety services）指的是用作应急供电系统组成部分的电源。

虽然二者的定义术语非常明确，但是在我国现行的一些规范标准中，也会出现不同的叫法，这就引起一些误解和争议。下面我们以 A 级数据中心（一级负荷中的特别重要负荷）的供电系统为例。

①国家标准《供配电系统设计规范》指出，一级负荷中特别重要的负荷供电"除应由双重电源供电外，尚应增设应急电源……"并明确提出"独立于正常电源的发电机组"可做应急电源。

②国家标准《数据中心设计规范》指出，"A 级数据中心应有双重电源供电，并应设置备用电源，备用电源宜采用独立于正常电源的柴油发电机组……"。

③建筑工程行业标准《民用建筑电气设计规范》指出，"一级负荷中的特别重要负荷，尚应增设应急电源……"并明确提出"独立于正常电源的发电机组"可做应急电源。

从以上例子当中，我们可以得出以下结论：

①应急电源应该是与市电网络在电气上独立的各式电源，如柴油发电机、蓄电池以及独立于正常电源的专用供电线路等。

②对于 A 级数据中心的供电负荷，《数据中心设计规范》《供配电系统设计规范》和《民用建筑电气设计规范》都是在一级配置条件下，再增设柴油发电机。在这一点上，它们是一致的。

③《供配电系统设计规范》和《民用建筑电气设计规范》把柴油发电机叫作应急电源，而《数据中心设计规范》则把柴油发电机称作后备电源，虽然叫法不同，但它们的实质性作用是相同的，不必拘泥于此。

3. 国家有关供电规范中的"一级负荷应由双重电源供电"

"双重电源"（duplicate supply）一词来自国际电工委员会（IEC）的《国际电工词汇》，其含义是：向一级负荷供电的双重电源，当一个电源发生故障时，另一个电源不应同时受到损坏。但实际上我国与世界各国一样，为了保障全国供电系统的可靠性、安全性和连续性，国家电网的大供电系统是由多个大区级电网并联和环网而成的。因此，为数据中心供电的变配电站（所）无论从电网取几回电源进线，也无法得到严格意义上的两个独立电源。所以这里指的双重电源可以是分别来自不同电网的电源，或者来自同一电网但在运行时电路互相之间联系很弱，或者来自同一个电网但其间的电气距离较远。一个电源系统任意一处出现异常运行时或发生短路故障时，另一个电源仍能不中断供电，这样的电源都可视为双重电源。

一级负荷的供电应由双重电源供电，而且不能同时损坏，只有必须满足这两个基本条件，才可能维持其中一个电源继续供电。双重电源可一用一备，亦可同时工作，各供一部分负荷。

4. 低压配电室双电源母线分段设置的安全标准

①当低压母线为双电源、变压器低压侧总开关和母线分段开关采用低压断路器时,在总开关的出线侧及母线分段开关的两侧宜装设隔离开关或隔离触头。

②有防止不同电源并联运行要求时,来自不同电源的进线低压断路器与母线分段的低压断路器之间应设置防止不同电源并联运行的电气联锁。

③向一级负荷供电的配电所的两双回电源线路的配电装置宜分开布置在不同的配电室,当布置在同一配电室时,宜分列布置或在其母线分段处的配电装置内设置防火隔板或隔墙等隔离措施。

以上这些都是确保向一级负荷供电电源安全的措施,保证当其中一回路电源故障时,避免影响另一回路电源同时失效。

5. 数据中心供电系统对双电源之间的母线联络开关的要求

在市电供电系统中,双电源变压器的低压输出母线之间装设的断路器,称为母线联络开关,简称母联开关(含单电源的联络线)。通常,在母联开关控制器(备自投)的自动监测、控制下,母联开关的工作状态是:

①双电源都正常供电时,母联开关处于切断状态,两段母排各带一部分负荷(空调、UPS 等)工作。

②当一段电源母排因故失电时,母联开关自投合闸,由另一段电源母排带起全部负荷,以保持全部负荷供电的连续性,如图 12.1 所示。

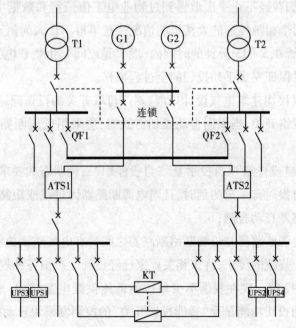

图 12.1　双电源供电系统

但是我们发现,实践中大约有 30% 的数据中心市电供配电系统的母联开关不具备自动投切功能。其原因如下。

①设计单位不了解数据中心的需要，设计阶段按照一般写字楼、办公室供电标准，母联开关手动投切就可以满足要求，根本就没有考虑配置自动投切系统。

②在已建好的办公楼里，改造建设的数据中心原来就没有安装自动投切系统。这纯属历史遗留的问题，已经无法对大楼物业管理的供配电系统再做整改。

③当地的国网供电公司不允许自动投切。据说是怕因负荷过流、短路导致的第一段母排失电，再投切到第二段母排后会致使第二电源也失电。

但是，以上这些只能手动投切母联开关的限制，如果在柴油发电机设置为双路市电都断开时才能启动的状态，那么就会为数据中心的安全、可靠运行埋下以下两处隐患。

第一，试想如果第一段母排失电后，它负责供电的 UPS 将依靠自身配置的蓄电池逆变后供给 IT 设备维持运行。如果蓄电池的后备时间设计为 15 分钟的话，这时就要求大楼物业配电室的值班电工必须在 15 分钟内赶到现场，找出故障根源，关掉故障回路，最后进行手动投切，由第二电源带起全部负荷。否则，UPS 的后备蓄电池将放电殆尽，如不能立即充电，它将无法继续保持其后备功能。

第二，通常，当数据中心每个 IT 机柜负荷功率大于 3kW 时，如果大楼物业配电室的值班电工在 5 分钟之内完不成手动投切，改由第二电源带起数据中心的全部负荷的话，就将会因为机房空调系统停止运行时间过长，而导致数据中心 IT 系统设备过温宕机（无蓄冷装置时）。

事实上，我们曾经不止一次地遇到过物业电工值班室和数据中心配电室分别设在园区里的两个相距较远的大楼里的情况。这不得不让人为值班的电工师傅担忧，担忧他们能否在 5～15 分钟的时间内（尤其是夜间），由物业电工值班室赶到数据中心配电室并保证完成手动投切的全过程操作。

为此，我国《民用建筑电气设计规范》对于母联开关的投切问题做了如下规定。

低压母线联络开关，当采用自动投切方式时，应采用低压断路器，且应符合下列要求。

①应满足"自投自复""自投手复""自投停用"三种状态的要求；

②应满足自投时有一定的延时，且当电源断路器因过载或短路故障而分闸时，不允许母联断路器自动合闸；

③应保证电源断路器与母线联络断路器之间具有电气联锁功能。

为满足以上规范的要求，许多相关厂家已经设计生产出各种规格型号的"智能投切开关（备自投）"。现在我国不少单位的低压供配电系统中，采用的低压母线联络开关的自动投切功能是受"智能投切开关"的控制器模块自动指挥的。

此控制器判断状态准确、控制逻辑先进、动作过程可靠，完全可以满足以上三条规范的要求，早已得到了广泛应用。对于某些地方供电部门害怕第一段电源因负载故障导致母排失电，再投切到第二段母排后会使第二段电源也失电，所以限制自动投切的规定,实在没有必要。因为控制器模块会根据跟踪监测到的第一段电源失电故障找出的原因,如果是过载或短路,它将不能盲目启动母联断路器的自动投入合闸。

据不完全统计,数据中心市电供电系统的低压母线联络开关采用自动投切(备自投)方式时,选择"自投手复"设置状态的要多一些。

6. 数据中心户外供电线路不宜采用架空方式敷设的原因

规定引入机房的户外供电线路不宜采用架空方式敷设的原因是为了保证户外供电线路的安全,保证数据中心供电的可靠性。户外架空线路宜受到自然因素(如台风、雷电、洪水等)和人为因素(如交通事故、建筑施工等)的破坏,导致供电中断,故户外供电线路宜采用直接埋地、排管埋地或电缆沟敷设的方式。当户外供电线路采用埋地敷设有困难,只能采用架空敷设时,应采取措施,保证线路安全。

7. 不间断电源装置室的环境条件

不间断电源装置(含其配电系统设备)室的环境条件,一般要求如下:

①不间断电源装置室,不应设在卫生间、开水房或其他经常积水场所的正下方或贴邻。

②宜接近 IT 系统主机房,有利于进出线施工,降低电缆投资,减少线路压降。

③按容错要求设置的两路不间断电源装置及其配套设备应分开隔离设置;且每一路的不间断电源装置室与其蓄电池室也应分开隔离,并宜分别设置气体灭火系统。

④在不间断电源装置旁应另外设置检修电源。

⑤不间断电源装置室活荷载标准值为 $8kN/m^2 \sim 10kN/m^2$。

⑥不间断电源装置室应安装空调设备,室内温度宜控制在 20℃ ~30℃ 范围内,并不得结露。

⑦不间断电源装置离墙安装时,前部巡视通道应不小于 1.5m,后部维护通道应不小于 1m(视不间断电源装置大小而定)。

⑧大多数品牌的不间断电源装置,宜在海拔高度 1000m 以下工作。当其工作在 1000 ~2000m 的海拔高度时,每增加 100m,则带载量减少其额定容量的 1%。

8. ATS 双电源自动转换开关

ATS 双电源自动转换开关(double power source auto-switch)在数据中心供配电系统中,广泛应用于市电与市电、市电与发电机、市电与 UPS、空调系统双电源末端切换、消防系统双电源末端切换以及智能化系统的双电源切换等环节。

它可以在一路电源发生故障时,自动切换为另一路电源接替供电,能够避免人工误操作,以保证数据中心供配电系统的连续性和可靠性。

通常,如果 ATS 双电源自动转换开关按照极数划分的话,有双极、三极和四极三种型号(图 12.2 所示为四极 ATS 双电源转换原理图和图 12.3 所示为三极 ATS 双电源转换原理图)。但是,何时使用四极 ATS? 何时使用三极 ATS? 这和双电源的供电性质、接地系统方式以及是否具有剩余电流保护和等电位联结系统,都有一定的关系。

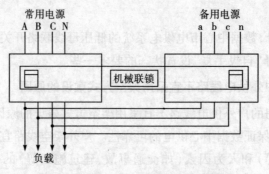

图 12.2　四极 ATS 双电源转换原理图

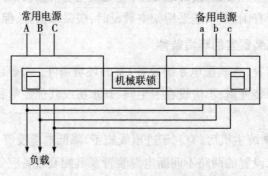

图 12.3　三极 ATS 双电源转换原理图

现行的国家标准《供配电系统设计规范》在对低压配电系统接地型式明确指出"有等电位连接的 TN－S 接地型式系统建筑物内的中性线不需要隔离……"。

所以,如果用于转换的双电源采用的是同一个良好的接地系统,并且双电源转换开关又不带剩余电流动作保护的话,那么有总等电位联结的 TN－S 接地型式的数据中心供配电系统就可以采用三极 ATS 双电源自动转换开关。因为三极 ATS 不带中性线转换,这就从根本上避免了转换过程中的"断零"的风险。尽管四极 ATS 转换开关在设计和结构上增加了一些诸如"先断后通"或者"先通后断"等避免"断零"的措施,但是毕竟中性线依然参与了转换,"断零"的风险并没有从根本上消除,只不过风险降低了一些而已。

为什么用试电笔检查 TN－S 系统的变压器中性线时不发光,但用钳型电流表测量时却有电流?

TN－S 系统的变压器中性点接地后形成 N 线(零线)和 PE 线(保护地线),与三相火线一起为数据中心供电。但是,由于机房三相上负载的不平衡,就会使产生的不平衡电流经由 N 线(零线)→中性线→中性点,也就是说用钳型电流表测量中性线时却发现有电流的原因。

至于用试电笔检查 TN－S 系统的变压器中性线时不发光,是因为变压器中性点接地后的电位,已接近为零电位,而传统试电笔的氖泡启辉电压则一般需要 60 V 以上,因此试电笔不会发光。

二、变压器

1.影响市电变压器效率的因素

影响市电变压器效率的因素是铁损和铜损的损耗。铁损是磁通交变时在铁芯中产生的涡流损耗和磁滞损耗。它在电压一定情况下是常数,与负载电流无关,它近似等于变压器的空载损耗。铜损是当变压器一、二次绕组有电流流过时,在绕组电阻上所消耗的功率。短路试验可测出铜损。因为短路实验时,施加电压很低,铁芯中的主磁通很小,铁损可以忽略不计,所以短路实验时测出的铜损也称之为短路损耗。

变压器效率 =(输出功率/输入功率)×100%,即

$$\eta = (P_2/P_1) \times 100\% \tag{12.1}$$

式中:P_1——输入功率(kW);

P_2——输出功率(kW);

η——变压器效率。

实际上,变压器的输入功率与输出功率之差就是变压器的功率损耗,即铁损和铜损之和。

$$P_1 = P_2 + \Delta Pt_i + \Delta Pt_o \tag{12.2}$$

式中:ΔPt_i——变压器铁损;

ΔPt_o——变压器铜损。

则

$$\eta = [P_2/(P_2 + \Delta Pt_i + \Delta Pt_o)] \times 100\% \tag{12.3}$$

因为变压器的铁损 ΔPt_i 不随负载大小而变化,它是一个常数,而变压器的铜损 ΔPt_o 与负载电流的平方成正比。所以,当负载电流增加到一定程度时,就使铜损增加的速度更高更快,当输出功率达到一定数值时,变压器的效率 η 就会随着负载的增加而降低。

2.变压器绕组的接线组别

我们经常遇到的变压器绕组接线组别是变压器一、二次绕组按一定接线方式(如 D 为三角形△、Y 为星形接线)接线时,一次线电压和二次线电压之间的相位关系。对于高压绕组应用大写字母 D、Y 表示;对于中压或低压绕组应用同一字母的小写字母 d、y 表示。对于有中性点引出的星形连接应用 YN(yn)表示。

在区分变压器不同的连接组别时,我国采取了时钟表示法。就是把高压侧和低压侧的线电压向量分别作为时钟面上的长针和短针。当长针固定指向十二点时,短针所指的钟点就是连接组的组别。同时,将时钟等分为十二格,代表圆周360°,因此每格为30°。此时,从长短针相距的格数,就可以得出一、二次绕线的相位关系。例如,我们以前经常遇到的 Y/y0 - 12 接线组别就代表它一、二次绕组都

是 Y 形连接方式，且一次侧线电压与二次侧线电压之间的相位差是 0°。同样，我们现在常用的 D,yn11 接线组别的变压器，用时钟表示法表示的话，它的短针一定是指向钟面十一点。同时，一次侧绕组为 △ 形连接，而二次侧绕组为 Y 形连接，且一、二次侧线电压有 30° 的相位差。

3. D,yn11 型式的干式变压器

最新版的《数据中心设计规范》中明确提出数据中心变压器宜采选干式变压器。另外，《供配电系统设计规范》和《民用建筑电气设计规范》也提出，在民用电网中的变压器"宜采选干式、气体绝缘或非可燃性液体绝缘的变压器"。原因有以下 4 点：

①干式变压器相对于油浸变压器，从防火角度考虑更安全。干式变压器绕组温升限值，见表 12.2。

表 12.2　干式变压器绕组温升限值

绝缘系统温度（℃）	额定电流下的绕组平均温升限值（K）
105（A）	60
120（E）	75
130（B）	80
155（F）	100
180（H）	125

②D,yn11 接线与 Y,yn0 接线的同容量变压器相比，虽然前者损耗略大，但前者的零序阻抗要小得多，更有利于单相接地故障的排除。

③Y,yn0 接线的变压器要求中线电流不超过低压绕组额定电流的 25%，严重限制了单荷负荷的接入。

④D,yn11 接线的变压器，原边绕组为 △ 接法，供电系统产生的 3 次及其整数倍以上的 3 次谐波激磁电流可在原边 △ 绕组中形成环流，与原边接成 Y 形绕组相比，有利于抑制高次谐波电流，这对于数据中心是非常需要的。

4. 两台电力变压器并联运行的条件

两台电力变压器并联运行的正常状态应该是：①空载时，无环流；②负载时，每台电力变压器的负载电流与容量成正比。

因此，要把两台电力变压器并联起来并且能正常运行，必须选择满足以下 4 个条件的电力变压器才行：

（1）两台一样的接线组别

变压器接线组别是变压器一、二次绕组按一定接线方式连接时，一次线电压和二次线电压之间的相位关系。如果两台电力变压器的接线组别不一样，那么把两台电力变压器并联起来以后的二次绕组电路中的电压相位就不一样，就会出现一

定的电压差。由于电力变压器的内阻抗很小,因此将会产生数倍于电力变压器额定电流的环流,以至于电力把变压器烧毁。

(2)两台容量之比不宜大于3:1

把两台容量相差太大的电力变压器并联起来运行,负荷分配将会很不平衡,运行起来也很不经济。另外,如果容量很大的那台电力变压器因故需要停电检修时,剩下的那台容量很小的电力变压器将起不到备份作用。

(3)两台变比之差不应大于±0.5%

如果两台变比相差过大的电力变压器并联,那么二次电压数值也会相差过大,也就会在二次绕组电路中产生环流,轻则增加电力变压器的损耗,降低输出容量;重则过大的环流会烧毁电力变压器。

(4)两台短路电压之差不应大于±10%

由于受电力变压器的技术特性决定,变压器的短路电压与两台并联变压器的负荷分配成反比。如果两台并联变压器的短路电压之差过大,就会造成短路电压小的那台变压器满载时,短路电压大的那台变压器轻载许多,这将不利于变压器的长期安全运行。

三、电压与电流

1. 同一电压等级的配电级数

我国供配电系统之所以规定同一电压等级的配电级数,是因为如果供配电系统接线过于复杂、配电级数过多的话,不仅管理不便、操作烦琐,而且由于串联元件过多,因元件故障和操作错误而产生事故的可能性也随之增加。所以,复杂的供配电系统会导致可靠性下降,不受运行和维护人员的欢迎;配电级数过多,继电保护整定时限的级数也随之增多,而电力系统容许继电保护的时限级数对10kV来说,正常也只限于两级。如果配电级数出现三级,则中间一级势必与下一级或上一级之间无选择性。

所以,国家标准《供配电系统设计规范》对同一电压等级的高压配电级数和低压配电级数做出了以下明确规定:供配电系统应简单可靠,同一电压等级的配电级数,高压不宜多于两级,低压不宜多于三级。

对于这条规定,可以按照以下的举例说明来理解:

高压配电系统同一电压的配电级数为两级,例如由低压侧为10kV的总变电所或地区变电所配电至10kV配电所,再从该配电所以10kV配电给配电变压器,则认为10kV配电级数为两级。

低压配电系统的配电级数为三级,例如从低压侧为380V的变电所低压配电屏至配电室分配电屏,由分配电屏至动力配电箱,由动力配电箱至终端用电设备,则认为380V配电级数为三级。

2. 为数据中心供电的市电电压、频率的要求

为数据中心供电的市电电网的电压、频率变化限值，见表12.3。

表12.3 市电电网的电压、频率变化限值

电压变化，对于额定电压 U_N 的偏差 $\Delta U/U_N$	35kV 供电电压	±10%
	20kV 及以下三相供电电压	±7%
	220V 单相供电电压	+7%，−10%
电压不平衡 U_{neg}/U_{pos}		2%
电源频率偏移 Δf		±0.2Hz

对于此表列出的限值，需要说明的是：

①表中这些限值的测量地点为市电电网的"供电部门配电系统与用户电气系统的联结点"，即数据中心所在大楼的配电室，而非数据中心机房内用电设备的输入端。

②表中第一项电压变化偏差 $\Delta U/U_N$ 的限值定义为"实际运行电压对系统标称电压的偏差相对值，以百分数表示"。其中，实际运行电压即电压测量值；系统标称电压即额定电压。计算公式如下：

$$电压偏差（\%）=[（电压测量值 - 系统标称电压）÷系统标称电压]×100\%$$

3. 机房供电系统公共连接点的谐波电压、谐波电流限值

机房供电系统公共连接点的谐波电压总畸变率 THDu，见表12.4。

表12.4 谐波电压总畸变率

长期影响的电压总谐波畸变率 THDu	8%
短期影响的电压总谐波畸变率 THDu	11%

《电子信息系统机房设计规范》（GB 50174—2008）中，没有对机房建筑物供电系统电源侧公共连接点或公共母线上公共连接点的全部用户向该点注入的谐波电流分量方均根值提出明确规定，仅要求机房 UPS 输入端的 THDi 含量小于15%（3～39 次谐波）。而 2018 年 1 月 1 日实施的《数据中心设计规范》（GB 50174—2017）要求，如果 A 级数据中心要采用不间断电源系统和市电电源系统相结合的供电方式，则需要同时满足 5 个条件，其中一个条件就是"向公用电网注入的谐波电流分量（方均根值）不应超过现行国家标准《电能质量公用电网谐波》规定的谐波电流允许值"，见表12.5。

表12.5 谐波次数及谐波电流允许值（A）

标准电压(kV)	基准短路容量(MVA)	谐波次数及谐波电流允许值（A）																							
		2	3	4	5	6	7	8	9	10	11	12	13	14	15	16	17	18	19	20	21	22	23	24	25
0.38	10	78	62	39	62	26	44	19	21	16	28	13	24	11	12	9.7	18	8.6	16	7.8	8.9	7.1	14	6.5	12
6	100	43	34	21	34	11	21	11	11	8.5	16	7.1	13	6.1	6.8	5.3	10	4.7	9	4.3	4.9	3.9	7.4	3.6	6.8
10	100	26	20	13	20	8.5	15	6.4	6.8	5.1	9.3	4.3	7.9	3.7	4.1	3.2	6	2.8	5.4	2.6	2.9	2.3	4.5	2.1	4.1
35	250	15	12	7.7	12	5.1	8.8	3.8	4.1	3.1	5.6	2.6	4.7	2.2	2.5	1.9	5.4	1.7	3.2	1.5	1.8	1.4	2.7	1.3	2.5

4. 向机房 IT 设备交流供电的质量标准

关于向机房 IT 设备交流供电的质量标准,《数据中心设计规范》(GB 50174—2017)与《电子信息系统机房设计规范》(GB 50174—2008)有些不同,主要区别有以下两点:

①《数据中心设计规范》(GB 50174—2017)中去掉了"零地电压"和"UPS 输入端 THDi"两个技术参数,因为它们已经放在了其他规范标准中。

②《电子信息系统机房设计规范》(GB 50174—2008)中的"稳态电压偏移范围"和"允许断电持续时间"两个技术参数是按机房 A、B、C 三个等级划分的,而《数据中心设计规范》(GB 50174—2017)不分等级,一律相同,见表 12.6。

表 12.6 IT 设备交流供电电源质量标准

	A 级	B 级	C 级	备注
稳态电压偏移范围(%)	+7 ~ -10			交流供电时
稳态频率偏移范围(Hz)	±0.5			交流供电时
稳态电压波形失真度(%)	≤5			电子信息设备正常工作时
允许断电持续时间(ms)	0 ~ 10			不同电源之间进行切换时

5. 向 IT 设备供电电压和频率的测试

测试电压和频率时,测量仪器的测试棒应并接在 UPS 电源输出末端的相线(L)与中性线(N)之间。一般情况下,为了测试安全和方便,测试点多选在配电列头柜中。

6. 机房零地电压的测试

测试零地电压时,测量仪器的测试棒应并接在 UPS 电源输出末端的中性线(N)与保护地线(PE)之间。一般情况下,为了测试安全和方便,测试点多选在配电列头柜中,也可选在 IT 机柜的 PDU 中。

7. 机房电压谐波含量的测试

测试电压谐波含量时,测量仪器的测试棒应并接在 UPS 电源输出末端的相线 L_1、L_2、L_3 之间。一般情况下,为了测试安全和方便,测试点多选在配电列头柜中,有时也可选在 UPS 输出分电柜中。测试接线如图 12.4 所示。

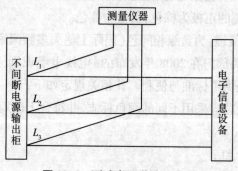

图 12.4 测试电压谐波示意图

8. 工频 500V 以下常用绝缘电阻值

工频 500V 以下常用绝缘电阻值可按照自 2016 年 8 月 1 日起实施的《数据中心基础设施施工及验收规范》（GB 50462—2015）中的规定执行，具体内容见表 12.7。

表 12.7　电气绝缘电阻要求

序号	项目名称	最小绝缘电阻值（MΩ）
1	开关、插座	5
2	灯具	2
3	电线电缆	0.5
4	电源箱、柜二次回路	1

值得注意的是，在进行电气绝缘阻值测量时，测量用的兆欧表电压等级应符合现行国家标准《电气装置安装工程电气设备交接试验标准》的要求，见表 12.8。

表 12.8　兆欧表电压等级

序号	负载电压范围（V）	兆欧表电压等级
1	100 以下	250
2	100 ~ 500	500
3	500 ~ 3 000	1 000
4	3 000 ~ 10 000	2 500

四、线缆

1. 线缆颜色的标准

关于线缆颜色的标准，世界各国不一样，至今为止还没有统一的国际标准。我国的标准如下：

①交流线缆：外护套为黑色，内绝缘层分别为 A 相黄色、B 相绿色、C 相红色、中性线浅蓝色。

②直流线缆：−48V 直流电缆的正极为红色、负极为浅蓝色，工作地线为黑色；240V 及以上直流电缆的正极为棕色，负极为蓝色。

③保护接地 PE 线缆：为黄绿相间色（国际上绝大多数国家都采用）。

④此外，我国有关部门在 2008 年发布的《电线电缆识别标志方法》，也为电线电缆的生产和使用提供了标准与便利。其相关规定如下：

多芯电缆绝缘线芯应采用不同的颜色标志，并符合下述规定：

2 芯电缆：红、蓝；

3 芯电缆：黄、绿、红；

4 芯电缆：黄、绿、红、蓝；

5 芯电缆:由供需双方协商确定。

注:颜色红、黄、蓝用于主线芯,蓝色用于中性线芯,为了避免和其他颜色产生混淆,推荐使用淡蓝色。

2. 母线的连接工艺

当母线与母线、母线与电器或设备接线端子采用螺栓搭接连线时,应符合下列规定。

母线的各类搭接连接的钻孔直径、螺栓螺母尺寸以及连接螺栓的力矩值应符合以下工艺要求和表 12.9 及表 12.10 规定的数值。

①当一个连接处需要多个螺栓连接时,每个螺栓的拧紧力矩值应一致。

②母线接触面应保持清洁,宜涂抗氧化剂,螺栓孔周边应无毛刺。

③连接螺栓两侧应有平垫圈,相邻垫圈间应有大于 3mm 的间隙,螺母侧应装有弹簧垫圈或锁紧螺母。

④螺栓受力应均匀,不应使电器或设备的接线端子受额外应力。

表 12.9　母线连接螺栓、螺母的尺寸(单位:mm)

母线宽度	60 以下	60 以上	80 以上	100 以上
螺栓、螺母规格	M8	M9	M10	M12
钻孔直径	9	10	11.5	13.5
垫圈内径	8.5	9.5	10.5	13
弹簧垫圈内径	8.5	9.5	10.5	13

表 12.10　母线连接螺栓的拧紧力矩

序号	螺栓规格	力矩值(N·m)
1	M8	8.8 ~ 10.8
2	M10	17.7 ~ 22.6
3	M12	31.4 ~ 39.2
4	M14	51.0 ~ 60.8
5	M16	78.5 ~ 98.1
6	M18	98.0 ~ 127.4
7	M20	156.9 ~ 196.2
8	M24	274.6 ~ 343.2

3. 线缆敷设

①同一路径无妨干扰要求的线路,可敷设于同一金属管或金属槽盒内。导线总截面积不宜超过其截面积的 40%,且金属槽盒内载流量导线不宜超过 30 根。

②控制、信号灯非电力回路导线敷设于同一金属导管或金属槽盒内时,导线的

总截面积不宜超过其截面积的50%。

③除专用接线盒内外,导线在金属槽盒内不应有接头。有专用接线盒的金属槽宜布置在易于检查的场所。导线和分支接头的总截面积不应超过该点槽盒内截面的75%。

④金属槽盒垂直或倾斜敷设时,应采取防止导线在线槽内移动的措施。

⑤下列不同电压、不同用途的电缆,不宜敷设在同一层桥架上。

1kV以上和1kV以下的电缆;同一路径向一级负荷供电的双路电源电缆;应急照明和其他照明的电缆;强电和弱电电缆。

如受条件限制需安装在同一层桥架上时,应用隔板隔开。

⑥电缆在屋内埋地穿管敷设时,或电缆通过墙、楼板穿管时,穿管的内径不应小于电缆外径的1.5倍。

⑦电缆的首端、末端和分支处应设标志牌。

⑧电源线、信号线穿越上、下楼层或水平穿墙时,应预留"S"弯,孔洞应加装口框保护,完工后应用非延燃和绝缘板材料盖封洞口。

4. 线缆与设备连接工艺的规定要求

线缆与设备连接工艺的规定要求,主要与线缆的材质、芯数和线径有关,其目的是为了保证连接的紧固性和导电性,以尽可能减少连接电阻,防止设备或器具的工作电流引起接点高温发热。具体的规定要求如下:

①截面积在10mm^{2}及以下的单股铜芯线和单股铝/铝合金芯线可直接与设备或器具的端子连接。

截面积在2.5mm^{2}及以下的多芯铜芯线应接续端子或拧紧搪锡后再与设备或器具的端子连接。

截面积大于2.5mm^{2}的多芯铜芯线,除设备自带插接式端子外,应接续端子后与设备或器具的端子连接;多芯铜芯线与插接式端子连接前,端部应拧紧搪锡。

②截面积在10mm^{2}以上的多股电源线端头应加装接线端子(线鼻子)并镀锡。接线端子尺寸与导线线径应吻合,用压(焊)接工具压(焊)接牢固。接线端子与设备的接触部分应平整,并在接线端子与螺母之间加装平垫片和弹簧垫片,拧紧螺母。

③电缆头应可靠固定,不应使电器元器件或设备端子承受额外应力。

④安装后的线缆末端应用胶带等绝缘物封头,剖头处应用胶带和护套封扎。

⑤每个设备或器具的端子接线不多于2根导线或2个导线端子。

5. 安装母线时的相序和涂色

母线的相序排列与涂色,当设计无要求时应符合下列规定。

①上、下布置的交流母线，由上至下排列为 A、B、C 相；直流母线正极在上，负极在下。

②水平布置的交流母线，由盘后向盘前排列为 A、B、C 相；直流母线正极在后，负极在前。

③面对引下线的交流母线，由左至右排列为 A、B、C 相；直流母线正极在左，负极在右。

④母线的涂色：交流，A 相为黄色、B 相为绿色、C 相为红色；直流，正极为赭色、负极为蓝色；在连接处或支持件边缘两侧 10mm 以内不涂色。

6.数据中心机房中零线 N、保护地线 PE 的布线连接方式

数据中心为了保证人员生命安全和机房用电设备的可靠运行，采用的是 TN－S 低压交流供配电系统（T——系统中性点直接接地；N——设备外壳经 PE 线与该点联结而接地；S——接地线进入建筑物分为 N 线和 PE 线后，不再接触），如图 12.5 所示。

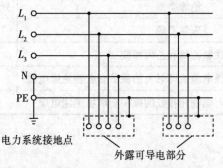

图 12.5　TN－S 系统

其中，N 线属于功能性地线，也叫工作地线、交流地线。它与三相火线组合成 －380V/－220V 低压交流电源系统，N 线中允许有电流通过。而 PE 线属于保护地线，它与设备外壳联结，当人触碰到漏电设备的外壳时，起到保护人员生命安全的作用，正常情况下 PE 线应该始终保持基准零电位。

所以，基于 N 线、PE 线在数据中心机房的重要作用，在对它们进行布线的时候，绝不允许采用串联式（树干式）布线，而只能采用放射式（辐射式）布线方式。如图 12.6 所示，布线时要注意以下 3 点：

①交流配电柜里的中性母线排必须和机柜绝缘。

②一条接地线上只能连接一个配电柜（设备），不得串接好几个需要接地的配电柜（设备）。

③无论是 N 线，还是 PE 线，都要采用截面积符合设计要求的绝缘铜导线，严禁使用裸导线布放。

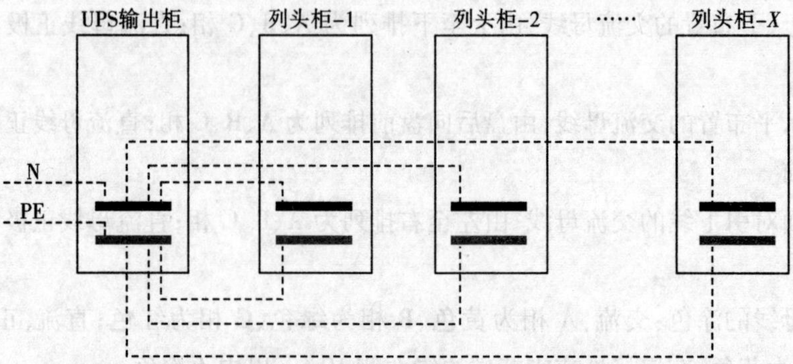

UPS输出柜　　列头柜-1　　列头柜-2　　……　　列头柜-X

N

PE

图 12.6　数据中心机房中零线 N 和保护地线 PE 的放射式布线方式

7. 检测数据中心常用的强电电缆的绝缘温度的最高运行温度限值

按照国家《低压配电设计规范》（GB 50054—2011）的要求，以下几种常见绝缘类型的几种常见绝缘，在正常持续运行时的最高运行温度，见表 12.11。

表 12.11　各类绝缘最高运行温度（℃）

绝缘类型	导体的绝缘	护套
聚氯乙烯	70	—
交联氯乙烯和乙丙橡胶	90	—
聚氯乙烯护套矿物绝缘电缆或可触及的裸护套矿物绝缘电缆	—	70
不允许触及和不与可燃物相接处的裸护套矿物绝缘电缆	—	105

五、相序

交流三相电源中每一相电压经过同一值（如最大值）的先后次序称为相序，从图 12.7 中可以看出其三相电压到达最大值的次序依次为 UA、UB、UC，其相序为 A－B－C－A，则称为正相序（顺序），如图 12.8（a）所示。若相序为 A－C－B－A，则为负序（逆序），如图 12.8（b）所示。

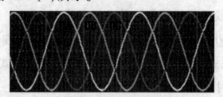

图 12.7　相序图

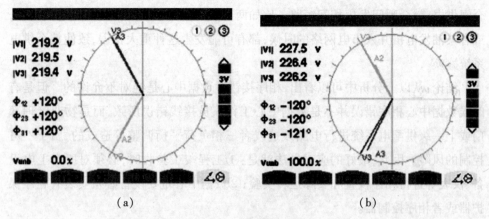

（a）　　　　　　　　　　　　（b）

图 12.8　正相序及负相序

在实际工程应用中,除有说明外,一般指的都是正相序。供配电系统中通常在交流发电机的三相引出线和配电装置的三相母线上,涂上黄、绿、红三种色彩,分别表示 A、B、C 三相。

但如果相序接错会有什么样的后果? 相序接错的后果主要表现在以下两个方面。

（1）供配电系统的二次回路方面

①供电系统技术参数的测量仪表和计量装置的电压、电流等采样信号的接入,大多数都是按照一定相序和规则接线的,比如功率表、互感器。如果相序接错,就会计量不准或无法正常工作。②补偿电容控制器的采样信号接入,如果接错相序,就会逻辑混乱,错误频出,轻则过补偿,重则从根本上失去对补偿电容器的投切控制,甚至烧毁电容器。

（2）供配电系统的一次供电回路方面

①对于电源用电设备,相序接错的后果,大多数表现为逆相序接线时马达反转。此时,只需调整任意两相的互换接线即可。此后果往往使人觉得调整简单,不予重视。但是对于数据中心某些设备,却会因此造成很大损失。例如,压缩机反转、排烟风机反转以及蓄冷罐水泵反转等。这些关键设备在关键时刻都会影响数据中心安全、可靠地运行。图 12.9 所示为柴油发电机输出电缆相序错误。

图 12.9　柴油发电机输出电缆相序错误

②一次供电回路的双电源并联供电时,如果两个电源相序对应不正确就并联

合闸供电，就会瞬间发生相间短路。比如两台变压器并联或两台柴油发电机并联，或者柴油发电机并入市电网络的时候，都有可能发生这种重大错误，致使整个供电系统瘫痪。

结论：从以上分析中可以看出，相序接错对数据中心是绝对不允许的。但是有时候数据中心相序错误并不是数据中心工作人员接线错误所致，而是物业管理部门或上一级供配电系统进行电路改造或者三相负荷平衡调整等造成的，属于不可控制的风险。因此，最好的应对办法就是：①工程竣工验收时，必须对所有上电设备、仪表等进行相序核查和实际运转实验；②数据中心重要设备必须安装有相序保护器或者相序控制器。

常用的交流三相电路与交流单相电路的计算公式如下：

$$S(\text{VA}) = \sqrt{P^2(\text{W}) + Q^2(\text{var})} \tag{12.4}$$

三相负荷计算：

视在功率

$$S = \sqrt{3}\,U_{线}\,I_{线} = 3U_{相}\,I_{相} \tag{12.5}$$

有功功率

$$P = \sqrt{3}\,U_{线}\,I_{线}\,\cos\varphi = 3U_{相}\,I_{相}\,\cos\varphi \tag{12.6}$$

无功功率

$$Q = \sqrt{3}\,U_{线}\,I_{线}\,\sin\varphi = 3U_{相}\,I_{相}\,\sin\varphi \tag{12.7}$$

单相负荷计算：

视在功率

$$S = U_{相}\,I_{相} \tag{12.8}$$

有功功率

$$P = U_{相}\,I_{相}\,\cos\varphi \tag{12.9}$$

无功功率

$$Q = U_{相}\,I_{相}\,\sin\varphi \tag{12.10}$$

六、谐波

1. 谐波的概念和来源

当50Hz正弦波电源为非线性负载供电的时候，就会产生出不是50Hz正弦波的其他不同频率的正弦波电压或电流，然后对这些电压或电流进行傅立叶级数展开得到的就是谐波。例如，常见的3次谐波（频率为3×50Hz=150Hz）、5次谐波（频率为5×50Hz=250Hz）等奇次谐波，实际上通过非线性负载的电流，就成了基波50Hz正弦电流与频率是50Hz整数倍的谐波电流合成电流。图12.10所示为基波与3次谐波。

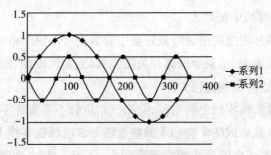

图 12.10 基波与 3 次谐波

但是对于数据中心来说,这些谐波是从哪里产生的呢?经过具体测量和研究分析,人们发现数据中心谐波的主要来源在以下 4 个方面。

①信息数据系统的 IT 设备(单相开关电源型的交换机、打印机、个人计算机、各类服务器等)。

②不间断供电设备(UPS、EPS、DC 供电设备等)。

③变频调速型式的空调制冷设备(压缩机、风机、水泵等)。

④为大楼物业服务的用电设备(变频电梯、中央空调机组、开关电源型照明灯工具等)。

以上这些设备对于供电电源(变压器、柴油发电机等)都是非线性负载,它们的输入电源的周期性开关电路向数据中心供配电系统注入了大量的谐波分量。

2. 谐波的危害

实际检测结果证明,与一般工业、民用供电网络中 5 次、7 次、11 次、13 次为最大含量的谐波不同,数据中心电子信息系统 IT 设备产生的 3 次、5 次谐波与普通工频不间断电源 UPS 产生的 5 次、7 次谐波为最大成分,见表 12.12。

表 12.12 数据中心机房谐波检测案例

谐波次数 谐波来源	H3	H5	H7	H9	H11	H13
IT 设备	75%	25%	18%	30%	5%	4%
6 脉冲 UPS	5%	40%	20%	20%	7%	5%

数据中心高次谐波的大量产生和存在,远远超过普通工业与民用供电系统,造成的危害也不一样,对数据中心的安全、可靠运行威胁很大。主要表现有以下几个方面。

(1)造成 UPS 和 IT 设备输入功率因数降低

UPS 和 IT 设备电源输入端的 AC/DC 整流滤波电路产生的高次谐波,使输入电流波形严重畸变失真,形成的功率是无功功率,造成输入功率因数降低。其结果不仅扩大了为数据中心选配变压器、柴油发电机的容量,同时也降低了电能利用率和系统工作效率。

（2）谐波引起线缆电流增大

线缆上这些额外增加的谐波电流还会引起数据中心供配电回路的开关设备和供电线缆上的电流增大，结果会引起开关线缆发热、损耗增加、加速老化、缩短工作寿命，尤其是对零线的影响比较大。

数据中心电源系统零线上的电流，除去三相负载不平衡使零线上有电流之外，主要是由非线性负载形成的 3 次和 3 的整数倍谐波电流在零线上同相位叠加的作用。谐波严重时，零线电流可达相线电流的 1~2 倍。此时，如果当初的零线线径是按 1/2 相线线径选择的话，那么就将导致零线发热，严重时甚至把零线烧断，同时将导致接入的单相设备因断零过压而大面积烧毁。所以，有关规范规定：若线路中存在高次谐波时，在选择导线截面积时应对载流量加以校正，校正系数见表 12.13。一般情况下，数据中心"配电线路的中性线截面积不应小于相线截面积"（《电子信息系统机房设计规范》）。

表 12.13　4 芯和 5 芯电缆存在高次谐波的校正系数

相电流中三次谐波分量(%)	降低系数	
	按相电流选择截面	按中线电流选择截面
0~15	1.00	—
15~33	0.86	—
33~45	—	0.86
>45	—	1.00

（3）干扰柴油发电机

在数据中心突然失去市电时，其全部负荷都将切换到柴油发电机供电。此时，属于非线性负荷的机房 UPS 系统、IT 信息设备以及应用变频和直流调速技术的空调制冷设备产生的高次谐波，都将作用于柴油发电机。由于柴油发电机的输出阻抗随频率升高而增大，并且阻抗数值也远远大于市电变压器，所以高次谐波在发电机内部形成的旋转磁场并不能以 50Hz 的同步频率相切割，其产生的寄生转矩会使柴油发电机出现"振荡"。此时，因为 UPS 设备工作的"锁相"和"同步"特性，这些电压"振荡"、电流"振荡"和频率"振荡"就会导致 UPS 在市电输入模式、旁路供电模式和蓄电池供电逆变模式之间反复来回频繁切换，反过来这又加剧造成柴油发电机的噪音、震动。如此循环，互相影响，直至停机。

（4）影响园区供配电系统

大量的高次谐波可能使园区供配电网络与低压配电室的补偿电容器之间发生并联或串联谐振，致使谐波电流放大高达几十倍，进而烧毁电容器、电抗器、电阻器及其配套的断路器、接触器等设备。

谐波还会干扰变配电室的二次回路系统和配套部件，使电气测量和计量设备失准，导致继电保护和自动操作装置的误动作，严重时会把送往数据中心的市电断路器顶掉。

3. 数据中心谐波的治理

我们既然知道了数据中心的谐波来源和谐波特性，就可以对其进行有针对性的治理。数据中心谐波治理的多年实践经验证明，按照"降低产生的谐波、消除存在的谐波"这个思路去治理，一般都会达到规范要求的标准。

（1）降低产生的谐波

降低产生的谐波就是为 UPS、IT 设备和空调系统设备这些采用三相整流和单相整流环节加装功率因数校正电路（PFC 整流器），从源头上不让谐波产生或者尽可能地减少谐波产生。

实际上 PFC（Power Factor Correction）技术，早在 20 世纪 80 年代就已在单相开关电源中出现。随着技术进步和发展，现在已经在数据中心的 IT 设备和 UPS 等设备上得到了广泛应用。它与普通整流电路不一样的地方是，在桥式整流与大容量直流电容之间加入了功率因数校正电路，图 12.11 所示为 PFC 整流器原理图。

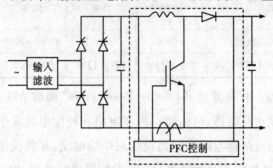

图 12.11 PFC 整流器原理图

图中虚线方框内就是 PFC 环节，由电感、高频开关管、二极管和 PFC 控制部件共同组成。控制部件根据接收到的电压波形的相位和频率、电流波形数值以及直流输出电压的大小这三部分反馈信息，再以脉宽调制（PWM）方式控制开关管高速开和关。当开关管工作频率大于几万荷兹的时候，这个桥式整流器的输入电流与输入电压便调整成了同相位的正弦波，此时可使 THDi < 4%。

现在具有功率因数校正电路的高频 UPS 设备和 IT 设备的输入功率因数都已达到了 0.98 以上。

（2）消除存在的谐波

"消除存在的谐波"就是对于尚存的谐波，在数据中心配电网络以及大楼低压电源网络采取加装滤波器等技术措施加以消除。这里，我们暂且将大楼低压电源网络的谐波问题交给大楼物业部门去解决。现仅就数据中心内如何消除存在的谐波问题给出以下办法。

①无源滤波器。无源滤波器（passive harmonic filer）也称作被动式滤波器、LC 滤波器，一般由电感器、电容器和电阻器设计组合而成（见图 12.11 虚线框外部件）。它的组合阻抗对于需要消除的谐波频率呈现趋于零的低阻抗状态，从而起到吸收该频率谐波电流的作用，而对于其他频率的电流，如基波电流，则几乎不受影响。

无源滤波器构造简单、可靠性高、造价低廉、易于安装，除了滤波功能外，同时还可在一定程度上提高设备的输入功率因数 PF。因此，数据中心的各种 IT 设备、UPS 设备以及空调系统的变频、直流调速设备都大量地采用了无源滤波器。

但是，无源滤波器也有自己固有的缺陷，主要是以下 2 点：

一是它的滤波频谱较窄，只针对预先设计的特定频率的谐波才有较好的滤波作用。

二是它的滤波效果对负载量的大小太敏感，原因是无源滤波器是按照设备的额定负载容量设计的。所以负载量越小，滤波效果越差，存在的谐波含量越高。见表 12.14。

表 12.14　LC 无源滤波器滤波效果与负载量的关系

负载 UPS	空载	25%	50%	75%
6 脉冲 + 5 次 7 次滤波	> 50%	30%	15% ~ 20%	10% ~ 12%
12 脉冲 + 11 次 13 次滤波	12% ~ 15%	8% ~ 12%	5% ~ 8%	4.5%

②有源滤波器。有源滤波器（Active Power Filter）简称 APF，又称主动式滤波器。它由指令电流运算电路、电流跟踪控制电路和补偿电流发生电路等三个主要部分组成。指令电流运算电路实时监视线路中的电流，并将模拟电流信号转换为数字信号，送入高速数字信号处理器（DSP）对信号进行处理，将谐波电流分量与基波无功电流分离，并以脉宽调制信号的形式向补偿电流发生电路送出驱动脉冲，驱动 IGBT 或 IPM 功率模块，生成与谐波电流幅值相等、极性相反的补偿电流注入主电路，对谐波电流进行补偿或抵消。图 12.12 虚线框内所示为 APF 原理图。

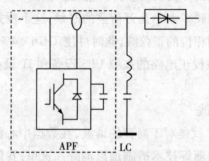

图 12.12　APF 原理图

实践证明，有源滤波器补偿频谱宽泛，对多次谐波电流和非整数倍的谐波电流都能够进行补偿，并且响应快速。它还是一个高阻抗电流源，因此它的接入不会对电路系统阻抗产生不利影响，不存在把谐波放大的风险；系统负载量和谐波电流含量的大小变化，基本上不影响它的滤波效果。

但是，有源滤波器的造价比无源滤波器的造价要高许多，同时还要消耗一定的电能。所以,聪明的 UPS 生产厂家在使用这两种滤波器的时候,注意扬长避短,把由有源滤波器和无源滤波器组合而成的"混合滤波器"作为选件,由客户根据需要自主选择。通常在工频 UPS 里,无源滤波器补偿容量占整个滤波容量的 70% ~ 80%,有源滤波器补偿容量占整个滤波容量的 20% ~30%。

据统计,由于各个 UPS 生产厂家的产品特性上的差异,一般在 UPS 额定负载量低于 23% 时,仅有源滤波器在工作;在 UPS 额定负载量达到 23% 以上时,无源滤波器自动加入工作,此时进入混合滤波工作模式,其滤波效果可使输入电流谐波 ≤ 3.5%。

(3)改善变压器中性线(N)接地系统

除了采用输入端谐波含量低的高频 UPS 和 12 脉冲 UPS 以外,性能良好的变压器中性线(N)接地系统也与治理谐波有作用。数据中心 UPS 设备、IT 设备以及空调系统设备中的高次谐波电流,都要通过滤波电路中的旁路通道入地。如果变压器中性线(N)接地系统接地不良、接地阻值过大,或者 N 线电缆截面积偏小,都会使数据中心电源网络上的谐波含量 THDi 超标。

(4)加装 IDP(Internet Data Power)数据中心动力管控设备

电能质量管控设备的优势如下:

①对数据中心所有动力设备、机房环境的技术参数进行实时检测,并且检测数据可与行业标准、国家标准及国外标准的要求数值自动进行对比、分析、评估、报警、记录与传输。

②以主动跟踪、实时治理的方式,解决数据中心电压谐波滤除、电流谐波滤除、功率因数补偿,调整三相平衡、稳定系统电压等供电质量问题。保障机房以稳定、节能的最佳状态持续运行。

③将"被动性事故"转变为"隐患主动预防",掌控未知风险。7 ×24 小时不间断地替代运维人员做好保障工作,避免事故出现。弥补了现在数据中心监控系统不能与实时治理一体化的系统功能缺陷,如图 12.13、图 12.14 所示。

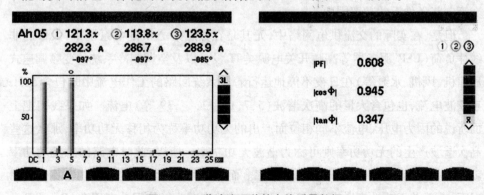

图 12.13　谐波治理前的电能质量数据

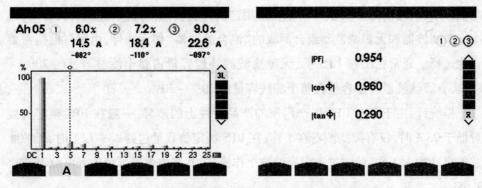

图 12.14　谐波治理后（加装 IDP）的电能质量数据

七、功率因数

cosφ 和 PF 都叫作功率因数,但是它们的内涵和定义是不同的,尤其是在一些科技文中,简单笼统地把功率因数描述为有功功率与视在功率之比,而没有进一步分析研究,这很容易使人迷惑和混淆。

在交流电路中,通常包括纯电阻负载、电容性负载及电感性负载三种混合负载。当交流电通过时,整个电路中电流与电压的相位可能是电压滞后电流,也可能是电压超前电流。前者称之为"容性电路",功率因数为负值;后者称之为"感性电路",功率因数为正值。以上电压与电流之间的相位之差称为"位移角",用 φ 来表示。如果利用功率三角形来表示,如图 12.15 所示,则功率因数 = $\dfrac{有功功率}{视在功率}$ = cosφ。

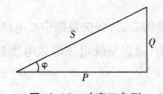

图 12.15　功率三角形

这里需要指出的是,cosφ 是在周期条件下,基波分量有功功率 P 与基波分量视在功率 S 之商。所以准确地说,cosφ 应称之为基波功率因数,即纯 50Hz 正弦波交流电路条件下的功率因数。

但是,在实际的交流供电网络中,尤其是在数据中心供配电系统中,大量的非线性负荷(USP、服务器等高频开关电源类 IT 设备以及空调制冷系统的变频调速式压缩机、风机、水泵等)在日夜不停地运行着。系统回路的工作电流中既包含 50Hz 正弦波电流,也包含大量的高次谐波(5,7,11,13,…,39 等)电流。如果我们把上面所说的因为电压、电流不同相位而产出的无功功率称为相移无功功率,那么这些高次谐波产生的无功功率则可称为谐波无功功率。所以,此时电路的总无功功率就等于相移无功功率加上谐波无功功率。而在电路负荷设备的视在功率不变的情况下,由于总无功功率增大,必然会导致有功功率减小。依据功率因数(Power Factor,PF)的定义:在周期条件下,有功功率 P 绝对值与视在功率 S 之商,即

$$PF = \frac{|P|}{S} \tag{12.11}$$

由于谐波的影响,系统电路的功率因数变小。PF 可称为总功率因数。

通过以上分析,我们可以得出:

①功率因数有总功率因数(俗称谐波功率因数)PF 和基波功率因数(位移功率因数)$\cos\varphi$ 两类。

②电路存在谐波时,$\cos\varphi$ 总是大于 PF。

③谐波含量越少,二者差别越小。在纯电阻线性负荷时,二者相等,即 $\cos\varphi =$ PF = 1。

八、开关、熔断器

1. 数据中心 TN – S 系统的零线上不允许设置开关、熔断器

数据中心 TN – S 系统的零线上不允许设置开关、熔断器的规定,主要是避免 N 线"断零"的风险。如图 12.16 所示,A、B、C 三相上的负载分别为 L_A、L_B、L_C。假如,此时因为虚接、漏接、断线或者由于四极 ATS 转换瞬间出现了火线接通而零线断开的情况(等效于 E 点断开)时,就会形成 $U_A \rightarrow L_A \rightarrow L_B \rightarrow U_B$ 回路。于是,在线电压 $U_{AB} = 380V$ 的状态下,就会出现两种可能。

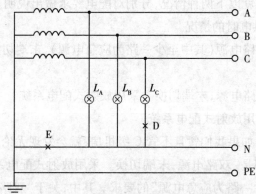

图 12.16　数据中心 TN – S 系统供电回路

①如果负载阻抗 $L_A = L_B$,则 $U_{AB} = 380V$ 电压将均分,负载 L_A、L_B 上的电压各为 190V,此电压值不符合规范要求的 AC220V 输入电压 +7% ~ –10% 的标准范围,对负载工作不利。

②如果负载阻抗 $L_A \neq L_B$,则 $U_{AB} = 380V$ 电压将按照 L_A、L_B 各自阻抗的大小比例而分压。此时,如果负载阻抗 L_A、L_B 的大小差别很悬殊,那么阻抗值极大的那个负载上的电压就会非常高,大大超过 220V 的负载额定电压,甚至高到足以把负载烧毁;而阻抗值极小的那个负载上的电压就会非常低,甚至低到负载停止工作。

假设负载 L_A 的阻抗为 300Ω，负载 L_B 的阻抗为 80Ω，那么流过 L_A、L_B 的电流 $I = 380V/(300\Omega + 80\Omega) = 1A$，即可得出负载 L_A 上的电压 $= 300\Omega \times 1A = 300V$，负载 L_B 上的电压 $= 80\Omega \times 1A = 80V$。很显然，这样的结果可能使负载 L_A 因为电压过高而被烧毁，而负载 L_B 可能因为电压过低而停止工作。

所以，国家规范和行业标准都对避免 N 线"断零"的风险做出了具体的规定。

2. 机房照明回路的单相零线上可以设置开关、熔断器

数据中心机房照明灯具一般为 AC220V 单相供电回路，见图 12.16 所示。

L_C 为照明灯具负载，D 点等效于照明回路上零线的开关、熔断器的断开状态。我们从图中可以看出，如果零线断开了，这个单相照明供电线路就形成不了回路了，照明灯具也就不亮了，但是不会烧毁灯具负载。

以上两个问题，虽然都是"断零"问题，也同属于 TN – S 系统，还都是单相负载，但是"断零"的点位不同，因而得出的结果也就不一样了。

九、不同环境条件的供配电要求

1. 数据中心空调制冷系统的供配电要求

按照《数据中心设计规范》（GB 50174—2017）的规定，数据中心空调制冷系统的配电要求，应与机房的等级相适应，并且还要考虑有些设备需要不间断电源供电的情况。所以，我们就以下两种情况，分别对配电要求做出说明。

（1）市电正常供电时的情况

①A 级机房：双路电源（其中至少一路为应急电源），末端切换。采用放射式配电系统。

②B 级机房：双路电源，末端切换。采用放射式配电系统。

③C 级机房：采用放射式配电系统。

在以上情况中，如果我们暂且不管 C 级机房，就会发现无论是 A 级机房还是 B 级机房，配电要求都是"双路电源，末端切换。采用放射式配电系统"，只不过 A 级机房多了"其中至少一路为应急电源"的要求。其中，关于"双路电源""应急电源"和"放射式配电"的概念，这里不再赘述。

这里只是有必要对"末端切换"做出解释，什么是"末端切换"呢？究竟哪里才算"末端"？简单地说，"末端"就是用电设备的直接输入端。"末端切换"就是"双路电源"在用电设备的就近前端切换完成后，直接输入用电设备。也可以说"双路电源"的两路电缆需要直接到达用电设备旁边的配电箱（柜）里，切换成一路电源后，再直接输入用电设备。

图 2.17 所示为数据中心空调制冷系统的"双路电源，末端切换"的配电要求，图中 ATS 为各台空调机的双路电源切换配电箱（柜），KT 为各台空调机。

图 12.18 所示为双路市电在地下配电室先切换成一路电源后，再把这一根电

缆引入空调机室的分电柜,然后统一分路为机房多台空调机配电。这样的做法,不符合"末端切换"的要求。

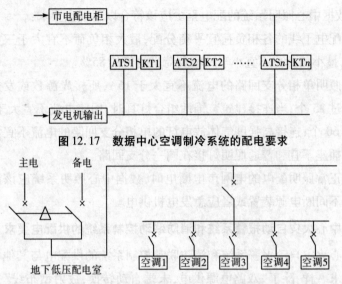

图 12.17　数据中心空调制冷系统的配电要求

图 12.18　双路市电在地下配电室切换成一路后为机房空调机配电

国家规范之所以这样要求,主要是考虑电缆敷设到空调机室的路径中的安全问题,毕竟两根电缆双路径敷设到空调机室,要比只有切换后的一根电缆敷设到空调机室安全、可靠得多。从近几年开始,一些生产机房精密空调机的厂家,为了满足"末端切换"的要求,在每台精密空调机内部都加装了 ATS 双电源自动转换开关。在机房设计、施工时,只需要把双路电源的两根电缆敷设接入精密空调机里即可,省去了空调机室里诸多分散的配电箱(柜)。

(2)需要不间断电源(小容量 UPS 或者 EPS)供电的情况

数据中心需要专门的不间断电源供电的空调设备是蓄冷罐设备、控制系统、蓄冷系统水泵、电磁阀门、末端冷冻水泵、末端风机等。

蓄冷设施有以下两个作用:

①在两路电源切换时,冷水机组在重新启动制冷的时段内,末端需要的冷水由蓄冷装置提供。

②供电中断时,制冷压缩机将停止运行。此时,虽然 IT 电子信息设备可由其配置的不间断电源系统供电保持连续工作,但是 IT 电子信息设备需要的空调冷水就要由蓄冷装置提供。因此,专门为这些蓄冷装置和末端设备配置的不间断电源设备的供电时间,要求与蓄冷装置供应冷量的时间一致。

以上这些需要不间断电源供电的空调设备,不应与 IT 电子信息系统共用一组不间断电源供电。

2. 数据中心照明系统的供配电要求

数据中心照明系统包括在正常情况下使用的正常照明和因正常照明的电源失

效而启用的应急照明(包括疏散照明、安全照明、备用照明)两部分。正常照明的供电来自市电电网,而应急照明的电源来自不间断电源装置或者应急发电机。

通常,数据中心照明系统的配电至少应该符合以下四点要求:

①三相配电干线的各相负荷宜平衡分配,最大相负荷不宜大于三相负荷平均值的 115%,最小相负荷不宜小于三相负荷平均值的 85%。

②正常照明单相分支回路的电流不宜大于 16A,所接光源数或发光二极管灯具数不宜超过 25 个;当连接建筑装饰性组合灯具时,回路电流不宜大于 25A,光源数不宜超过 60 个;连接高强度气体放电灯的单相分支回路的电流不宜大于 25A。

③电源插座不宜和普通照明灯接在同一分支回路。

④当为正常照明配电的电网市电断电时,数据中心照明系统应该能够快速自动地切换为不间断电源装置或者应急发电机供电。

3. 数据中心火灾自动报警系统和消防联动控制系统的供配电要求

数据中心火灾自动报警系统和消防联动控制系统的供配电与其他消防子系统供配电的要求一样,除了"双路电源供电,末端自动转换,放射型布线"这些通用性要求以外,还要满足本系统的以下几项要求:

①火灾自动报警系统应设置交流电源和蓄电池备用电源。这是强制性条文,必须严格执行。

②火灾自动报警系统的交流电源应采用消防电源,备用电源可采用火灾报警控制器和消防联动控制器自带的蓄电池电源或消防设备应急电源。当备用电源采用消防设备应急电源时,火灾报警控制器和消防联动控制器应采用单独的供电回路,并应保证在系统处于最大负载状态下不影响火灾报警控制器和消防联动控制器的正常工作。

③火灾自动报警系统主电源不应设置剩余电流动作保护和过负荷保护装置。因为剩余电流动作保护和过负荷保护装置一旦动作,就会自动切断电源,使火灾自动报警系统不能工作。但是,为了运维人员及时发现、处理此类故障,一般的做法是将其设置为只报警、不动作的保护模式。

④消防设备应急电源输出功率应大于火灾自动报警及联动控制系统全负荷功率的 120%,蓄电池组的容量应保证火灾自动报警及联动控制系统在火灾状态同时工作负荷条件下连续工作 3h 以上。

⑤消防用电设备应采用专用的供电回路,其配电设备应设有明显标志。其配电线路和控制回路宜按防火分区划分,不同防火分区的线路不应穿入同一管内。

⑥火灾自动报警系统的供电线路、消防联动控制线路应采用耐火铜芯电线电缆,报警总线、消防应急广播和消防专用电话等传输线路应采用阻燃或阻燃耐火电线电缆。这是强制性条文,必须严格执行。由于火灾自动报警系统的供电线路、消防联动控制线路需要在火灾时继续工作,所以要求线缆应具有相应的耐火性能。

4. 数据中心消防系统照明的供配电要求

数据中心消防照明系统一般由应急照明控制器、应急照明集中电源、应急照明配电箱(柜)、分电箱以及各种用途的应急照明灯具组成。

数据中心消防照明是在发生火灾时,为人员安全、消防作业和疏散指示提供应急性质的照明系统。所以与日常照明不同,它有一些特别要求,归纳如下:

(1)应急照明集中电源

①主电、备电应能够以自动或手动两种方式进行转换,且应设置只有专业人员才可操作的强制紧急启动按钮,该强制紧急启动按钮启动后,应急照明集中电源不应受过放电保护的影响。

②应急照明集中电源每个输出支路均应单独保护,且任一支路故障不应影响其他支路的正常工作。

③应急照明集中电源应能在空载、满载10%和超载20%的条件下正常工作。

④应急照明集中电源的单相输出最大额定功率不应大于30kVA,三相输出最大额定功率不应大于90kVA。逆变转换型应急照明分配电装置的单相输出最大额定功率不应大于10kVA,三相输出最大额定功率不应大于30kVA。输出特性应满足企业产品说明书的规定。

⑤应急照明集中电源应具有对其蓄电池的充电、放电、短路、断路及过载等故障的报警与管理功能。

(2)应急照明配电箱(分电箱)

①应能完成主电工作状态到应急工作状态的转换。

在应急工作状态、额定负载条件下,输出电压不应低于额定工作电压的50%。

在应急工作状态、空载条件下,输出电压不应高于额定工作电压的110%。

②应急照明配电箱在应急转换时,应保证灯具在5s内转入应急工作状态,高危险区域的应急转换时间不大于0.25s。

③应急照明配电箱每个输出配电回路均应设保护电器,并应符合《低压配电设计规范》(GB 50054—2011)的有关要求。

(3)应急照明控制器

①应急照明控制器应有主、备用电源的工作状态指示,并能实现主、备用电源的自动转换。且备用电源应至少能保证应急照明控制器正常工作3h。

②应急照明控制器应能以手动、自动两种方式与其相连的所有灯具转入应急状态;且应设强制使所有灯具转入应急状态的按钮。

③当应急照明控制器控制应急照明集中电源时,应急照明控制器还应符合以下要求。

a. 显示每台应急电源的部分、主电工作状态、充电状态、故障状态、电池电压、输出电压和输出电流;

b. 显示各应急照明分配电装置的工作状态；

c. 控制每台应急电源转入应急工作状态；

d. 在与每台应急电源和各应急照明分配电装置之间连接线开路或短路时，发出故障声、光信号，指示故障部位。

（4）应急照明灯具的限制

①使用荧光灯为光源的灯具不应将启辉器接入应急回路，不应使用有内置启辉器的光源。

②带有逆变输出且输出电压超过 36V 的消防应急灯具在应急工作状态期间，断开光源 5s 后，应能在 20s 内停止电池放电。

十、UPS 系统

1. A 级数据中心机房里，为生产、备份类电子信息系统设备供电的 UPS 系统一律不允许其他用途的设备接入

在数据中心机房里，生产、备份类电子信息系统设备主要是指：

①对电子信息进行采集、加工、运算、存储、传输、检索等处理的设备，包括服务器、交换机、存储器、小型计算机等电子信息系统设备。

②用于灾难发生时，接替生产系统运行，进行数据处理和支持关键业务功能继续运作的灾备数据系统电子信息设备。

例如，在 A 级数据中心机房中，对以上这些电子信息系统设备供电的 UPS 供配电系统，通常按照"容错"要求，以 $2N$ 或者 $2(N+1)$ 形式配置，俗称"主 UPS"系统。其特点是容量大、系统的安全可靠性高。

在 A 级数据中心机房中，还有其他一些同样也需要不间断电源系统设备（UPS、EPS 等）供电的其他用途的设备主要包括：

①测试、研发、维修阶段的电子信息系统设备。

②空调制冷系统设备。主要有蓄冷装置、蓄冷水泵、电磁阀、检测控制系统、末端冷冻水泵、空调末端风机等。

③消防系统。主要有报警、联动、灭火、排烟及应急照明等设备。

④安防、环境以及动力设备监控系统。

⑤指挥、通信及办公系统。

通常将向数据中心机房中的以上这些子系统供电的不间断电源系统设备（UPS、EPS 等）称为"小 UPS"，其特点是容量小、回路多、负载繁杂。

如果把以上这些容量小、回路多、负载繁杂的子系统设备接入"主 UPS"供配电系统，将可能因为这些设备原因或者人为因素，造成为数据中心生产、备份类电子信息系统供电的"主 UPS"短路、过载甚至宕机。

鉴于近些年发生的此类事故带来的惨痛的损失和教训。2018 年 1 月 1 日实施了国家标准《数据中心设计规范》(GB 50174—2017)，以提高"主 UPS"供电电源的可靠性，减少对生产、备份类电子信息设备的干扰，要求另外单独配置"小 UPS"为以上这些子系统和设备供电。有关条文如下：

"8.1.8 数据中心内采用不间断电源系统供电的空调设备和电子信息设备不应由同一组不间断电源系统供电；测试电子信息设备的电源和电子信息设备的正常工作电源应采用不同的不间断电源系统。"

"11.1.2 智能化各系统可集中设置在总控中心内，各系统设备应集中布置，供电电源应可靠，宜采用独立不间断电源系统供电，当采用集中不间断电源系统供电时，各系统应单独回路配电。"

此外，中国人民银行在 2015 年 12 月 10 日发布实施的《金融业信息系统机房动力系统规范》(JR/T 0131—2015)，则更早、更细、更严地提出了相关的行业标准。有关条文如下：

"5.2.2.3 UPS 供电系统——机房内，除生产、备份类计算机设备外，测试、研发类计算机设备、空调、新风、照明、消防、门禁等其他用电设备不宜接入生产系统UPS（'测试、研发类计算机设备'是指处于测试阶段的计算机设备，在正式上线前不得接入生产系统 UPS）。"

2.2N 配置的 UPS 输出的 A、B 两路电缆，不宜进入同一个配电列头柜供电

按照《数据中心设计规范》(GB 50174—2017)中的数据中心分级与性能要求，UPS – 2N 系统的 A、B 两路输出配置应该是为 A 级数据中心设计的。既然是 A 级数据中心，那么它的"基础设施宜按容错系统配置"。但什么是"容错系统配置"？具体怎么实施？并不是所有的设计人员和施工人员都十分清楚的。例如，在实践中，我们发现 UPS 输出 A、B 两路在同一列头柜内的案例经常出现，如图 12.19所示。

图 12.19　UPS 输出 A、B 两路在同一列头柜内

这样的布局，显然是在一列 IT 机柜的排头位置或者中间位置安装了一个列头柜。那么，如果列头柜中一路电源（A 或 B）发生火灾等严重事故，将可能波及旁边的另一路电源也被烧毁。这将导致该列头柜负责供电的这一列所有 IT 机柜里的设备都会因双电源同时断电而宕机，如图 12.20 所示。

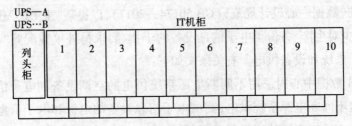

图 12.20　UPS 输出 A、B 两路在同一列头柜内

根据《数据中心设计规范》(GB 50174—2017)中"容错系统中相互备用的设备应布置在不同的物理隔间内,相互备用的管线宜沿不同路径敷设"的规定,正确的做法是在同一列 IT 机柜的两端,分别安装一个列头柜,如图 12.21 所示。

图 12.21　两端安装列头柜图例

这两个列头柜,一个列头柜引自 UPS - 2N 系统的 A 路输出,另一个列头柜引自 UPS - 2N 系统的 B 路输出。然后,这两个列头柜各引出一根电缆,分别输出到该列中同一个 IT 机柜里的左右两路 PDU 上,为柜中的双电源 IT 设备供电。

很显然,容错配置的图 12.21 的配电方案与图 12.20 的配电方案相比较,每一列 IT 机柜都多安装了一个列头柜,增加了投资。但是,为了达到 A 级数据中心"容错"所要求的高可靠性、高安全性,这是必然要付出的代价。

3. 机房门禁控制不宜由 UPS 系统供电

正常情况下,数据中心为了保证机房环境安全,控制非授权人员的进入,常常需要安装机房门禁系统。有关人员通过刷卡、指纹、虹膜以及人脸识别等技术手段鉴别,才能打开机房大门进入机房。有关人员离开机房时,一般需要按下门旁墙壁上的开关,机房大门才能打开。但是紧急情况(例如火灾)时,机房大门怎样快速打开? 这和门禁系统由什么电源供电有关系。

我们在对数据中心门禁系统检测验收的时候,发现 1/3 左右的机房门禁由 UPS 系统供电。其做法是:

①紧急情况时,为了防止小偷,机房门禁也不许自动打开。确实需要打开时,中控值班室的保安人员可以切断门禁系统电源,机房大门才能打开。

②在 UPS 向机房门禁系统的供电回路中,加接了与消防联动控制有关的信号继电器接点,发生火灾时,能够自动切断门禁系统供电,打开机房大门。

但是,《数据中心设计规范》(GB 50174—2017)11.3.2 条文规定"紧急情况时,出入口控制系统应能接受相关系统的联动控制信号，自动打开疏散通道上的门禁系统"。

那么，机房在"接受相关系统的联动控制信号"时，如何实现"自动打开疏散通道上的门禁系统"？在这里，有必要强调此规范条文中要求的是"自动打开"。如果紧急情况（例如火灾）时，还需要机房内的人员在昏暗的应急照明下，慌忙寻找并按下门旁墙壁上的开关（甚至有的机房出去也要刷卡），或者需要中控值班室的保安人员切断门禁系统电源，机房大门才能打开，都不能算作"自动打开"。对于以上的第一种说法，这样的设计，显然不符合国标条文的规定。因为在发生火灾等突发情况时，对于机房内人员的快速撤离逃生，每一秒钟都是宝贵的。

至于以上第二种说法的设计，虽然发生火灾时能够自动切断门禁系统供电，打开机房大门。但是，正是因为在机房门禁系统的 UPS 供电回路中，加接了与消防联动控制有关的信号继电器接点，无意中形成了一个单路径故障点。这为在发生火灾时，能否可靠地自动切断门禁系统供电，埋下了隐患。

那么，机房门禁系统究竟怎么供电才能满足以上国标的规定？其实，机房门禁系统由市电直接供电即可。如果紧急情况（如火灾）时，消防联动控制系统必将自动切除进入机房的总市电电源，那么机房门禁也就自然没电了，实现了"自动打开疏散通道上的门禁系统"的国标的要求。至于，有人担心在市电与市电、市电与发电机切换时，机房门禁会断电的情况，其实没有必要。因为一般 ATS 的切换时间，最长也只有几百毫秒，对机房门禁几乎不受影响。何况，即使因为市电出现故障断电而打开了门禁，数据中心的监控系统也会立即发出报警信号，值班人员将会马上赶到现场，不会影响到数据中心的安全。

4. UPS 充电

按照中国人民银行总行的要求，在对银行系统数据中心机房的基础设施进行安全大检查当中，发现了不少的县（区）级基层银行的 C 级机房的 UPS 供配电系统的接线方式存在问题和隐患。虽然检查的重点在 A、B 级数据中心机房，但是考虑到这些 C 级机房数量庞大，还是应在这里作为问题提出，并进行分析后，给出解决办法。

通常，这些县（区）级基层银行的 C 级机房，面积也就数十平方米，IT 机柜在 20 个以下，用电总功率小于 40kW。按照《数据中心设计规范》（GB 50174—2017）的要求，配置了 UPS 和应急小发电机，按说机房硬件的配置标准并不低。然而，机房 UPS 供配电系统的错误接线方式，却造成了以下三点缺陷和隐患，如图 12.22 所示。

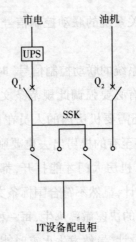

图 12.22　错误接线方式

现分析如下：

（1）UPS 转为发电机供电的过程

①市电正常供电时，UPS 输出→Q_1 闭合→操作 SSK 双刀双掷开关→向 IT 设备供电。

②市电失电时→由 UPS 电池逆变维持供电→地下室内的发电机启动成功→断开 Q1→UPS 停止电池逆变供电→闭合 Q_2→操作 SSk 双刀双掷开关，接通发电机输出→向 IT 设备供电。

（2）造成的三点缺陷和隐患

①失去市电后，由 UPS 电池逆变维持供电，到接通地下室的发电机输出，向 IT 设备供电，其间的时长不可控制，存在蓄电池长时间过度放电的可能。

②在发电机启动成功，并接通输出向 IT 设备供电时，并不能同时给放完电的 UPS 的后备蓄电池充电。如果市电长时间不恢复供电，则后备蓄电池将得不到及时充电。这样，既使蓄电池失去了后备功能，也会对蓄电池的使用寿命产生损伤。

③发电机启动输出后，并没有经过 UPS，而是直接向 IT 设备供电。在这种供电状态下，可能会产生两种情况。

第一，如果 IT 设备（包括接入的办公设备）突发严重故障，将会直接顶掉或毁伤发电机。

第二，如果发电机输出的电能质量参数出现大幅度偏离，将可能毁坏机房和办公室的 IT 设备。

（3）解决办法

改造图 12.22 所示的错误接线方式后，按照图 12.23 所示的正确接线方式重新进行接线。这样做，不用增加任何设备，还是利用同样的设备，只不过改变了接线方式，即可把以上造成的三点缺陷和隐患消除。其中根本的变化就是，无论是市电供电还是发电机供电，都需要经过 UPS 后，才能向 IT 设备供电。

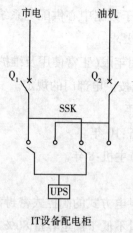

图 2.23　正确接线方式

十一、数据中心供配电系统主要设备及部件的有效使用年限

数据中心供配电系统主要设备及部件的有效使用年限,也就是这些电源设备能够保证正常可靠使用的时间。它是由各个设备生产厂家产品的质量高低、设备的使用条件以及客户的维护水平等诸多因素决定的,不可能有一个统一的、精准不变的年限,通常有关设备厂商只能够为客户提供一个年限范围。

例如,蓄电池的有效使用年限范围,是由蓄电池的内部构造、材料选择、输出特性等因素决定的。它的有效使用年限范围就可以分为:FM 型为 3~5 年,FML 型为 5~8 年,GFM 型为 10~15 年三个档次。同时,厂家也会建议用户,如果蓄电池的实际剩余容量<80%的时候,就应该更换新的蓄电池。因此比较之下,决定蓄电池能否继续使用的标准,按有效使用年限范围为依据,不如按照蓄电池的实际剩余容量是否<80%为依据更科学一些。

又如,某著名品牌 UPS 设备生产厂家对于 UPS 设备中常用元器件的预期寿命(理论设计寿命)和建议更换寿命给出了以下的参考意见,请见表 12.15。

表 12.15　UPS 设备中常用元器件的寿命

UPS 元器件	建议更换寿命	预期寿命
DC 电容	5~6 年	≥7 年
AC 电容	同上	同上
电扇	3 年	3~5 年
空滤网	1~2 年	1~3 年
5 年电池	3~4 年	5 年
10 年电池	6~8 年	10 年

表 12.15 显示,建议更换寿命短于理论设计寿命。这意味着超过建议更换寿命的时间之后,UPS 设备发生故障的概率将可能会大大增加,直至预期寿命终止。

我国的通信行业标准,对于数据中心供配电系统主要设备及部件的有效使用年限,提出了以下较为具体的要求。

主要电源设备的有效使用年限(正常使用及维护条件下),不低于以下要求。

①高压配电设备:20 年或按供电部门的规定。

②交、直流配电设备:15 年。

③高频开关整流变换设备:10 年。

④交流不间断电源(UPS)主机:8 年。

⑤蓄电池:

a. 直流供电系统全浮充供电方式的阀控式密封蓄电池:

2V 系列,使用 8 年或容量不低于额定容量 80%;

6V 以上系列,使用 6 年或容量不低于额定容量 80%。

b. 全浮充供电方式的防酸隔爆式铅酸蓄电池,使用 10 年或容量不低于额定容量的 80%。

c. UPS 供电系统中全浮充供电方式的阀控式密封蓄电池,使用 6 年或容量不低于额定容量 80%。

d. 油机供电系统中的蓄电池,使用 3 年。

⑥交流稳压器:8 年。

⑦发电机组累计运行小时数不超过大修时限或使用 10 年以上。

⑧监控系统前端采集设备:10 年。

⑨太阳能电池:20 年。

但是,正如世界上的任何事物都不是绝对相同的一样。我们经常在数据中心机房里看到,有些已超过有效使用年限好几年的电源设备,仍然在持续运行着;当然也会碰上未超过使用年限的设备,故障不断的情况。但是,我们不能因此而否定这些"有效使用年限""预期寿命"以及"建议更换寿命"之类的时间限值。因为,毕竟这些数据都是厂家、客户以及运维人员多年实践运用中的经验总结,一般情况下,应该写入运维管理规章制度。

国家工信部发布的通信行业标准,针对以上问题,要求如下:

(1)对已超过使用年限的设备的处置

①对于已超过有效使用年限的设备,经过检测评估,性能仍然良好者并满足运行质量要求,具有使用价值的,经过主管部门的批准,可继续使用。但是应适当缩短维护和检测的周期。

②性能指标达不到要求的设备,应做报废和退网处理。

(2)对未超过使用年限,但存在设计缺陷,故障率高的设备的处置

对于存在设计等先天缺陷,正常使用故障率高等原因造成运行维护成本过高的设备,经专家和维护主管部门的评估与审批,可提前报废或更新。

十二、数据中心接地电阻的最小值

我们一直认为数据中心的接地电阻是1Ω,但是现在几个有关数据中心机房的规范都要求在采用共用接地时,"其接地电阻应按其中最小值确定"。那么现在数据中心接地电阻的最小值到底是多少欧姆?

其实,我国在二三十年前,国内各地区、各行业刚刚步入建设计算机房(当时国内还没有数据中心这个概念)的时候,确实发布过有关机房的接地电阻≤1Ω 的几个规范标准。例如《民用建筑电气设计规范》《计算机场地通用规范》《民用闭路监视电视系统工程技术规范》等,但也有大于1Ω 的规范标准。当时,我国还没有专门研究制定数据中心规范标准的技术部门和技术人才,机房里安装的计算机类进口设备,也是"万国牌"。所以,机房基础设施的各种技术要求主要是由外国设备厂商提出来的,自己没有一个科学、统一、完善的国家规范。

现在,按照现行的《数据中心设计规范》(GB 50174—2017)的规定:"数据中心低压配电系统的接地型式宜采用 TN 系统。采用交流电源的电子信息设备,其配电系统应采用 TN – S 系统。""保护性接地和功能性接地宜共用一组接地装置,其接地电阻应按其中最小值确定。"

这里的保护性接地包括防雷接地、防电击接地、防静电接地、屏蔽接地等;功能性接地包括交流工作接地、直流工作接地、信号接地等。

把保护性接地和功能性接地同时与同一组接地装置联结在一起,称为共用接地系统,有时也称作综合接地、联合接地、统一接地等。

那么在这么多个接地项目中,如何确定哪个接地项目的接地电阻值最小呢?很显然,在普通工业与民用供配电系统中,按照我国现行规范规定:交流工作地电阻值为4Ω,安全保护地电阻值为4Ω,防雷接地电阻值为10Ω 等。但是,无论是我国政府有关部门发布的国家规范标准,还是国际电工委员会(IEC)对于数据中心中大量的计算机类电子信息设备、通信设备以及 IT 网络设备等系统的接地电阻,都没有规定过一个具体的通用限值。这主要是因为,这些数据中心的电子信息设备的工作频率相差很大,而它们的生产厂商,对接地型式和接地电阻的要求也不相同,国际上很难给出一个统一的限值。

大家知道,数据中心中的电子信息设备有两个接地:一个是为电气安全而设置的保护接地,另一个是为实现其功能性而设置的信号接地。按 IEC 标准规定,除个别特殊情况外,一个建筑物电气装置内只允许存在一个共用的接地装置,并应实施等电位联结,这样才能消除或减少电位差。对电子信息设备也不例外,其保护接地和信号接地只能共用一个接地装置,不能分接不同的接地装置。所以它们设备外壳的保护接地和信号接地是通过连接 PE 线实现接地的,只要实现了高频条件下的低阻抗接地和等电位联结即可。

因为数据中心机房中的电子信息设备都属高频工作设备，所以按照"接地系统接地电阻的最小值确定"的原则，它们的接地电阻的要求比机房里的其他工频动力用电设备（变压器、普通空调、风机、水泵、照明等）的接地电阻值低得多。因此也可以说，"按接地电阻的最小值确定"这条要求就是针对数据中心（IDC、信息中心、通信中心等）的高频设备接地的特殊性做出的规定。

2017年7月1日，国家开始实施的最新的国家标准《建筑电气工程电磁兼容技术规范》（GB 51204—2016）可作为数据中心项目的设计、施工、检测和验收工作的参考。依据标准的具体条文如下：

"工作频率3MHz及以上的高频电子系统与设备应根据其工作特性确定采用独立接地装置或共用接地装置，其接地网络形式应符合维持系统正常工作所需的条件。"

"当高频电子系统和设备采用共用接地体时，其接地电阻值应符合设计要求，且不应大于1Ω。当共用接地装置的接地电阻值达不到设计要求时，应设置辅助接地阵列。"

十三、数据中心等电位联结工艺规范

数据中心区域内合格的、完整的等电位联结，可将机房产生的静电和设备外壳的漏电顺畅引入地下，以保证设备正常运行和人员的生命安全。所以，鉴于其不可替代的重要性，《数据中心设计规范》（GB 50174—2017）、《数据中心基础设施施工及验收规范》（GB 50462—2015）等有关规范都把其中的等电位联结内容，列为强制性条文，要求必须严格执行。

（1）等电位联结对象

总的是指数据中心区域内外露的不带电的金属物，必须与建筑物进行等电位连接。

具体来说，包括但不限于以下这些连接对象：机房吊顶的金属结构、围护结构和隔墙的金属框架、金属活动地板、金属门窗，各种用途的金属柜、箱、台、管道、风管、桥架、线槽、吊件、灯带，设备的基础型钢、蓄电池铁架、气体灭火管网系统及气瓶间设施等。

（2）等电位联结方式

电子信息设备等电位联结方式应根据电子信息设备易受干扰的频率及数据中心的等级和规模确定，可采用S型、M型或SM混合型。

采用M型或SM混合型等电位联结方式时，主机房应设置等电位联结网格，网格四周应设置等电位联结带，并应通过等电位联结导体将等电位联结带就近与接地汇流排、各类金属管道、金属线槽、建筑物金属结构等进行连接。每台电子信息设备（机柜）应采用两根不同长度的等电位联结导体就近与等电位联结网格连接。

（3）等电位联结网格

①等电位联结网格尺寸：通常等电位联结网格应采用截面积不小于 25mm² 的铜带或裸铜线，并应在防静电活动地板下构成边长为 0.6～3m 的矩形网格。但是需要指出，这里要求的 0.6～3m 的矩形网格尺寸，只是一个范围尺寸。我们发现，在数据中心建设实践中，有些设计人员不管机房平面布局如何，就把等电位联结网格统统设计成 0.6m×3m 的矩形网格。这样做的结果将影响机房等电位联结的效果。

正确的做法是：等电位联结网格的尺寸取决于电子信息设备的摆放密度。机柜等设备布置密集时（成行布置，且行与行之间的距离为规范规定的最小值时），网格尺寸宜取小值（600mm×600mm）；设备布置宽松时，网格尺寸可视具体情况加大，目的是节省铜材，如图 12.24 所示。

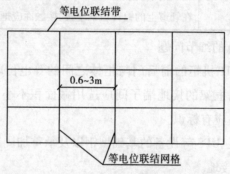

图 12.24　等电位联结带与等电位联结网格

②等电位联结网格材料：等电位联结带、接地线和等电位联结导体的材料和最小截面积，见表 12.16。

表 12.16　等电位联结带、接地线和等电位联结导体的材料和最小截面积

名称	材料	截面积（mm²）
等电位联结带	铜	50
利用建筑内的钢筋做接地线	铁	50
单独设置的接地线	铜	25
等电位联结导体 （从等电位联结带至接地汇集排至其他等电位联结带；各接地汇集排之间）	铜	16
等电位联结导体 （从机房内各金属装置至等电位联结带或接地汇集排；从机柜至等电位联结网格）	铜	6

（4）等电位联结工艺方式

等电位联结网络各部位的连接方式，见表 12.17。

表 12.17 等电位联结网络各部位的连接方式

序号	连接导体（线）材料	连接方式
1	铜排与铜排	用镀锌螺栓连接，接触面应搪锡
2	编织铜带（铜线）与铜排	编织铜带（铜线）压接铜端子用镀锌螺栓、螺母、防松垫圈连接、接触面应搪锡
3	铜箔与铜箔（或铜排）	锡焊连接
4	铜线与铜线	压接或热熔焊
5	铜线与钢板	热熔焊
6	编织铜带与静电地板可调支架	编织铜带接触面应搪锡，用圆抱箍卡紧压连接
7	编织铜带（或铜线）与钢管等金属管道	编织铜带（铜线）压接铜端子用镀锌螺栓、螺母、防松垫圈与焊在管道上的镀锌扁钢连接，接触面应搪锡或用卡箍连接

（5）其他需要注意的细节问题

①数据中心大量 IT 机柜的前后门与柜体之间的等电位联结。对于装有电器的可开启门，门和金属框架的接地端子间应选用截面积不小于 $4mm^2$ 的黄绿色绝缘铜芯软导线连接，并应有标识。

②配电柜、空调机、UPS 等设备的基础型钢以及承重加固用的散力架型钢等应有不少于两点的可靠接地。

③新风、排烟、泄压等金属管道中间安装的软连接绝缘部位，应用符合规定的软铜线跨接连接。

④等电位连接可采用焊接、熔接或压接，但需预先对金属表面进行处理，使金属表面裸露后再作业，并且对连接处进行防腐处理。

⑤镀锌梯架、托盘和槽盒本体之间不跨接保护联结导体时，连接板每端不应少于 2 个有防松螺帽或防松垫圈的连接固定螺栓。

非镀锌梯架、托盘和槽盒本体之间连接板的两端应跨接保护联结导体，保护联结导体的截面积应符合设计要求。

梯架、托盘和槽盒全长不大于 30m 时，不应少于 2 处与保护导体可靠连接；全长大于 30m 时，每隔 20～30m 应增加一个连接点，起始端和终点端均应可靠接地。

⑥高频电子设备工作接地（或逻辑接地）和等电位联结导体宜采用金属带或扁平编织带，且其截面的长宽比不宜小于 5。

十四、数据中心机房的照度标准

数据中心应根据系统运行特点及设备具体要求来划分成不同的照明区域，通常由主机房、辅助区、支持区、行政管理区等功能区组成。因为各个区域的功能不一样，所以照明的照度标准也不一样，见表 12.18、表 12.19。

表 12.18 通用房间或场所照明标准值

房间或场所		参考平面及其高度	照度标准值(lx)	*UGR*	U_0	R_a	备注
计量室,测量室		0.75m 水平面	500	19	0.70	80	可另加局部照明
电话站、网络中心		0.75m 水平面	500	19	0.60	80	—
计算机站		0.75m 水平面	500	19	0.60	80	防光幕反射
变、配电站	配电装置室	0.75m 水平面	200	—	0.60	80	—
	变压器室	地面	100	—	0.60	60	—
电源设备室、发电机室		地面	200	25	0.60	60	—
电梯楼房		地面	200	25	0.60	80	—
控制室	一般控制室	0.75m 水平面	300	22	0.60	80	—
	主控制室	0.75m 水平面	500	19	0.60	80	—
动力站	风机房、空调机房	地面	100	—	0.60	60	—
	泵房	地面	100	—	0.60	60	—
	冷冻站	地面	150	—	0.60	60	—
	压缩空气站	地面	150	—	0.60	60	—

表 12.19 金融建筑照明标准值

房间及场所		参考平面及其高度	照度标准值(lx)	*UGR*	U_a	R_a
营业大厅		地面	200	22	0.60	80
营业柜台		台面	500	—	0.60	80
客户服务中心	普通	0.75m 水平面	200	22	0.60	60
	贵宾室	0.75m 水平面	300	22	0.60	80
交易大厅		0.75m 水平面	300	22	0.60	80
数据中心主机房		0.75m 水平面	500	19	0.60	80
保管库		地面	200	22	0.40	80
信用卡作业区		0.75m 水平面	300	19	0.60	80
自助银行		地面	200	19	0.60	80

另外，从节能的角度考虑，现行的国家建筑照明设计标准还规定了照明功率密度的现行值和目标值的限制数值，这也是设计工程师应当考虑的内容。具体内容可参见表 12.20。

表 12.20 照明功率密度的现行值和目标值的限制数值

房间或场所		照度标准值(lx)	照明功率密度限值(W/m²)	
			现行值	目标值
检验	一般	300	≤9.0	≤8.0
	精细,有颜色要求	750	≤23.0	≤21.0
计量室、测量室		500	≤15.0	≤13.5
控制室	一般控制室	300	≤9.0	≤8.0
	主控制室	500	≤15.0	≤13.5
电话站、网络中心、计算机站		500	≤15.0	≤13.5
动力站	风机房、空调机房	100	≤4.0	≤3.5
	泵房	100	≤4.0	≤3.5
	冷冻站	150	≤6.0	≤5.0
	压缩空气站	150	≤6.0	≤5.0
	锅炉房、燃气站的操作层	100	≤5.0	≤4.5
仓库	大件库	50	≤2.5	≤2.0
	一般件库	100	≤4.0	≤3.5
	半成品库	150	≤6.0	≤5.0
	精细件库	200	≤7.0	≤6.0
公共车库		50	≤2.5	≤2.0
车辆加油站		100	≤5.0	≤4.5

鉴于数据中心的重要特点,它的照明设计还要包括备用照明和消防照明,具体规定如下:

①主机房和辅助区应设置备用照明,备用照明的照度值不应低于一般照明照度值的10%;有人值守的房间,备用照明的照度值不应低于一般照明照度值的50%;备用照明可为一般照明的一部分。

②数据中心应设置通道疏散照明及疏散指示标志灯,主机房通道疏散照明的照度值不应低于5lx,其他区域通道疏散照明的照度值不应低于1lx。

设计照度与照度标准值的偏差不应超过±10%。

十五、检测验收数据中心

1.设备监控、环境监控和安防监控系统

按照《数据中心设计规范》(GB 50174—2017)的规定,设备监控、环境监控和安防监控三大系统为数据中心智能化系统的主要内容。

在对这三大监控系统进行检测验收的时候,共同的通用要求是:设备、装置及

配件的安装应准确无误、工艺合格;数据采集、传送、转换、存储、报警及控制功能应该正常。

以下分别是对这三个监控系统的具体检测验收内容:

(1)设备监控系统

①机房专用变压器输出配电柜、空调设备、冷水机组、柴油发电机组、不间断电源系统、配电列头柜等设备自身应配带监控系统,监控的主要参数应纳入设备监控系统,通信协议应满足设备监控系统的要求。

②检测采集参数的正确性、对应性和完整性。

③检测控制的稳定性和控制效果、响应时间要符合技术要求。

④核查验证设备连锁控制和故障报警的正确性、及时性。

(2)环境监控系统

①数据中心关键点位的温度、露点温度或相对湿度等参数应能准确测量,误差应在允许范围内。

②核查验证漏水报警的位置精度和响应时间。

③检测核对监控数据的准确性、对应性和完整性。

(3)安防监控系统

①检查验证出入口控制系统的出入目标识读功能、信息处理和控制功能、执行机构功能应正常。

②检查验证入侵报警系统的入侵报警功能、防破坏和故障报警功能、记录显示功能和系统自检功能应正常。

③检查验证视频监控系统的控制功能、监视功能、显示功能、记录功能和报警联动功能应正常。

2. 机房活动地板的防静电连接要求

①静电放电(ESD)接地连接点与接地体之间各搭接处的接触电阻不应大于0.1Ω。

②防静电活动地板接地应可靠;每10块防静电活动地板应设置一个与大地连接的 ESD 连接点,接地线一端应采用专用卡箍与防静电地板支架可靠连接,另一端应在导线端部配设铜接头与 ESD 接地干线连接,连接线应为截面积不小于2.5mm² 多股铜芯软线导线。

③静电接地的连接线应有足够的机械强度和化学稳定性,宜采用焊接或压接。当采用导电胶与接地导体粘接时,其接触面积不宜小于 20cm²。

十六、用 EPS 为数据中心空调系统的蓄冷装置供电

EPS(Emergency Power Supply)是紧急电源的简称,也有人叫它 EUPS。当数据中心的电网市电断电后,通常把它用于紧急供电(空调系统的蓄冷装置、电磁阀、水泵、末端风机、事故照明等)、消防电源和监控电源等系统。

把 EPS 和 UPS 相比较,有两点相同之处:①正常工作时,都是依靠输入的市电。②市电断电后,都是依靠蓄电池逆变为交流电源输出供电。

正是这两点相同之处,让有些人误认为 EPS 和 UPS 没什么区别,在用途、用法方面都一样,甚至让有的机房设计工程师也出现了设计上的错误,如图 12.25 所示案例。

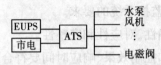

图 12.25　错误的 EPS 接入方式

大致看图 12.25 所示的 EPS 供电案例,会觉得好像没有问题,有人甚至会说,如果把图中的 EPS 换成 UPS,不就和常见的数据中心消防系统的火灾报警、消防照明、排烟风机以及监控中心的 ATS 双电源自动切换供电系统一样了吗? 其实不然,问题的关键在于:根本不需要直接向 ATS 输入的市电,更不需要有可能成为单路径故障点的 ATS 双电源自动切换开关。

问题的根源在于设计者对 EPS 内部构造、工作原理及使用方法的不了解,下面我们用图 12.26 所示 EPS 工作原理框图来给大家做出说明。

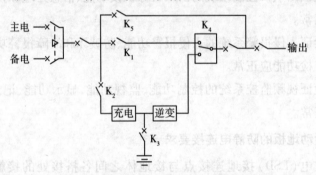

图 12.26　EPS 工作原理框图

一般 EPS 由控制系统、双电源转换开关、逆变器、充电器、蓄电池以及自动开关等部件组成,它的工作原理如下:

①市电正常时,在 EPS 控制器的控制下:市电→K_1→K_4→输出到负载;同时逆变器自动关机,市电→K_2→K_3→给蓄电池充电。

②市电断电或者电压超限时,在 EPS 控制器的控制下:K_1、K_2 断开;K_3 闭合→蓄电池接入→逆变器工作→K_4 自动转换到逆变器→输出到负载。

③市电恢复到正常时,在 EPS 控制器的控制下:逆变器自动关机→K_4 自动转换到市电旁路→K_1 闭合→引入市电→K_4→输出到负载。同时 K_2、K_3 闭合→给蓄电池充电。

因此,以上图 12.25 中 EPS 的正确接入方式应该如图 12.27 所示。

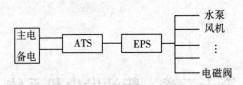

图 12.27　正确的 EPS 接入方式

由图 12.27 所示的 EPS 的工作原理中,我们可以看出它与 UPS 至少有以下 3 点不同之处:

①市电正常时,虽然都是依靠输入的市电工作,但是市电输入 EPS 后,就直接经过旁路输出给负载了,它的逆变器则处于关机状态。而市电输入 UPS 后,要经过整流器、逆变器的工作,完成稳压、稳频和净化功能后才能输出给负载。只有当过载或者逆变器故障时,才转由市电旁路供电。

②EPS 的蓄电池是由充电器给它充电的,其充电器容量很小,因为它的充电器不需要给逆变器提供直流电能。而 UPS 的蓄电池则始终依靠整流器给它充电,其容量很大,因为 UPS 整流器的主要功能就是为逆变器提供直流电能。

③当市电断电或者电压超限时,EPS 需要切换到蓄电池逆变供电给负载,通常采用接触器、断路器、ATS 等类型的机械动作式的转换开关(采用高速静态开关除外)。所以它的切换时间一般为 100 ~ 250ms,而 UPS 在几个不同状态下的互相切换时间可以达到 0 ~ 10ms,是真正的不间断供电电源。相比之下,EPS 被称作紧急供电电源是合适的。

我们通过以上的分析,可以得出下面的结果。

UPS 适用于为数据中心的计算机设备、IT 电子信息设备、数字通信设备等要求供电质量很高、切换时间很短(一般小于 10ms)的系统供电。而 EPS 则因其结构简单、造价较低、平时能耗极小以及逆变器寿命较长的特点,适用于对供电质量要求不高、切换时间允许大于 100ms 的设备和系统供电,比如空调系统中需要应急供电的水泵、风机、冷凝器、电磁阀及其检测控制部件,消防系统中的电梯、水泵、排烟风机及其报警、联动和照明系统及设备等。甚至有的不具备安装应急柴油发电机条件的中小型数据中心,采用 EPS 作为应急电源代替柴油发电机,也取得了不错的效果。

另外,现在的 EPS 产品规格、型号很多,单相、三相的输入、输出都有;容量一般最大可做到单台 800kW。有一些厂家的产品,甚至把 UPS 所具有的先进功能移植到了 EPS 设备中,主要有:①蓄电池智能管理系统,除了对蓄电池的工作参数监测外,还可自动定期(根据设置)带负荷放电、浮充和转均充,以提高蓄电池逆变的可用性,延长蓄电池工作寿命。②对 EPS 输出电能质量进行实时监测,并设置有过压、欠压、过载、短路等故障的报警与保护功能,以提高对负载供电的安全性。③对 EPS 设备本身和输出回路,增加了历史事件的报警、记录、保存以及查询功能,以方便运维人员检查、分析问题数据。④在 EPS 设备上配置了标准网络接口,可实现远程监控管理。

第十三章 柴油发电机系统

一、数据中心选配应急柴油发电机的标准

按照国家标准《往复式内燃机驱动的交流发电机组第一部分：用途、定额和性能》的规定，数据中心选配应急柴油发电机，主要依据两大标准。

1. 用途性能

在国家标准中，根据柴油发电机的不同用途，将其性能划分为 G1、G2、G3 和 G4 四个等级，具体定义如下：

G1 级适用的发电机组用途：只需规定其基本的电压和频率参数的连接负载。

实例：一般用途（照明和其他简单的电气负载）。

G2 级适用的发电机组用途：其电压特性与公用电力系统的电压特性非常类似。当负载发生变化时，可有暂时的（是允许的）电压和频率的偏差。

实例：照明系统；泵、风机和卷扬机。

G3 级适用的发电机组用途：连接的设备对发电机组的频率、电压和波形特性有严格的要求。

实例：电信负载和晶闸管控制的负载。应认识到，整流器和晶闸管控制的负载对发电机电压波形的影响需要特殊考虑。

G4 级适用的发电机组用途：对发电机组的频率、电压和波形特性有特别严格要求的负载。

实例：数据处理设备或计算机系统。

2. 功率定额

在国家标准中，柴油发电机的功率定额是指在额定频率、功率因数 $\cos\varphi$ 为0.8 的情况下用千瓦（kW）表示的功率。同一台柴油发电机的输出功率可以分为以下四种。

（1）持续功率（COP）

持续功率定义为在商定的运行条件下并按制造商规定的维修间隔和方法实施维护保养，发电机组每年运行时间不受限制地为恒定负载持续供电的最大功率。

（2）基本功率（PRP）

基本功率定义为在商定的运行条件下并按制造商规定的维修间隔和方法实施维护保养，发电机组每年运行时间不受限制地为可变负载持续供电的最大功率。

在24h周期内的允许平均输出功率(Ppp)应不大于PRP的70%,除非往复式内燃(RIC)机制造商另有规定。

（3）限时运行功率（LTP）

限时运行功率定义为在商定的运行条件下并按制造商规定的维修间隔和方法实施维护保养,发电机组每年供电达500h的最大功率。

（4）应急备用功率（ESP）

应急备用功率定义为在商定的运行条件下并按制造商规定的维修间隔和方法实施维护保养,当公共电网出现故障或在试验条件下,发电机组每年运行达200h的某一可变功率系列中的最大功率。

在24h的运行周期内允许的平均输出功率(Ppp)应不大于ESP的70%,除非往复式内燃(RIC)机制造商另有规定。

因此,国家标准《数据中心设计规范》(GB 50174—2017)参照上述规定,并结合数据中心运行的特点,要求"A级数据中心发电机组应连续和不限时运行,发电机组的输出功率应满足数据中心最大平均负荷的需要。B级数据中心发电机组的输出功率可按限时500h运行功率选择"。也就是说,A级数据中心发电机组的性能用途可按G4级别,输出功率可按持续功率（COP）选择。B级数据中心发电机组的性能用途可按G4(G3)级别,输出功率可按限时运行功率（LTP）选择。

这里还要说明,最大平均负荷是指按需要系数法对数据中心电子信息设备、空调和制冷设备、照明等容量进行负荷计算得出的数值。要确定发电机组的输出功率,还应考虑负载产生谐波对发电机组的影响。

二、关于安装柴油发电机机座的注意事项

除了制造厂家或者客户对安装环境另有其他要求外,一般情况下需要注意以下三点。

①柴油发电机组的机座尺寸。

首先,在机组基础的承载能力（楼板、地面等）满足设计要求的前提下,柴油发电机组的机座尺寸与机组型号规格有关,通常由制造厂家给定,大概范围是机座高5~20cm,机座各边长度应超出机组20~30cm。部分柴油发电机组的外形参考尺寸及湿重可见表13.1。

表13.1 部分柴油发电机组的外形参考尺寸及湿重

备用功率(kW)	外形尺寸长×宽×高(mm)	湿重(kg)
440	3247×1500×2066	4975
660	4047×1608×2187	6040
720	4266×1879×2052	6680
1000	4387×2083×2228	9040

备用功率(kW)	外形尺寸长×宽×高(mm)	湿重(kg)
1340	5690×2033×2330	10 324
1800	6175×2494×2537	15 510
2000	6157×2494×3166	17 217
2400	5668×2313×2300	20 616

注:湿重是包括冷却液、润滑油等液体时的机组总重量。

②如果预测机组运行,可能出现造成环境(楼层)地面共振的情况,可选择加装减震器。安装在减震器上的机组底座,其基础应采取防滑铁件定位措施。

③柴油机机座基础应采取防油浸的设施,可在机座外边四周设置10cm的排油、排水沟槽,用于检修后排污。

④安装油机时,不宜用膨胀螺栓固定。因油机起动后,震动较大,可使膨胀螺栓松动。因此,应在固定油机的基础之上,按油机固定的实际尺寸,采取"二次浇灌"预埋螺栓,使之稳固。螺栓预埋位置误差应不大于5mm,高度应符合要求。螺栓规格宜采用M18~M20。

三、数据中心的柴油发电机不宜手动启动

数据中心供电系统,按照《数据中心设计规范》(GB 50174—2017)的要求,A级机房应为双重电源+柴油发电机供电;B级机房可以双重电源供电,也可以是单电源+柴油发电机供电。在这里,无论是A级机房还是B级机房,都把柴油发电机作为失去市电电源供电时的后备电源来使用,以保持数据中心供电的连续性。

为此,对于柴油发电机的启动方式,有关行业规范都明确要求"自动启动"。例如:《民用建筑电气设计规范》(JGJ/T 16—92)要求"自备应急低压柴油发电机组宜采用电起动自起动方式";《金融业信息系统机房动力系统规范》(JGJ/T 0131—2015)要求"A、B级动力系统柴油发电机组应具备自动启动功能";《通信电源设备安装工程验收规范》(GB 51199—2016)要求"当市电停电、过压、欠压或断相时,应能自动起动主用机组"。

为什么以上的建筑、金融以及邮电行业规范都要求柴油发电机"自动启动"?这是因为,当由于市电电网断电、供配电设备故障或者人为操作失误等因素造成市电电源供电中断时,手动启动柴油发电机的时间存在一些不可控因素,可能会因时间过长影响到数据中心供配电系统和空气调节系统的连续工作,致使机房不能正常运行。

按照《数据中心设计规范》(GB 50174—2017)的要求,当配置柴油发电机作后备电源时:"A级机房的不间断电源系统电池最少备用时间为15min;B级机房的不间断电源系统电池最少备用时间为7min。"实践中,很多A、B级机房也都是照此规

范设计的,包括蓄冷装置也是15min的后备时间。那么,如果在15min后,手动启动柴油发电机的操作不能完成的话,将可能使不间断电源系统电池放电殆尽,同时因为空调系统停机时间过长(对于机架平均功率密度4kW以上的机房,一般5min左右)而使IT设备高温停机,最终导致数据中心电子信息系统宕机瘫痪。

所以,数据中心的柴油发电机不宜手动启动。

四、柴油发电机机房的环境与配套设施

(1)土建装修

①发电机机房的内墙面和顶棚应采取吸声措施。采用的装修材料应选择燃烧性能等级为A级的岩棉、玻璃丝绵或者珍珠岩等棉毡及其多孔板材。

②发电机机房的围护结构应采用耐火极限不低于2.00h的防火隔墙和1.50h的不燃性楼板与其他部分分隔。

③发电机机房宜有两个出入口,其中一个应满足搬运机组的要求。门应为甲级防火门,并应采取隔声措施,向外开启。

④发电机间与控制室、配电室之间的门和观察窗应采取防火、隔声措施。门应为甲级防火门并应开向发电机机房。

⑤机房内应设有洗手盆和落地洗涤槽。

(2)通风换气

柴油发电机机房的通风换气分为平时通风、灾后通风和工作通风三种状态。以下为通风量的计算(供暖通专业进行核算)。

①平时通风,是指在柴油发电机平时不工作时,为了满足机房温湿度要求的通风换气。平时通风量的计算如下:

柴油发电机机房位于地上时,平时通风不少于3次,事故通风不少于6次;

柴油发电机机房位于半地下时,平时通风不少于6次,事故通风不少于12次;

柴油发电机机房位于地下时,平时通风不少于12次;

储油间换气次数不少于6次,换气次数不包含柴油机工作所需的空气量。

注:通风量的计算参照《锅炉房设计规范》(GB 50041—2008)第15.3.7条。

②灾后通风,就是把柴油发电机机房火灾后的废气清空排出所需要的通风换气。灾后通风量的计算为:机房通风量不少于5次换气。

③工作通风,是指在柴油发电机运行时,发电机组所需要的通风。其通风量应等于或大于维持柴油机燃烧所用的新风量(厂家可提供)与维持机房温度所需新风量之和。其中,维持柴油机燃烧所用的新风量数据可由厂家提供,维持机房温度所需的新风量,可按下式计算:

$$C = 0.078P/T \tag{13.1}$$

式中:C——需要新风量,m^3/s;

　　　P——柴油机额定功率,kW;

　　　T——柴油发电机房的温升,$℃$。

（3）环境温度

安装自动启动柴油发电机组的机房环境，应满足自动启动的温度要求。当环境温度达不到启动要求时，应采用局部或整机预热措施，或设置值班采暖。在湿度较高的地区应考虑防结露措施。

通常，海拔1000m以下的室内固定式机组（移动式机组、船用机组和特殊要求除外）的机房要求，环境温度为4℃～40℃，相对湿度为60%以下。这是因为随时待机准备自动启动的柴油发电机组，要求柴油温度不得低于4℃，也就是说，柴油发电机机房环境温度应该保持在4℃以上。当机房环境温度达不到启动要求的温度时，机房可以安装多盏大功率红外线加热灯具或者移动式电暖器，也可以在发电机冷却系统底端与缸体上，加装自控型水、油加热装置。

（4）进风排风

在自然通风条件下，要计算柴油发电机机房的进风口和排风口的面积，即使考虑了风管弯头、管道阻力、过滤器、消声器等诸多因素的影响，但是计算出来的结果，也不一定完全符合柴油发电机组的要求。何况还要受到机房安装现场条件的限制与进风口周围环境的影响，肯定会存在一定的偏差。这属于工程允许的正常范围，只要能保证柴油发电机组的正常运行即可。所以，在国家建筑标准设计图集《柴油发电机组设计与安装》中，给出了两个估算方法：①进风口净流通面积按大于1.5～1.8倍散热器迎风面积估算，使用了百叶窗的进风口再扩大1倍的面积。②排风口净流通面积大于散热器迎风面积的1.5倍，使用了百叶窗的进风口再扩大1倍的面积。

同时，该设计图集还给出了一个柴油发电机机房进排风口面积（自然通风条件下）估算表以供参考，见表13.2。

表13.2　柴油发电机房进排风口面积估算表

机组输出功率（kW）	进风量（m³/min）	进风口面积（m²）	排风口面积（m²）	废气排气量（m³/min）	电动机进气量（m³/min）
100	215	2	1.4(0.9)	22.6	7.8
200	370	2.5	2(1.5)	38.8	14.3
400	726	5	4(2.7)	83	31.9
800	1510	10	7(4.5)	184	68.4
1000	1962	13	10(6)	254	92.7
1500	2300	16	13(7)	320	139
2000	2500	20	17(9)	379	156
2600	3500	30	25(13)	522	223

注：进排风口面积适用于普通型进排风消声装置，在排风道设有加压风机时，采用括号内的数据。

对于设置为自动启动的柴油发电机组,其配备的活动式通风百叶窗应能由应急电源自动操作,也能手动操作。在柴油发电机组自动启动前,应能自动打开进排风百叶窗。

(5)机房照明

柴油发电机组在数据中心供配电系统中,常常在双路市电电源都断掉的情况下作为应急供电电源使用。所以,保障柴油发电机机房的照明就显得非常重要,要求如下:

①柴油发电机机房的日常照明要求:机房地面照度不得小于200lx。另外,还应按规定设置应急照明。必要时,照明灯具宜选装防爆灯具。

②机房除了日常照明和应急照明以外,还应在柴油发电机周围设置检修用照明和维修电源,电源宜由不间断电源系统供电。

③储油间的日常照明和应急照明灯具应选用防爆灯具,其控制开关应安装在门外墙壁上。

(6)接地系统

①1kV 及以下备用柴油发电机系统中性点接地方式,宜与数据中心低压配电系统 TN - S 接地方式一致。

②发电机房内的工作接地、保护接地、防雷接地、防静电接地、弱电接地应采用共用接地系统,接地电阻应小于1Ω。

③发电机中性点接地应符合下列规定。

a. 只有单台机组时,发电机中性点应直接接地。当两台机组并列运行时,在任何情况下,至少应保持一台发电机中性点接地。发电机中性点经电抗器与中性线连接,也可采用中性线经刀开关与接地线连接。

b. 发电机中性线上接地开关可根据发电机允许的不对称负荷电流及中性线上可能出现的负荷电流选择。在各相电流均不超过额定值的情况下,发电机允许各相电流之差不超过额定值的20%。

c. 采用装设中性线电抗器限制中性线谐波电流时,应考虑既能使中性线谐波电流限制在允许范围内,又能保证中性点电压偏移不太大。电抗器的额定电流可按发电机额定电流的25%选择,其阻抗值可按通过额定电流时其端电压小于10V选择。

④需要中性点直接接地的发电机,禁止利用市电的接地装置,可以由数据中心所在大楼的低压配电室中的总接地端子箱,单独引出接地线缆至发电机中性点进行连接。

⑤包括发电机在内的机房中所有设备的金属外壳、金属风道、金属管线等都要进行保护接地。尤其是发电机的金属外壳和机座基础钢架,应该使用螺旋伸缩接地线连接,以防止震动断开。

⑥储油间的设备与管道应采取防静电接地措施。

（7）油机监控

按照《数据中心设计规范》（GB 50174—2017）要求：

①A、B级数据中心机房的设备监控系统应对柴油发电机组的状态参数实施监控。监控的状态参数包括但不限于油箱（罐）油位、柴油机转速、输出功率、频率、电压、功率因数等。

②因为柴油发电机机房的环境系统和安防系统的状态参数直接影响机组的正常运行，所以数据中心的环境监控和安防监控系统，也应该包括柴油发电机机房的环境系统和安防系统的状态参数。

③柴油发电机组自身应配带监控系统，监控的主要参数也应纳入数据中心的设备监控系统，通信协议应满足设备监控系统的要求。

五、应急发电机启动命令信号的采集与传输

当数据中心的市电突然断掉时，机房将要求应急发电机立即启动，以代替市电供电。但是，此时应急发电机能否立即启动？启动命令信号的采集与传输，就成了首要的关键条件。通常，对应急发电机启动命令信号的采集与传输，需要注意以下两点要求。

1. 信号的采集

国家标准《供配电系统设计规范》（GB 50052—2009）明确要求：应急电源与正常电源之间，应采取防止并列运行的措施。当有特殊要求，应急电源向正常电源转换需短暂并列运行时，应采取安全运行的措施。

这是一条强制性规定，目的在于保证应急电源的专用性，防止正常电源系统故障时，应急电源向正常电源系统负荷送电而失去作用。例如应急电源原动机的启动命令必须由正常电源主开关的辅助接点发出，而不是由继电器的接点发出，因为继电器有可能误动而造成与正常电源误并网。

所以，当数据中心的市电突然断掉时，市电主开关的辅助接点就会随之自动闭合，发出应急发电机的启动命令信号。

2. 信号的传输

即使市电主开关的辅助接点已经自动闭合接通，但是发出的应急发电机的启动命令信号，能否顺利传输到应急发电机？传输到应急发电机的启动命令信号幅值是否符合要求？这是关系到信号传输成败的两点主要因素。

（1）信号的幅值

通过市电主开关的辅助接点自动闭合，由应急发电机配套的24V启动蓄电池供电的启动回路开始工作，然后才能驱动应急发电机控制配电柜启动发动机。应急发电机电启动回路原理图如图13.1所示。

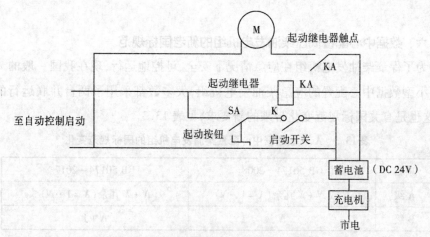

图 13.1 应急发电机电启动回路原理图

但是在实践中,有不少应急发电机机房远离数据中心低压配电室,甚至距离超过了 200m。这样,在由 24V 启动蓄电池供电的启动回路上,因为线径过细、距离过长等原因,就会形成超过 8% 的过多压降,致使到达应急发电机控制配电柜的启动命令信号幅值太低,以至于低到启动继电器 KA 不能动作,继电器 KA 触点不闭合,启动马达就不能启动机组发动机。

(2)传输的路径

一般情况下,应急发电机机房会设置在数据中心大楼的地下负一层,而数据中心会设置在楼上。但是,当数据中心市电主开关安装在楼上主机房区域时,市电主开关辅助接点的启动信号线,就要从楼上敷设到地下负一层的应急发电机控制配电柜中。这样一来,启动信号线传输的路径可能会曲折而漫长,充满着不可控因素。

这里有一案例,北京某银行新建 A 级数据中心,位于大楼第五层,在进行竣工验收时,发现位于大楼外面的集装箱式应急发电机组不能自动启动。于是,先请发电机厂商来人检查,确认发电机组手动启动正常,判定故障原因为市电主开关辅助接点的启动信号未送达。然后,又请施工单位从五楼的市电主开关开始摸排,一直排查到大楼外面的集装箱式应急发电机组,最后才确定敷设在楼层走廊吊顶内的启动信号线处于断路状态。但是在何处断路?又为什么会断路?无法快速查出结果。因为从走廊吊顶内,全程观察信号线穿管的外部状态,一切都正常,未见机械性损伤或者断开的痕迹。所以无奈之下,最终的解决方案就是将原信号线弃之不用,施工单位重新从五层的市电主开关辅助接点开始,一次性引出两根启动信号线,分别沿两条不同的路径,送到大楼外面的集装箱式应急发电机组。

其实,国家标准《数据中心设计规范》(GB 50174—2017)对 A 级数据中心的基础设施早已指出"宜按容错系统配置",并且明确要求"容错系统中相互备用的设备应布置在不同的物理隔间内,相互备用的管线宜沿不同路径敷设"。

上述案例的问题根源在于设计单位缺乏经验,对于市电主开关辅助接点的启动信号线,未按容错标准设计。

六、数据中心配置低压柴油发电机组的新老国标规范

为了保证柴油发电机组在应急情况下安全、可控地运行，现在我国一般的 A、B 级中小型数据中心配置的应急柴油发电机组，大多数都采用了两台并联运行的模式，这也是有关国标规范变化带来的新要求，见表 13.3。

表 13.3　A、B 级数据中心配置柴油发电机组的国标规范变化

项目	GB 50174—2008	GB 50174—2017
A 级	N 或 $N+X$ 冗余 $(X=1\cdots N)$	$N+X$ 冗余 $(X=1\cdots N)$
B 级	N	$N+1$

《电子信息系统机房设计规范》（GB 50174—2008）中，对 A、B 级数据中心配置的应急柴油发电机组，允许其最低容量为 N，不一定非要冗余。也就是说，只需一台 N 容量的应急柴油发电机组就能满足规范要求。

《数据中心设计规范》（GB 50174—2017）中，我们可以看出，数据中心配置的应急柴油发电机组的容量，无论对于 A 级数据中心还是对于 B 级数据中心最低要求也要是"$N+1$"模式，即都需要两台机组并联运行，才能满足新国标规范的要求。

简而言之，如果只看发电机组台数，国家标准对于 A、B 级数据中心配置柴油发电机组的最低要求由旧国家标准中的一台，变为新国家标准中的两台。

七、数据中心配置的低压并联应急发电机组的控制逻辑

通常，数据中心配置的应急发电机组的控制系统、燃油系统、润滑系统、冷却系统、进排风系统以及机房环境等系统，都应该保持在能够随时紧急启动的状态。但是当市电电源断电后，应急发电机组并不能立即启动，而是首先需要经过预先设定的 $0.5\sim5s$ 的延迟确认时间，才能启动应急发电机组，以躲开市电网络因瞬间闪断、失压及市电自动重合闸的情况出现。

按照现行国标规范的要求，数据中心配置的低压应急发电机组可以由两台发电机并联组成。两台低压并联应急发电机组的控制逻辑，主要依据负载的需要规律和市电的供电常态。这里，以 A 级机房的应急发电机组冗余配置为例，一般可设定为三种方式。

①在接到确认启动命令信号后，立即启动 1#发电机，此时可能会出现两种情况。

第一，1#发电机顺利启动并带载运行。当负载超过单机额定功率的设定上限阈值时（比如 80% 单机额定功率），控制逻辑随即会自动启动并接入 2#发电机，使

两台发电机并联带载运行。如果在两台发电机并联运行的过程中,负载低于单机额定功率的设定下限阈值时(比如40%单机额定功率),控制逻辑就会自动解列退出一台发电机(通常设定为2#机)。

第二,1#发电机不能顺利启动。如果连续启动失败三次,控制逻辑就会自动转到启动2#发电机,由2#发电机带载运行。

这第一种控制逻辑方式,在总负载量小于单台发电机额定功率时,燃油经济性较好。但是在负载量较大并且变化剧烈的环境下,将可能会使一台发电机频繁地投入和解列退出,以至于影响应急供电系统的可靠与稳定。

②在接到确认启动命令信号后,1#发电机和2#发电机立即同时启动,使两台发电机并联带载运行。在两台发电机并联运行的过程中,根据负载的变化,按照预先设定的单机额定功率的上、下限阈值,投入或者解列一台发电机。此时的控制逻辑与前面①中第一种控制逻辑方式相同。

这第二种控制逻辑方式,适用于负载量虽大,变化缓慢的环境。其优点是双机同启,带载能力强,一次启动的成功率高。但是,在负载量较大并且变化剧烈的环境下,将可能会使一台发电机频繁地投入和解列退出,以至于影响应急供电系统的可靠与稳定。

③在接到确认启动命令信号后,1#发电机和2#发电机立即同时启动,使两台发电机并联带载运行。在两台发电机并联运行的过程中,无论负载怎么变化,只要不超出两台发电机组的带载功率范围,两台发电机组就将始终保持并联带载运行的状态不变。

这第三种控制逻辑方式,优点是一次启动的成功率高,并且由于两台发电机组始终保持并联带载运行的状态不变,因此就避免了一台发电机频繁地投入和解列退出。所以该方式的可靠性与稳定性,就会更好一些。但是不足之处是在负载量不大的环境下,它的燃油经济性较差。这对于强调可靠稳定地应急供电的 A 级数据中心来说,燃油经济性恐怕只能算是次要考虑的因素。

综上所述,数据中心配置的低压并联应急发电机组的控制逻辑,建议按照第三种控制逻辑方式设定。

八、设计发电机组时,厂商和客户需要预先了解沟通的信息

按照国家标准《往复式内燃机驱动的交流发电机组第 12 部分》的有关规定,设计发电机组时,厂商和用户之间,需要预先了解沟通的相关信息,主要包括用户向厂商提供的信息、用户和厂商协商确定的信息以及厂商向用户提供的信息三部分。其具体内容,可参考表 13.4,设计发电机组时需要了解沟通的有关信息。

表13.4　设计发电机组时需要了解沟通的有关信息

项目名称	参考标准		情况说明	信息类型		
启动时间	GB/T 2820.1 GB/T 2080.5	6.5 11	要求的切换时间的有关信息。这将决定是安装长时间断电、短时间断电或不断电发电机组	①	②	③
性能级别	GB/T 2820.1 GB/T 2080.5	7 9	用电设备方面的信息。如负荷大小、负荷类型； 这些用电设备应按确定的步骤连接入网； 发电机组运行期间最大的负荷变化	×		
单机和并联运行	GB/T 2820.1	6.3	考虑到整步变（参）量及运行的可行性,并联运行的目的和条件应经过协商	×		
启动和控制方式	GB/T 2820.1	6.4	启动、监视、切换等	×	×	
原动机发电机	GB/T 2820.1 GB/T 2820.1	5.1.1 5.1.2	柴油机、汽油机 同步/异步	×	×	×
发电机组构型	GB/T 2820.1	8.2	形状的确定	×	×	×
使用地点的条件	GB/T 2820.1	11	发电机组使用地点及对发电机组有影响的环境条件	×		
排放（物）	GB/T 2820.1	9	对环境的影响	×	×	
功率特性	GB/T 2820.2	5.1	确定额定功率、负荷峰值、短路特性	×	×	
开关装置和控制装置	GB/T 2820.4		短路稳定性、容差、额定电压和控制电压、中线负荷能力、保护能力	×	×	×
安装形式	GB/T 2820.1	8.3	根据结构、噪声的衰减要求及基础的允许振动载荷,选择弹性安装或刚性安装	×	×	×
对多个建筑物集中供电	IEC 60601-1 IEC 60364-7-710		电网配电柜的图样及编号	×	×	

备注:①用户向制商提供的项目
②用户向制造商协商确定的项目
③制造商向用户提供的项目

九、关于柴油发电机组中的启动蓄电池

　　严格地说,把柴油发电机组系统中的24V配套蓄电池组称作启动蓄电池的叫

法并不准确。因为该蓄电池的用途不仅仅是用于启动发动机,它还用于发电机组的检测和控制回路的供电,包括为柴油发电机组启动前的检查、测量而连续供电。所以柴油发电机组能否顺利启动,该蓄电池的作用十分重要。因此,相关的几个国家标准都对该蓄电池提出了严格、详细的技术要求。

①该蓄电池除了用于启动发动机和向监测与控制电路供电外,不能用作其他用途。

②在环境温度为10℃,蓄电池处于浮充状态下,蓄电池的容量应能够提供足够的电流来启动、监测和控制发电机组。在每次启动(持续)时间为10s、两次启动间隔为5s时,应能对发电机组进行三次启动。每次驱动启动电机时,蓄电池电压的降低不应对控制系统产生不利影响。

③对于每个蓄电池,应提供控制型充电设备。该设备应有确定的恒流和恒压充电性能(IU曲线),在充电周期末应能转变为浮充状态。蓄电池充电器应能按下列规定自动对已放电的蓄电池充电到其额定容量(A·h)的80%。

——4类发电机组:在6h以内;

——3类发电机组:在10h以内。

④除了向蓄电池充电外,充电设备还应提供足够的能量,维持监测和控制设备连续(正常)运行。充电设备还需具有对电压、电流参数的监测、调整、保护和充电故障的报警功能。

⑤当柴油发电机组处于日常非运行状态时,应由市电电源向充电设备连续供电,以保证蓄电池组的充电需要。蓄电池与充电器应固定安装,连线不宜过长。

⑥蓄电池组应尽量靠近启动电机设置,并应防止油、水浸入。

十、数据中心低压应急发电机组的日常巡检与运转试机

按照规范规定,数据中心配置的应急发电机组应该保持在随时能够紧急自动启动的待机状态。所以,日常巡检与试机的内容就应该围绕这个规定进行。一般情况下,中小型数据中心低压应急发电机组的日常巡检与运转试机的主要内容,至少应该包括以下内容。

(1)日常巡检

①启动蓄电池应处于浮充状态、电压正常。观察蓄电池外观,检查漏液、鼓包、爬酸和极柱腐蚀等情况。必要时,测量有关蓄电池的内阻。

②燃油储量充足,液位显示合格,管道阀门正常。

③润滑油、冷却液及其系统状态正常。

④进风、排风路径通畅,百叶窗的手动机械操作功能良好。需要时,清洁滤网和消声间卫生。

⑤"四漏"检查:漏油、漏水、漏气、漏电。

⑥机房环境检查：温度、湿度、照明、加热设备、消防器材等。

⑦机组总开关是否处于分断状态。

⑧监控系统：所有待机参数的正确性和响应时间，应符合要求。

（2）运转试机

①空载运转试机，应该每月至少一次，每次不少于15min。试机的检查内容主要包括：

a.发动机转速与运转状态。

b.机油、燃油压力，冷却液温度。

c.风机皮带、风扇工况检查。

d.进风、排风系统自动控制功能与运行状态。

e.储油罐液位与供油控制状态正常。

f.检查发电机电压、电流、频率、功率因数与控制状态。

g.各种仪表和指示灯显示正常。

h.监控系统的各项空载运转参数正常。

②带载运转试机，应该每年至少一次，每次不少于30min。关于带载运转试机，一般可分为带假负载运转试机和带真负载运转试机。其试机检查的主要内容，除满足以上空载运转试机的检查内容外，还应包括：

a.开机前接地与绝缘测试合格。

b.启动和运转时，是否有剧烈振动和异响。

c.加载后有否低频振荡现象。

d.测量输出端子、母排的温度。

e.验证ATS切换功能与输出开关的互锁装置状态。

f.监测日用燃油箱的油位变化数据。

g.检查变载时，双机并联逻辑控制系统是否正常。

h.并机负载均衡能力是否达标。

（3）其他注意事项

①除厂家说明书上的要求外，应急发电机组每2年或累计运行250h应进行三滤、机油、冷冻液更换。

②柴油日用燃油箱、储油罐沉淀油污清洗，宜3年一次。

③每次交流负荷扩容时，应该核对发电机组总输出开关的脱扣电流值，必要时进行调整。

十一、关于柴油发电机组的燃料存储规定

在我国，大型和超大型数据中心一般都是采用地下（地上）油库的方式储存柴油，具体规定请参阅2015年5月1日开始施行的《建筑设计防火规范》（GB 50016—2014）。

但是,占据全国数据中心数量比例最大的还是中、小型数据中心。这些中、小型数据中心基本上都是在发电机机房隔壁专设的储油间里,采用储油箱的方式储存燃油。所以,这里仅就柴油发电机机房储油间的有关规定,解答如下。

国家标准《数据中心设计规范》(GB 50174—2017)给出了两条有关规定:①柴油发电机机房布置在建筑内时应设置储油间,其总储存量应符合国家现行有关防火规范的规定。②柴油发电机应设置现场储油装置,储存柴油的供应时间应按本规范附录 A 的要求执行。

我们解读以上规定,可以得出:柴油发电机机房应该设置储油间,储油间里应该设置储油装置,储油装置的储存量应该符合有关规定和要求。具体说来,结合其他有关的国家规范和行业标准,对储油间和储油箱的规定与要求主要有以下内容。

(1)储油间

①储油间应采用耐火极限不低于 3.00h 的防火墙与发电机间隔开;确定需要在防火墙上开门时,应设置甲级防火门。

②储油间应设置自动火灾报警系统和与其相适应的自动灭火装置。

在这里需要指出,对于储油间的灭火方式,是采用水喷淋方式好,还是采用气体灭火方式好? 这一直存在争议。主张采用水喷淋方式的依据是《建筑设计防火规范》(GB 50016—2014)中的一条强制性规定,即"当建筑内其他部位设置自动喷水灭火系统时,应设置自动喷水灭火系统"。其实,如果仔细研究该规范就会发现,此条文是针对民用建筑锅炉房内设置的储油间、油浸变压器储油设施而做出的规定。

然而,我国中、小型数据中心的柴油发电机机房一般都采用气体灭火方式。考虑到储油间一般都设置在发电机机房隔壁,无论从管网的距离上还是灭火系统的统一性上,宜采用气体灭火方式。当然,如果柴油发电机机房采用水喷淋或者高压水雾灭火方式,那么设置在发电机机房隔壁的储油间的灭火方式,宜和柴油发电机房相同。但是,如果储油间没有设置在发电机机房隔壁,从经济性考虑,储油间的灭火方式也可以和邻近建筑的灭火方式相同。

所以,选择中、小型数据中心的柴油发电机组储油间的灭火方式时,应在符合消防规范的前提下,最好从实际出发,灵活掌握。

③储油间应设置应急防爆照明和排风装置,开关应安装在门外。

④为了防止储油间泵油时火灾漫延扩大,工作人员可以在储油间外面及时切断油路。所以,要求在进入储油间前的燃油设备及管道上设置自动和手动切断阀门。

⑤储油间的金属设备与管线,均应做好等电位连接、防静电接地。

⑥储油间应具备防止事故时油品外溢的设施。

(2)储油箱

①关于储油箱,最大的问题是储油量的问题。现行的几个国家规范,分别给出

了不同的规定。例如，《建筑设计防火规范》规定"机房内设置储油间时，其总储存量不应大于 $1m^3$"。又如，《民用建筑电气设计规范》要求"机房内应设置储油间，其总存储量不应超过8h燃油耗量……"。再如，国家标准《往复式内燃机驱动的交流发电机组》规定"3类发电机组的燃油量应足够使发电机组以额定功率至少运行8h。对于4类发电机组，包括试运行用油在内，其燃油供应量应足够使发电机组以额定功率至少运行24h"。而国家标准《数据中心设计规范》对于A级机房，则规定"柴油发电机燃料存储量……应满足12h用油"。但是，同时又允许"当外部供油时间有保障时，燃料存储量仅需大于外部供油时间"。

那么在这种情况下，有人会问，到底以谁为准呢？其实，以上举例的四个规范，各自的适用对象是不一样的。《建筑设计防火规范》提出的储油量，主要对象是民用建筑锅炉房内设置的储油装置；《民用建筑电气设计规范》提出的储油量，主要负荷对象是民用建筑内的各种电动机式负荷；国家标准《往复式内燃机驱动的交流发电机组》提出的储油量，只和发电机组的性能等级（G3、G4）挂钩；而《数据中心设计规范》规定的储油量，主要负荷对象是数据中心的各种IT负荷，要求 $7 \times 24h$ 连续运行，与以上几种普通民用负荷相比较，该标准更重要。

所以，应该按照《数据中心设计规范》规定的储油量执行。即A级数据中心机房的柴油发电机燃料存储量应满足12h的需要。同时，又允许当外部供油时间有保障，燃料存储量只要大于外部供油时间的情况下，可以小于12h。

②正常状态时，储油箱应密闭且应设置通向室外的通气管，通气管应设置带阻火器的呼吸阀。

③卸油泵和供油泵可共用，应装电动和机动各一台，其容量按最大卸油量或供油量确定。卸油泵宜采用就地控制。高位油箱供油泵宜采用就地控制或液位控制器进行自动控制。

④日用油箱内均应设有液位监控装置。液位监控装置应能根据油箱内的液位传感器信号设置超高液位（90%油箱容积）、高液位（80%油箱容积）、低液位（60%油箱容积）和超低液位（20%油箱容积）四个液位状态；探测到的液位传感器的信号和报警信息应能接入数据中心动力设备监控系统。

第十四章 蓄 电 池

一、蓄电池室的承载标准

在数据中心建设工程中,作为应急电源的后备蓄电池组,根据设计需要,经常会出现数百块蓄电池以双列四层的型式集中安装在一个蓄电池室的情况,这对建筑结构的荷载能力提出了很高的要求。因此,数据中心设计规范将蓄电池室的荷载量标准值定为 $16kN/m^2$,见表 14.1。

表 14.1 普通型阀控式密封铅酸蓄电池重量参考值

额定容量(Ah)	12V		2V	
	下限值(kg)	上限值(kg)	下限值(kg)	上限值(kg)
25	8.0	12.0	—	—
38	11.5	18.0	—	—
50	15.5	24.0	—	—
65	20.0	32.0	—	—
80	24.0	36.0	—	—
100	29.0	42.0	—	—
200	60.0	80.0	11.0	17.5
300	—	—	17.0	24.5
400	—	—	22.0	320
500	—	—	27.0	39.0
600	—	—	31.0	47.0
800	—	—	41.0	62.0
1000	—	—	51.0	76.0
1500	—	—	85.0	112.0
2000	—	—	110.0	150.0
3000	—	—	165.0	215.0

对于新建的数据中心来讲,蓄电池室的承载问题完全可以在数据中心建设工程初期的规划设计阶段,预先提出荷载量要求,在建筑结构设计过程中予以解决。但是,对于在已建的老旧大楼中改建、扩建数据中心的时候,可能会发现原建筑结构的荷载能力达不到 $16kN/m^2$ 的标准值,也可能会发生拆墙、打洞、楼板开口等改

变原建筑结构承载标准的情况,造成其承载能力的下降。如果仍然继续进行蓄电池组的安装,就有可能会造成建筑结构不稳定,甚至存在局部或者全部垮塌的风险。因此,在这种情况下,蓄电池室在施工前,必须要请专业的建筑结构设计单位对有关原始资料进行核查,并对改建、扩建方案的原建筑结构荷载进行计算确认,还需要出具确认荷载的设计文件,严禁建设单位和施工单位随意决定加固方案。通常采取的加固技术有新增梁柱加固、安装散立架加固以及采用聚合物砂浆内衬钢丝网式的碳纤维保护加固等措施。

二、蓄电池室环境条件要求的内容

蓄电池室的环境条件不可忽视,它对保证后备蓄电池组的安全可靠运行起着重要作用,这些条件要求除了建筑承重标准以外,还包括以下几个方面。

①蓄电池间与其连接的 UPS 设备间的物理隔离,以及与其他不同供电回路的蓄电池组的物理隔离。

②封闭窗户并加装空调系统,温度为 25℃ ±5℃,湿度为 40% ~55% 。

③氢气检测,报警与通风系统。

④应急防爆照明。

⑤引入等电位准接箱(端子板)。

⑥维修通道大于等于 1.0m,并铺设宽度 1000mm、厚度大于等于 4mm 的绝缘胶垫。

⑦宜安装七氟丙烷气体灭火系统,同时配备六氟丙烷或二氧化碳型手持灭火器。

⑧气体灭火系统的手动操作装置,应急照明灯具开关和通风系统的风机手动操作开关,应安装在走廊中便于操作的位置。

三、有关蓄电池的安装工艺要求

1. 蓄电池铁架的安装要求

蓄电池铁架的安装要求如下:

①电池架的材质、规格、尺寸、承重应满足安装蓄电池的要求。

②电池架排列位置应符合设计图纸的规定,偏差不大于 10mm。

③电池架排列平整稳固,水平偏差每米不大于 3mm。

④电池架安装后,对漆面脱落处应补喷(刷)防腐漆,保持漆面完整和一致。铁架与地面加固处的膨胀螺栓要事先进行防腐处理。

⑤8 度或 9 度抗震设防时,蓄电池组必须用抗震柜(架)安装,抗震柜(架)底部应与地面用 M8 或 M10 螺栓加固。

⑥铁架各段之间的等电位接地的焊接、熔接或压接的金属表面应进行处理,使金属表面裸露。

⑦铁架上的同层蓄电池之间的距离不得小于15mm,与上层隔板的距离不得小于150mm。

⑧各行铁架之间、铁架与墙壁之间的距离应为1.2~1.5m,用于巡检、维护、操作以及紧急情况的快速撤离。

2. 蓄电池安装工艺的规定

蓄电池安装工艺的规定有以下内容:

①安装的电池型号、规格、数量应符合工程设计规定。

②电池外壳及安全阀、滤气帽不得有损坏的现象。

③蓄电池安装时,应将滤气帽或安全阀、气塞等拧紧,防止松动。

④电池安装总是从底层开始,并逐层往上进行,以防重心过高。

⑤电池各列排放整齐,前后位置、间距适当。每列外侧应在一条直线上,其偏差不大于3mm。电池间隔偏差不大于5mm。

⑥电池单体应保持垂直与水平,底部四角均匀着力,如果不平整,应用胶垫垫实。

⑦电池之间的连接条应平整,连接螺栓、螺母应按照电池生产厂家提供的扭矩拧紧,并在连接条和螺栓、螺母上涂一层防氧化物或加装绝缘罩。

⑧操作电池时需取下身上的戒指、手表、项链、手镯及其他金属饰物,并且确定所使用的工具,如扳手等,均以绝缘体包覆。

⑨电池安装完毕,应有用防腐材料制作的编号标志。

3. 安装在铁架上的蓄电池不宜大于双列四层

数据中心 UPS 供配电系统的后备蓄电池是根据负载容量的大小和后备时间的长短不同而选配不同型号规格的阀控式铅酸密封蓄电池。这些蓄电池少则十几块多则几百块,为节省蓄电池空间面积,安装时必定按列分层安装在专门设计制造的铁架上。

那么何为"层",何为"列",即上下为层,左右为列。双列四层就是上下四层,每层并列摆放两列。而不宜大于双列四层的原因有以下几个方面。

①电池室的荷载限制:《数据中心设计规范》(GB 50174—2017)要求电池的荷载标准值为 $16kN/m^2$,这是在蓄电池组双列四层摆放的情况下提出的。如果超出此限,将会对室内楼板的荷载结构提出更高的设计要求,增加投资成本。

②为什么每层不要超过两列? 这主要是考虑运维人员在操作室的安全问题。试想如果每层摆放三列或四列,当运维人员需要对摆放在中间列位的蓄电池进行检查、测量或更换落后电池的操作时,就可能使身体触碰到外侧的蓄电池极柱和连线,以至于发生触电事故。

③为什么上下不宜超过四层? 这需要通过一个实例来说明,以下是某品牌阀控式密封铅酸蓄电池的外形规格,见表14.2。

表14.2 某品牌阀控式密封铅酸蓄电池的外形规格

容量	长（mm）	宽（mm）	总高（mm）
65Ah/12V	331	164	174
100Ah/12V	319	173	230
200Ah/12V	522	239	223
200Ah/2V	170	106	345
300Ah/2V	170	150	345
400Ah/2V	196	171	345

从表14.2中可以看出，不同容量、不同电压的单块阀控式密封铅酸蓄电池的外形规格尺寸的总高度从100多毫米至300多毫米都有，所以很难、也没必要对铁架子上的蓄电池层数做出一个硬性精确的规定。但是，为了保证在后备蓄电池的安装、检测、巡查及更换等各个相关环节的安全性、可靠性和便捷性，特此推荐以下方案。

方案1：最高一层蓄电池的极柱距离地面不要大于1.5m，这是考虑到我国成年男性平均身高为167.1cm，如果最高一层蓄电池的最上端大于1.5m，运维人员在对蓄电池进行巡查、检测、更换等操作时就必须要借助登高工具才行，这就给运维工作增添了麻烦和不安全的因素。当然，铁架子上的蓄电池组只需要摆放1层的话，1.5m的距离就完全可以适当降低。

方案2：最低一层蓄电池底部的铁架底板宜高出人员站立的地面至少0.2m（铺设有活动地板的地面除外）。

方案3：同层蓄电池与上层隔板的距离不要小于150mm，否则将给运维人员对蓄电池的巡检、更换等操作带来障碍和危险。

四、蓄电池的补充、全充、均充、浮充

（1）补充

现在的蓄电池从生产出来、出厂再到达用户手里，一般时间不会太长，无须"激活"充电。但是，有时也可能会碰到蓄电池在生产厂家或者用户的仓库里存放了好几个月的情况，这时候就需要补充充电了。通常蓄电池充电电流为 $0.1 \sim 0.2C10$，最大充电电流不大于 $0.25C10$，最大补充充电电压不大于 2.40V/单体。

（2）全充

按照生产厂家推荐的充电方法（包括充电终止判定方法）对蓄电池进行充电，蓄电池内部的储电容量达到最大值，即为完全充电状态。一般厂家推荐蓄电池在20℃～25℃条件下，以 $2.40V \pm 0.01V$/单体（限流 $2.50I_{10}A$）的恒定电压充电至电流值5h稳定不变时，认为蓄电池是完全充电。

（3）均充

遇到下列情况之一时，应进行均充（有特殊技术要求的，以其产品技术说明书为准），以保持电池正常运行。

①两只以上单体电池的浮充电压低于 2.18V;

②搁置不用时间超过 3 个月;

③全浮充运行达 6 个月;

④放电深度超过额定容量的 20%。

在 25℃ 条件下,电池单体标准均衡充电电压为 2.30 ~ 2.35V;温度补偿系数按产品技术说明书要求设定。

(4)浮充

蓄电池平时处于浮充状态,其浮充电压如下:

①在 25℃ 条件下,标准浮充电压为 2.23 ~ 2.27(2V/单体),温度补充系数应按照产品技术标准或说明书的要求设定,即温度补偿为 $U = U(25℃) + (25 - t) × 0.003$($t$ 为环境温度)。

②具体浮充电压值应按照各企业产品技术标准或说明书要求设定。并注意温度补偿。蓄电池进入浮充状态 24h 后,全组各蓄电池之间的端电压差值应不大于 90mV(2V 单体),240mV(6V 单体),480mV(12V 单体)(产品技术说明书有特殊说明的除外)。

五、蓄电池的放电测试

蓄电池进行放电测试,需要掌握核对性放电测试、容量性放电测试和放电终止等条件的要求。

(1)核对性放电测试

每年应以实际负荷做一次核对性放电测试(对于 UPS 使用的后备蓄电池,宜每季度一次),放出额定容量的 30% ~ 40%。

(2)容量性放电测试

对于 UPS 使用的 6V 及 12V 单体的后备电池应每年一次;对于 2V 单体的电池,应每 3 年做一次,使用 6 年后应每年做一次。

(3)放电终止条件

达到以下 3 个条件之一,可终止放电。

①对于核对性放电测试,放出额定容量的 30% ~ 40%;

②对于容量性放电测试,放出额定容量的 80%;

③电池组中任意单体达到放电终止电压。对于放电电流不大于 0.25C10(A) 的,放电终止电压可取 1.8V/2V 单体;对于放电电流大于 0.25C10(A) 的,放电终止电压可取 1.75V/2V 单体。

放电测试注意事项:

①蓄电池放电期间,应定时测量单体端电压、单组放电电流。有条件的,应采用专业蓄电池容量测试设备进行放电、记录、分析,以提高测试精度和工作效率。

②蓄电池放电后应立即再充电,以免因搁置时间太长,不能恢复其容量。

六、蓄电池的安装环境

蓄电池要安装在地下室,地下室无通风条件,但有空调可以降温,可以吗?

只用空调设备控制室内的温湿度是不行的,因为空调系统仅能使室内空气做内部循环。虽然阀控式密封蓄电池在正常充电状态下排出的腐蚀性气体和易燃易爆危险气体很少,但是在异常状态下可能会使排出的氢气、氧气和酸雾增加、累积并得不到及时消散。根据国家标准《爆炸危险环境电力装置设计规范》(GB 50058—2014):"氢气爆炸性混合物的分级、分组参数:级别是ⅡC、引燃温度组别T1、引燃温度500℃、闪点为气态、爆炸极限下限为4%、爆炸极限上限为75%。"因此,如果不利用强制通风手段将它们及时排放到室外,就有腐蚀其他物体和爆燃的危险。所以有必要时,一定要安装氢气浓度预先报警与强制通风装置。

七、蓄电池室的空气调节系统

根据有关规范与实践经验,蓄电池室的空气调节系统有以下几个方面的考虑:

①蓄电池室的空调制冷量可按 $200 \sim 300kcal/m^2 \cdot h$ 设计选择。(视室内密闭度、隔热效果、电池总容量及空调机类型等因素而不同)

②氢气浓度 >1% 时报警,并启动通风机;氢气浓度 >2% 时,联动(手动)切断空调机电源。(通风机、空调机的配电箱应安装在蓄电池室门外走廊区域墙上)

③通风机风量 $V(m^3/h) \approx 0.05 \times$ 蓄电池最大充电电流 × 电池个数。

④通风管道出口附近不应有高温环境,并且风管宜坡向室外升高 0.5%,但需要注意防止雨雪倒灌和小动物进入。

八、同组蓄电池内阻偏差数值的标准

按照国家有关阀控式密封铅酸蓄电池规范的规定,同组电池内阻偏差值 = [最大内阻值 - 最小内阻值/本组全体蓄电池的平均内阻值] × 100%,其数值应≤15%。同组蓄电池内阻偏差示例,见表14.3。

表14.3　同组蓄电池内阻偏差示例

电池	内阻(MΩ)	内阻均值(MΩ)	内阻偏移量	是否满足要求
1	19.80		10.61%	满足
2	20.20		12.85%	满足
3	22.10	17.90	+23.46%	不满足
4	13.80		-22.91%	不满足
5	13.60		-24.02%	不满足

注:阀控式密封铅酸蓄电池内阻数值请参考本书表5.1《YD/T799—2010 通信用阀控式密封铅酸蓄电池》内阻参考值。

九、蓄电池组中各蓄电池之间的端电压均衡性标准

蓄电池之间的端电压在以下 3 种状态下的均衡性标准：

①开路端电压：单体蓄电池和由若干个单体组成一体的组合蓄电池，其各电池间的开路端电压最高与最低差值应不大于 20mV(2V)、50mV(6V)、100mV(12V)。

②浮充端电压：蓄电池进入浮充状态 24h 后，各蓄电池之间的端电压差应不大于 90mV(蓄电池组由不多于 24 只 2V 蓄电池组成时)、200mV(蓄电池组由多于 24 只 2V 蓄电池组成时)、240mV(6V)、480mV(12V)。

③放电端电压：蓄电池放电时，各蓄电池之间的端电压差应不大于 0.20V(2V)、0.35V(6V)、0.6V(12V)。

十、关于蓄电池的连接要求

1. 蓄电池组输出端的连接母线必须采用软连接的情况

如果大容量蓄电池组需要在其输出端采用母线连接，那么在抗震设防地区，母线与蓄电池组输出端必须采用母线软连接条进行连接，如图 14.1 所示。穿过同层房屋抗震缝的母线两侧，也必须采用母线软连接条进行连接。软连接两侧的母线应与对应的墙壁用绝缘支撑架固定。

图 14.1　软连接铜母排

2. 一台工频 UPS 配置了两组后备蓄电池的连接

通常 UPS 都要配置 1~4 组后备蓄电池组，每组之间并联，然后再与 UPS 递变器输入端的直流线连接供电。然而，在数据中心 UPS 供配电系统的检测实践中，我们发现有大约 10% 的机房存在后备蓄电池组连接问题，如图 14.2 所示，两组后备蓄电池，每一组都未装设独立断路器，而只在并联后共用一个断路器，这样的做法有以下几个弊端。

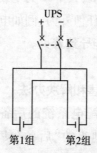

图 14.2　蓄电池组共用断路器

①如果第1组和第2组蓄电池中的任意一组发生短路或者过流故障,都将"顶掉"共用断路器 K,而同时殃及未发生故障的另一组蓄电池也无法后备供电,使 UPS 供配电系统失去不间断供电的功能。

②在日常运维工作中,如果第1组和第2组蓄电池中的任意一组出现了某节"落后"的蓄电池,需要马上更换的时候,必须首先断开断路器 K 才能进行更换操作,这时也将使 UPS 供配电系统失去不间断供电的功能。

③在以上两种情况下,如果此时恰逢数据中心机房充电系统因故障断电,这将导致数据中心 IT 系统宕机。

所以,正确的连接方式应该如图 14.3 所示,为每一组后备蓄电池都分别加装各自独立的断路器。这样,即是一个小组的蓄电池断路器因故障断开,剩下其他小组的蓄电池仍然能够保持后备供电状态,虽然后备时间有所缩短,但只要能够坚持十几秒钟,由发电机组送电到机房就足够了。

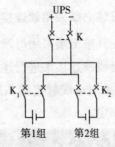

图 14.3　蓄电池组独立安装断路器

3. 蓄电池的线缆连接要求

除另有设计上的特殊要求外,一般蓄电池的线缆连接要求如下:

①铜芯阻燃直流电缆的导线截面按直流供电回路所允许的电压降进行计算选择,同时还需满足导线所允许的载流量。

②蓄电池单体连接条压降,由两端根部测量,不应超过 10mV(满载放电)。

③抗震设防时,蓄电池组输出端与电源母线之间应采用电缆或者软母线连接。

④每一组蓄电池都应加装独立的自动开关断路器。

⑤裸露的电池汇流排必须采取加装绝缘护板的防护措施。

⑥电缆的弯曲半径要大于 $10D$,其中 D 为电缆的外径。

⑦电池的连接端子不可承受任何外力,例如电缆的拉力或扭力等,否则可能破坏蓄电池内部的连接,严重时可能导致着火。

十一、蓄电池长期浮充的危害和解决办法

首先说明,数据中心 UPS 供配电系统的后备蓄电池组长期浮充是必须具有的常态,是正常的,这也是蓄电池组的"后备"使命所决定的。因为有以下两个方面。

①在双路市电同时中断、柴油发电机还未将电能输送到数据中心的这段过渡时间内，后备蓄电池组需要立即向 UPS 逆变器供电，以保持数据中心 IT 系统的连续运行。所以，后备蓄电池组就需要时刻保持其充足的电量，即处于浮充模式。

②数据中心 UPS 供配电系统的后备蓄电池组在"后备"的时候，也会以大概每天 1% 的容量"自放电"，这是不可避免的现象。为了时刻保持其充足的电量，就会在预先设定的 UPS 管理功能下，使其处于浮充模式。

但是，现在为数据中心 UPS 供配电系统配置的后备蓄电池组，绝大多数都采用阀控式密封铅酸蓄电池，它属于依靠内部化学反应来完成充放电工作的应急能源。如果长期处于浮充状态而不充放电的话，就会使其阴极板栅的表面吸附大量的、具有一定绝缘性能的硫酸铅，导致电池内阻变大、充放电"活力"减弱。长此以往，必将缩短蓄电池组的工作寿命。严重时，可能在需要它应急供电的关键时刻，无法完成"后备"使命，致使 IT 系统宕机，造成不可估量的损失。

然而，有的数据中心所在区域的双路国网市电非常稳定，几年不停电一次。即使偶尔停电一次，其配备的柴油发电机组也会在十几秒内送电到机房，后备蓄电池组的供电时间也就这短短的十几秒钟，只能放出很小很小的容量。所以数据中心运维人员必须主动、定期地对浮充蓄电池组进行放电、充电操作。

通常，如果市电长时间不停电，应该每 3 ~ 4 个月对浮充状态的蓄电池组放电一次。操作时，可以人为断开 UPS 设备的市电输入，也可以依靠 UPS 系统的管理功能，将其整流器（充电器）置于关断状态，强迫后备蓄电池组带载放电，放电时间以其标准（C10）放电时间的 1/3 ~ 1/4 为宜。

蓄电池组放电完毕、经检查一切正常后，运维人员应该马上恢复市电供电，对蓄电池组进行充电。充电结束后，后备蓄电池组应在 UPS 管理下，进入浮充模式。（以上操作宜按照后备蓄电池组生产厂家提供的要求或说明书进行）

十二、判断"落后"蓄电池的条件

①用目测法检查蓄电池的外观，如发现有漏液、变形、裂纹以及严重污迹腐蚀等异常现象，则可判为该组中的落后电池，需要更换。

②落后电池在放电时端电压低，因此落后电池应在放电状态下测量。如果端电压在连续三次放电循环中测试均是最低的，就可判为该组中的落后电池。有落后电池就应考虑对电池组进行均衡充电，并视情况进行更换。

③在日常的电导在线测量中，如发现某只电池单体的电导值低于同组电池平均值的 30% 以上，可判为该组中的落后电池。

十三、蓄电池日常运行当中的监控及巡检内容

蓄电池日常运行当中的监控不宜少于表 14.4 中的内容。

表 14.4 蓄电池日常运行监控内容

序号	监控项目	监控内容
1	单体电池	电压、内阻、温度
2	电池组	开关状态、电压、电流、充放电状态

蓄电池日常巡检不应少于表 14.5 中的内容，图 14.4 所示为蓄电池极柱锈蚀情况。

表 14.5 蓄电池日常巡检内容

序号	巡检项目	巡检内容
1	电池室环境	照明灯具、室内温湿度、通风装置、整洁度、漏水和结露情况、防鼠害措施、异常气味
2	电池外观	漏液、遗酸、变形情况、极柱和连接条腐蚀（如图 4.16 所示）与温升情况
3	开关柜（箱）	电池开关状态与温升
4	监控系统	网络连接、采集模块参数、指示灯状态

图 14.4 蓄电池极柱锈蚀